Die Darstellungen zeigen einen Motor im Schnitt.

1. Geben Sie für den Motor eine umfassende Bezeichnung an.

Sechszylinder-Reihenmotor mit Vergaser

2. Tragen Sie in beiden Darstellungen an allen Hinweislinien die fehlenden Teilenummern ein. Mehrere Teile sind sowohl im Längsschnitt als auch im Querschnitt zu erkennen. Benutzen Sie entsprechende Informationsmittel (Fachbücher, Produktbeschreibungen, Werkstatthandbücher, Mikro-Fiches usw.)

Längsschnitt

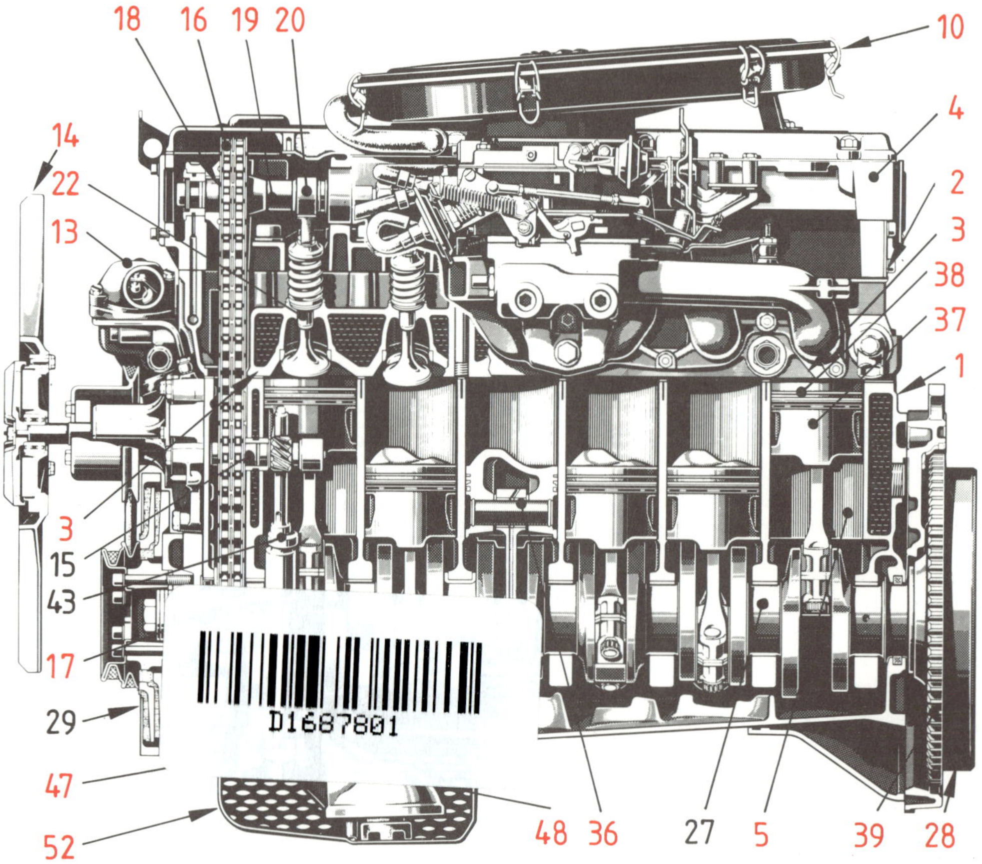

Querschnitt

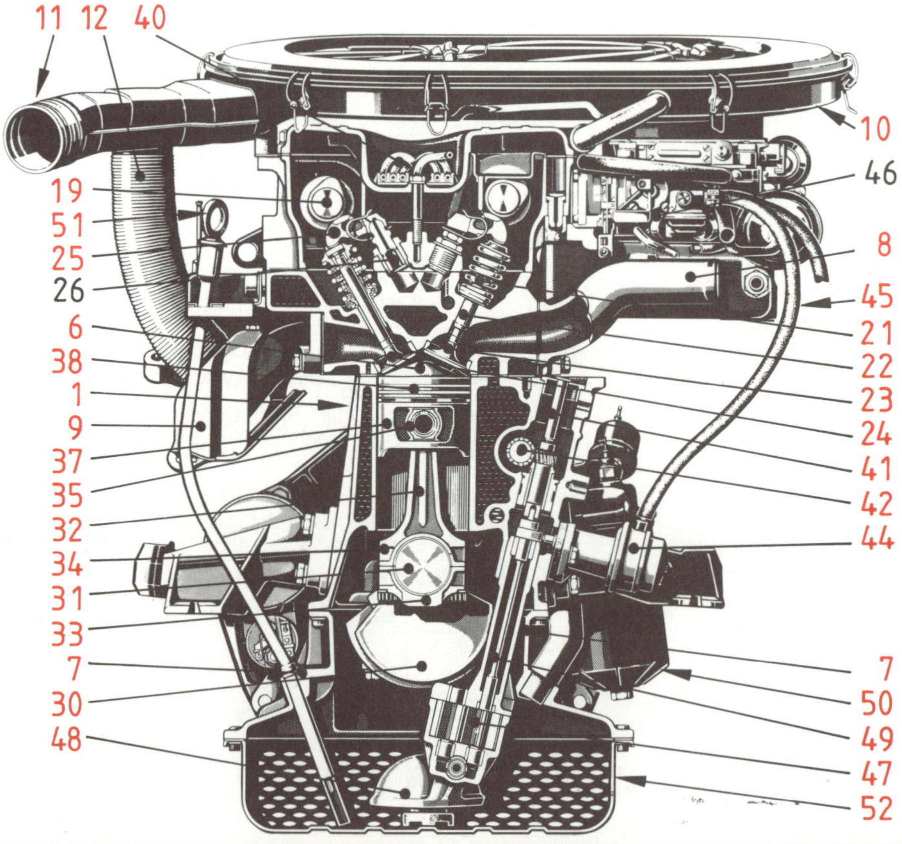

© Copyright: Verlag H. Stam GmbH · Köln

Teilebezeichnungen

Motorgehäuse, angebaute Aggregate

1 Zylinderblock
2 Zylinderkopf
3 Zylinderkopfdichtung
4 Zylinderkopfhaube
5 Zylinder
6 Verbrennungsraum
7 Kurbelgehäuse
8 Ansaugkrümmer
9 Auslaßkrümmer
10 Luftfilter
11 Luftansaugstutzen
12 Vorwärmrohr für Ansaugluft
13 Thermostatgehäuse
14 Lüfterrad
15 Zwischenwelle mit verdecktem Zwischenrad

Motorsteuerung

16 Steuerkette
17 Kurbelwellenrad (verdeckt)
18 Nockenwellenrad (verdeckt)
19 Nockenwelle
20 Nocken
21 Ventilfeder
22 Ventilführung
23 Einlaßventil
24 Auslaßventil
25 Schwinghebel
26 Kugelbolzen (Schwinghebel)

Kurbeltrieb

27 Wellenzapfen der Kurbelwelle
28 Schwungrad
29 Schwingungsdämpfer
30 Kurbelwange bzw. Gegengewicht
31 Kurbelzapfen
32 Pleuelschaft
33 Pleuellagerdeckel
34 Pleuelfuß
35 Pleuelauge
36 Kolbenbolzen
37 Kolben
38 Kolbenringe

Elektrische Anlage

39 Starterzahnkranz
40 Zündkabel
41 Verteilerwelle
42 Verteilerantrieb

Kraftstoffaufbereitung

43 Nocken für Kraftstoffpumpenantrieb
44 Kraftstoffpumpe
45 Kraftstoffleitung
46 Vergaseranlage

Ölkreislauf

47 Zahnradölpumpe
48 Ölpumpensaugkopf mit Ölpumpensieb
49 Ölpumpenantriebswelle
50 Ölfiltergehäuse
51 Ölpeilstab
52 Ölwanne

Anordnung von Motorbauteilen

Hubvolumen

Das Hubvolumen V_h (Hubraum) ist der Rauminhalt eines einzelnen Motorzylinders zwischen den Totpunkten OT und UT. Man berechnet das Hubvolumen wie das Volumen einer Rundsäule bzw. eines Zylinders nach der Formel $V = A \cdot h$. Die allgemeinen Formelzeichen dieser Formel werden durch fachspezifische Formelzeichen ersetzt.

- Das Volumen V wird durch Hubvolumen V_h ersetzt.
- Die Grundfläche A wird meistens als Zylinderquerschnittsfläche A bezeichnet.
- Die Zylinderhöhe h steht in der Hubvolumenformel als Hub s.
- V_H bedeutet Motorhubvolumen (für alle Zylinder), z bedeutet Zylinderanzahl.

Formeln:

$$V_h = A \cdot s$$

$$V_h = d^2 \cdot 0{,}785 \cdot s$$

$$A = \frac{d^2 \cdot \pi}{4} = \frac{d^2 \cdot 3{,}14}{4} = d^2 \cdot 0{,}785$$

$$V_H = A \cdot s \cdot z$$

$$V_H = d^2 \cdot 0{,}785 \cdot s \cdot z$$

$$V_H = V_h \cdot z$$

Einheiten: V_h in cm³
V_H in l (Unter 1000 cm³ wird V_H meistens in cm³ angegeben.)

Umwandlungen
1000 cm³ = 1 dm³ = 1 l

Beim Formelrechnen werden in der Regel die Größen in folgenden Einheiten eingesetzt:

s	d	A	V_h	V_H
in cm	in cm	in cm²	in cm³	in cm³

Aufgabe:

Tragen Sie in den untenstehenden Prinzipdarstellungen die Formelzeichen bzw. Abkürzungen folgender Fachbegriffe ein:

Oberer und unterer Totpunkt, Hub, Hubvolumen, Zylinderdurchmesser, Zylinderquerschnittsfläche.

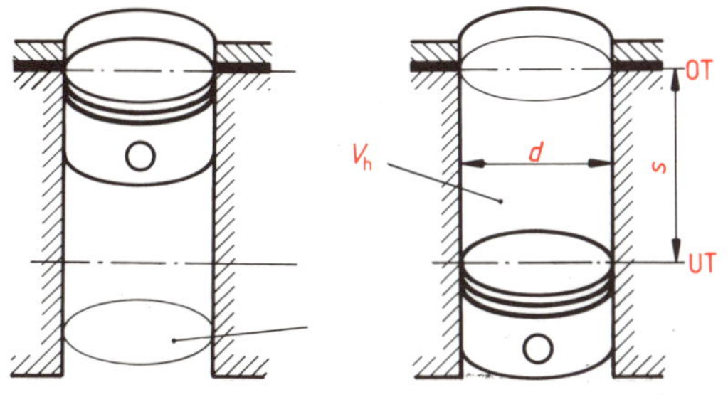

Kolben im OT

Kolben im UT

Beispiel:

Ein Fünfzylinder-Motor hat eine Bohrung (Zylinderdurchmesser) von 79,5 mm und einen Hub von 86,4 mm. Berechnen Sie das Motorhubvolumen V_H in cm³ und in l (beide Antworten mit drei Dezimalstellen).

Geg.: $z = 5$
$d = 79{,}5$ mm $= 7{,}95$ cm
$s = 86{,}4$ mm $= 8{,}64$ cm

Ges.: V_H in cm³ und l

Lös.: $V_H = d^2 \cdot 0{,}785 \cdot s \cdot z$
$V_H = 7{,}95$ cm $\cdot\ 7{,}95$ cm $\cdot\ 0{,}785 \cdot 8{,}64$ cm $\cdot\ 5$
$V_H = 2143{,}323$ cm³ $= 2{,}143$ l

Aufgaben:

1. Ein Vierzylinder-Viertaktmotor hat eine Bohrung von 83 mm und einen Hub von 69 mm. Wie groß ist das Hubvolumen V_H?

2. Berechnen Sie das Motorhubvolumen eines Vierzylindermotors. Die Zylinderbohrung beträgt 77 mm, der Hub 68 mm.

3. Von einem Sechszylindermotor mit einer Bohrung von 72 mm und einem Hub von 75 mm ist das Motorhubvolumen zu berechnen.

4. Der Vierzylindermotor eines Pkw hat eine Zylinderbohrung von 77 mm und einen Hub von 64 mm. Berechnen Sie das Motorhubvolumen in l.

5. Bestimmen Sie das Hubvolumen in cm³ von einem Einzylinder-Zweitaktmotor. Die Bohrung beträgt 39 mm, der Hub 41,8 mm.

6. Folgende Daten gehören zu einem Lkw-Motor: Bohrung 115 mm, Hub 140 mm, Zylinder 6. Berechnen Sie V_H in l.

7. Von einem Motor sind gegeben: Hub 64 mm, Gesamthubvolumen 1191,69 cm³, Zylinder 4. Wie groß ist d?

8. Berechnen Sie von einem Sechszylindermotor das Motorhubvolumen in l. Die Bohrung beträgt 105 mm, der Hub 130 mm.

9. Das Motorhubvolumen eines Sechszylinder-Dieselmotors beträgt 10,81 l. Bestimmen Sie den Hub, wenn für die Bohrung 128 mm gemessen werden.

10. Berechnen Sie die fehlenden Größen.

	a)	b)	c)	d)	e)	f)
d in mm	76,5	?	?	79	79,5	?
s in mm	?	73,4	58,86	?	86,4	76,95
V_h in cm³	?	?	357,57	411,53	?	498,02
z	4	4	4	4	?	4
V_H in l	1,47	1,297	?	?	2,143	?

Hubvolumen

Lösungen auf

Seite 16

Erläutern Sie das Viertaktverfahren beim Ottomotor.
Berücksichtigen Sie die folgenden Kolbenstellungen:

1. Takt: 45° v. UT	**2. Takt:** 45° v. OT	**3. Takt:** 50° v. UT	**4. Takt:** 65° v. OT

1. Ergänzen Sie die Darstellungen der Takte: Verdichten, Arbeiten und Ausstoßen.

2. Geben Sie zu jedem Takt stichwortartig den jeweiligen Funktionsablauf und die Besonderheiten an.

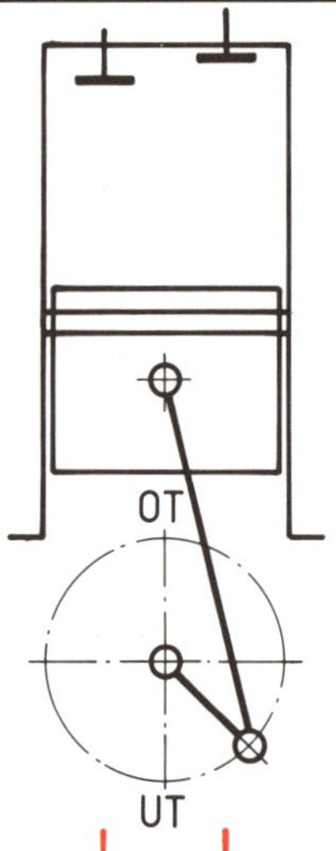

Beispiel:

Ansaugen (1. Takt):

Kolben von OT nach UT, EV offen, Unterdruck maximal 0,2 bar, Gemisch strömt ein (Geschwindigkeit bis 400 km/h), Füllungsgrad 50% bis 75%, Innenkühlung an der Zylinderwand.

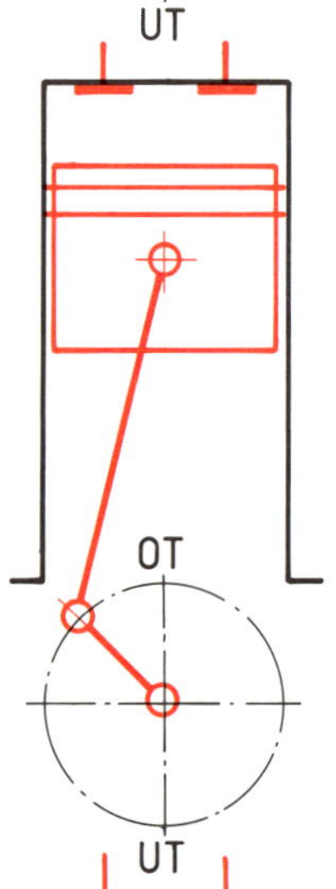

Verdichten (2. Takt):

Kolben von UT nach OT, beide Ventile geschlossen, Verdichtungsenddruck (Kompression) 9 bar bis 18 bar, Temperaturanstieg bis ca. 500°C, Verdichtungsverhältnis 7:1 bis 12:1, kurz vor OT Zündung des Kraftstoff-Luft-Gemisches.

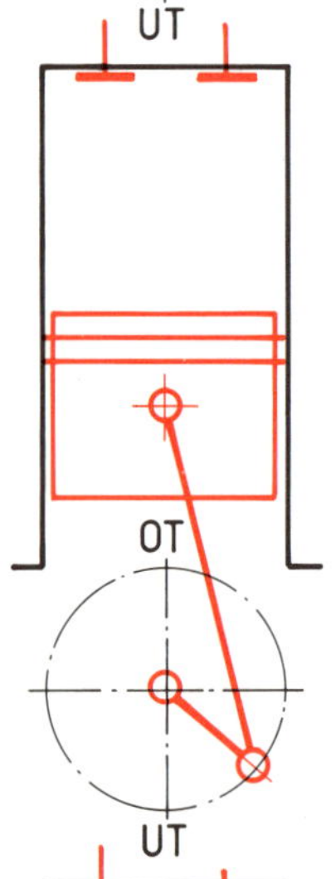

Arbeiten (3. Takt):

Kolben von OT nach UT, Ausbreitung der Flammenfront im Verdichtungsendraum, Verbrennungshöchstdruck 30 bar bis 50 bar, Verbrennungsenddruck ca. 5 bar, Verbrennungstemperaturen: max. bis 2500°C, Endtemperatur ca. 800°C bis 900°C.

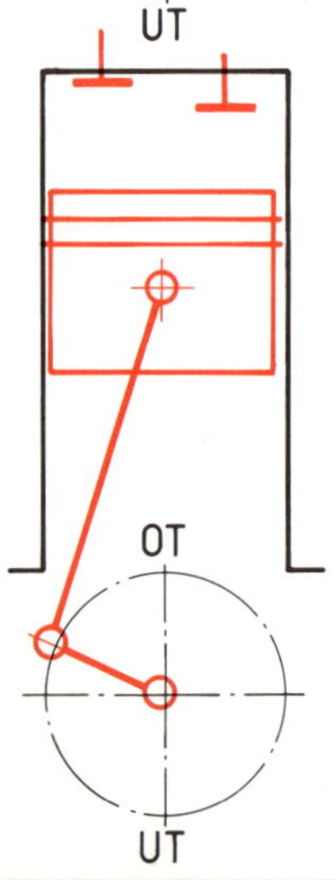

Ausstoßen (4. Takt):

Kolben von UT nach OT, AV offen, Altgase strömen mit sehr hoher Geschwindigkeit in die Auspuffanlage, kurz vor OT öffnet bereits das Einlaßventil, dadurch zusätzlicher Spülungseffekt durch Frischgase, Ventilüberschneidung (da beide Ventile geöffnet sind).

Viertaktverfahren beim Ottomotor

Ventilöffnungswinkel und Ventilüberschneidung

Die in einem Steuerdiagramm markierten Steuerzeiten markieren in der Regel Beginn und Ende der Takte und der Ventilüberschneidung. Die Ventilöffnungswinkel der Ein- und Auslaßventile geben z. B. die Kurbelwinkelgrade des Ansaug- und Auslaßtaktes an. Aus den folgenden Darstellungen erkennt man, daß die Ventilöffnungswinkel sich aus drei Winkelabschnitten zusammensetzen.

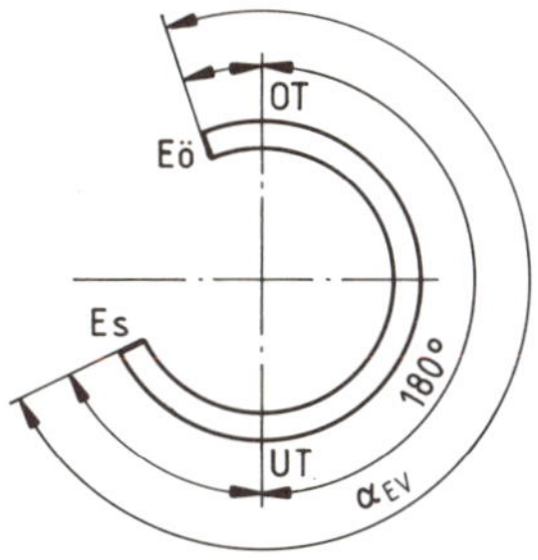

Beispiel:

Geg.: Eö = 18°C v. OT
Es = 54°C n. UT

Ges.: α_{EV} in Grad

Lös.: α_{EV} = Eö + 180° + Es
α_{EV} = 18° + 180° + 54°
α_{EV} = 252°

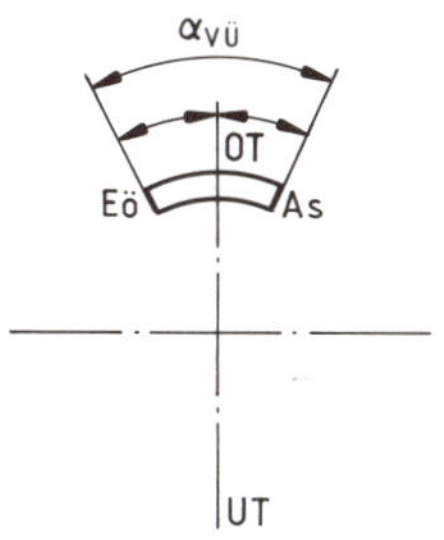

Ventilöffnungswinkel des **E**inlaß**v**entils:

$$\alpha_{EV} = \text{Eö} + 180° + \text{Es}$$

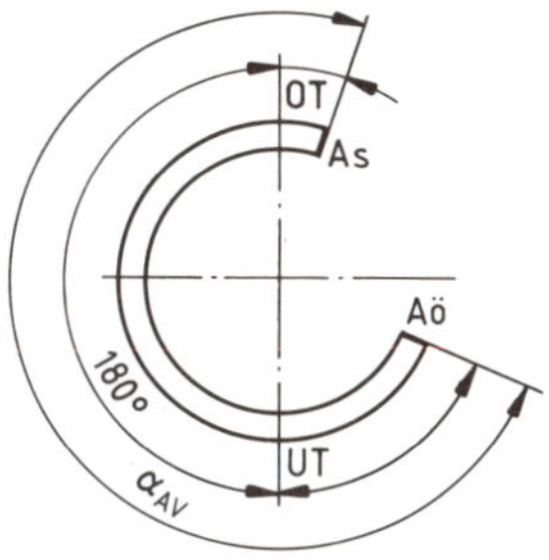

Ventilöffnungswinkel des **A**uslaß**v**entils:

$$\alpha_{AV} = \text{Aö} + 180° + \text{As}$$

Ventil**ü**berschneidung:

$$\alpha_{V\ddot{U}} = \text{Eö} + \text{As}$$

Öffnungszeiten der Ventile

Die Öffnungszeit der Ventile ist mitbestimmend für den Füllungsgrad und damit für die Leistung des Motors. Die Ventilöffnungszeit t ist jedoch abhängig vom Ventilöffnungswinkel α und von der Motordrehzahl n. Die Formel gibt über die Abhängigkeiten von t Auskunft.

$$t = \frac{\alpha \cdot 60}{n \cdot 360°}$$

- Je **größer** α ist, desto größer ist die Öffnungszeit t.
  (Daher steht α auf dem Bruchstrich.)
- Je **größer** n ist, desto **kleiner** ist die Öffnungszeit t.
  (Daher steht n unter dem Bruchstrich.)

Beispiel:

Geg.: Eö = 24° v. OT
As = 10° n. OT
n = 4800 1/min

Ges.: $\alpha_{V\ddot{U}}$ in Grad
$t_{V\ddot{U}}$ in s

Lös.: $\alpha_{V\ddot{U}}$ = Eö + As = 24° + 10° = 34°

$$t_{V\ddot{U}} = \frac{\alpha_{V\ddot{U}} \cdot 60}{n \cdot 360°} = \frac{34° \cdot 60}{4800 \cdot 360°}\,\text{s} = \mathbf{0{,}0012\ s}$$

Kurbelwinkel

Die Steuerzeiten werden in der Regel als Kurbelwinkel α in Grad (°KW) benötigt. Sie können aber auch auf dem Umfang der Schwungscheibe oder der Riemenscheibe als Bogenmaß l_B in mm angegeben werden. Den Kurbelwinkel α kann man in das Bogenmaß l_B umrechnen.

$$l_B = \frac{d \cdot \pi \cdot \alpha}{360°}$$

l_B ist abhängig:

- vom Kreisdurchmesser d und damit vom Umfang $d \cdot \pi$,
  (Je größer $d \cdot \pi$ ist, desto größer ist l_B, daher steht $d \cdot \pi$ auf dem Bruchstrich.)
- vom Kurbelwinkel α.
  (Je größer α ist, desto größer ist l_B, daher steht α auf dem Bruchstrich.)

Beispiel:

Geg.: Zz = 8° $\hat{=}$ α
d = 180 mm

Ges.: l_B in mm

Lös.: $l_B = \dfrac{d \cdot \pi \cdot \alpha}{360°} = \dfrac{180\ \text{mm} \cdot \pi \cdot 8°}{360°} \approx \mathbf{12{,}6\ mm}$

Aufgaben:

1. Von einem Viertaktmotor sind folgende Steuerdaten gegeben: Eö 15 v. OT, Es 53° n. UT, Aö 67 v. UT, As 18 n. OT. Wie groß sind die Ventilöffnungswinkel α_{EV} und α_{AV} in Grad?

2. Der Einlaßkanal eines Zweitaktmotors wird 55° v. OT freigegeben und 55° n. OT wieder geschlossen. Berechnen Sie den Öffnungswinkel des Einlaßkanals in °KW.

3. Bei einer Drehzahl von 3200 1/min läuft der Ansaugtakt in einer Zeit von 0,0139 s ab. Wie groß ist der Öffnungswinkel α in °KW und als Bogenmaß l_B (in mm) auf der Riemenscheibe bei d = 182 mm?

4. Der Durchmesser der markierten Schwungscheibe eines Dieselmotors beträgt 285 mm. Rechnen Sie den Förderbeginn Fb 22° v. OT in ein Bogenmaß l_B in mm um.

5. Auf wieviel Grad vor OT muß die Zündung eingestellt werden, wenn Zz 22 mm v. OT gegeben ist? Der zugehörige Riemenscheibendurchmesser beträgt 175 mm.

6. Auf einer Schwungscheibe ist der Förderbeginn 58 mm v. OT markiert. Der Schwungscheibendurchmesser beträgt 330 mm. Wieviel Grad vor OT liegt der Förderbeginn Fb?

7. Von einem Motor sind Eö 22° v. OT und Es 67° n. UT als Steuerdaten gegeben. Berechnen Sie den Öffnungswinkel in °KW und als Bogenlänge l_B in mm an der Schwungscheibe, wenn der Durchmesser 380 mm beträgt.

8. Der Zündzeitpunkt eines Motors liegt 22° v. OT. In welcher Zeit legt der Kolben bei der Drehzahl von 5100 1/min den Weg von Zz bis OT zurück?

9. Der Zündverzug eines Ottomotors beträgt 0,0012 s. Bestimmen Sie Zz bei der Drehzahl n = 3900 1/mm. Die Flammfront soll 15° n. OT voll ausgebildet sein.

Ventilöffnungswinkel und Ventilüberschneidung, Kurbelwinkel

Lösungen auf

Seite 16

1. Vervollständigen Sie das Steuerdiagramm eines Viertakt-Ottomotors. Bemaßen Sie die Ventilüberschneidung.
   Steuerdaten:

Eö = 24° KW v. OT	Aö = 44° KW v. UT	
Es = 44° KW n. OT	As = 26° KW n. OT	Zz = 12° KW v. OT

2. Tragen Sie die Kurzzeichen und die Winkel ein. Legen Sie die einzelnen Kreisbogenabschnitte farbig an.
   – **Ansaugtakt:** *blau*
   – **Verdichtungstakt:** *grün*
   – **Ventilüberschneidung:** *grau mit blauen Farbeffekten*
   – **Arbeitstakt** (Verbrennen und Arbeiten): *rot*
   – **Ausstoßtakt:** *grau*

3. Ergänzen Sie die untenstehende Abgrenzung der Takte und der Ventilüberschneidung.

Beispiel:

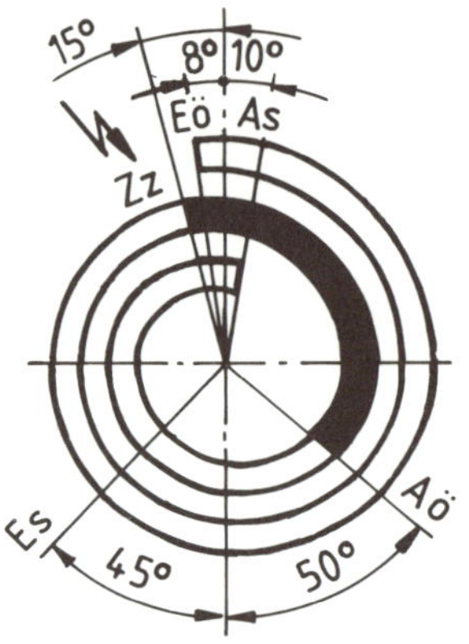

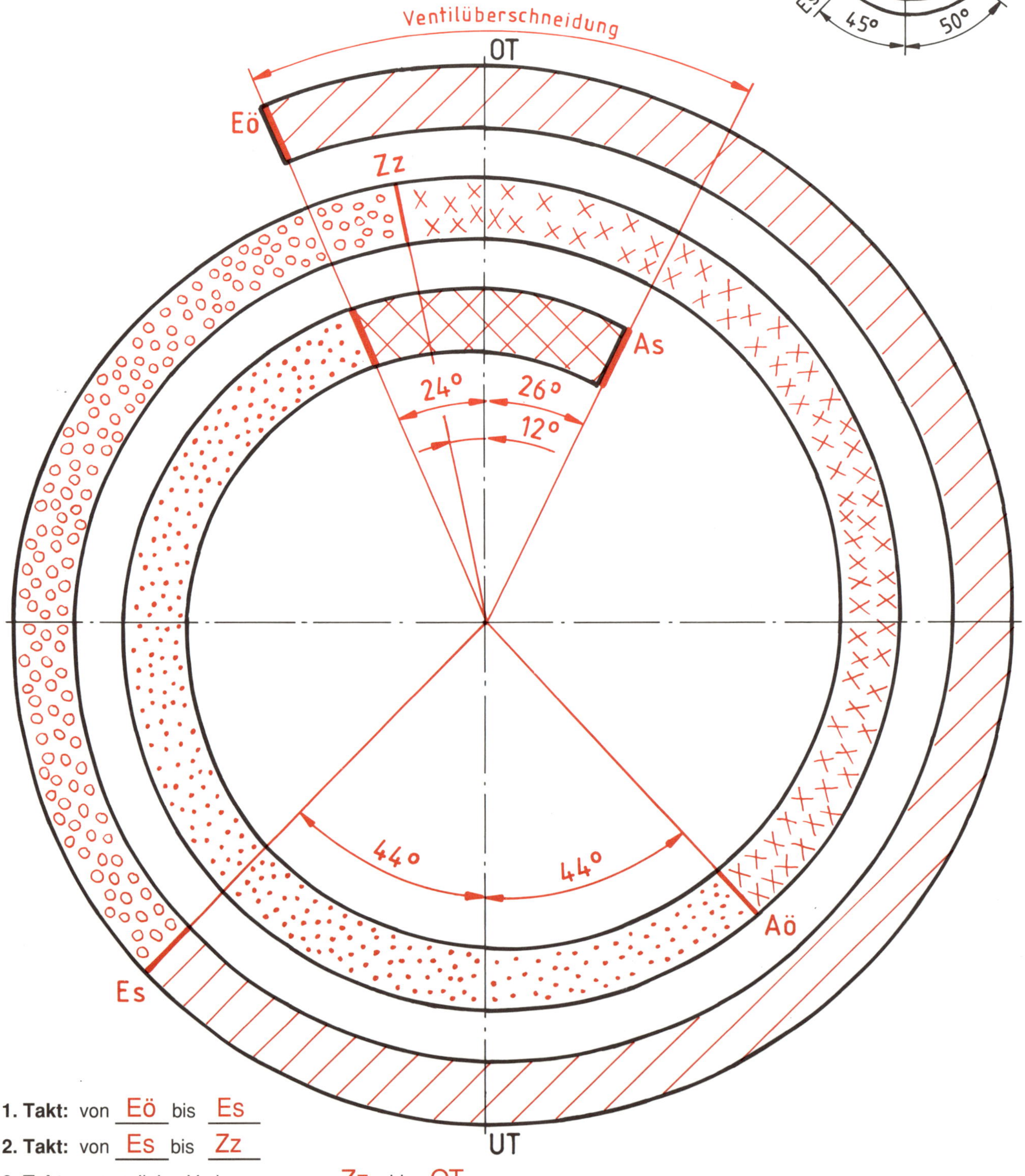

1. Takt: von Eö bis Es

2. Takt: von Es bis Zz

3. Takt: unterteilt in: Verbrennen: von Zz bis OT
                               Arbeiten: von OT bis Aö

4. Takt: von Aö bis As

Ventilüberschneidung: von Eö bis As

Steuerdiagramm eines Viertakt-Ottomotors

Berechnungen zum Steuerdiagramm auf der Vorderseite

Aufgaben:

a) Wie groß ist der Öffnungswinkel des Einlaßventils und des Auslaßventils? Formelzeichen: α_{EV} und α_{AV}.

b) Berechnen Sie vom Einlaß- und Auslaßventil die Öffnungszeit t in s. Formelzeichen: t_{EV} und t_{AV}.
Die Motordrehzahl beträgt $n = 5200$ 1/min.

c) Bestimmen Sie die Drehzahl n in 1/min, wenn für das Einlaßventil eine Öffnungszeit $t_{EV} = 0,0138$ s angegeben ist.

d) Ermitteln Sie zu dem Steuerdiagramm für die folgenden Abschnitte die Kurbelwinkel in Grad:
Ansaugen, Verdichten, Arbeiten, Ausstoßen und Ventilüberschneidung.

e) Wieviel mm vor OT müßte der Zündzeitpunkt Zz auf der Schwungscheibe als Bogenmaß markiert werden?
Formelzeichen: l_B. Der Schwungscheibendurchmesser beträgt $d = 320$ mm.

f) Welchen Durchmesser müßte das Schwungrad haben, wenn für die Markierung des Zündzeitpunktes Zz das Bogenmaß $l_B = 28$ mm gegeben wäre?

Lösungen:

a) $\alpha_{EV} = E\ddot{o} + 180° + Es = 24° + 180° + 44° = \mathbf{248°}$

$\alpha_{AV} = A\ddot{o} + 180° + As = 44° + 180° + 26° = \mathbf{250°}$

b) $t_{EV} = \dfrac{\alpha_{EV} \cdot 60}{n \cdot 360°} = \dfrac{248° \cdot 60}{5200 \cdot 360°}\ s = 0,0079\ s \approx \mathbf{0,008\ s}$

$t_{AV} = \dfrac{\alpha_{AV} \cdot 60}{n \cdot 360°} = \dfrac{250° \cdot 60}{5200 \cdot 360°}\ s = \mathbf{0,008\ s}$

c) $n = \dfrac{\alpha_{EV} \cdot 60}{t_{EV} \cdot 360°} = \dfrac{248° \cdot 60}{0,0138 \cdot 360°}\ \dfrac{1}{min} = 2995\ \dfrac{1}{min} \approx \mathbf{3000\ \dfrac{1}{min}}$

d)

Ansaugen	$\hat{=}$	$\alpha_{EV} = \mathbf{248°\ KW}$
Verdichten	$\hat{=}$	$180° - Es - Zz = 180° - 44° - 12° = \mathbf{124°\ KW}$
Arbeiten	$\hat{=}$	$Zz + 180° - A\ddot{o} = 12° + 180° - 44° = \mathbf{148°\ KW}$
Ausstoßen	$\hat{=}$	$\alpha_{AV} = \mathbf{250°\ KW}$
Ventilüberschneidung	$\hat{=}$	$E\ddot{o} + As = 24° + 26° = \mathbf{50°\ KW}$

e) $l_B = \dfrac{Zz \cdot d \cdot \pi}{360°} = \dfrac{12° \cdot 320\ mm \cdot \pi}{360°} = 33,51\ mm \approx \mathbf{33,5\ mm}$

f) $d = \dfrac{l_B \cdot 360°}{Zz \cdot \pi} = \dfrac{28\ mm \cdot 360°}{12° \cdot \pi} = 267,38\ mm \approx \mathbf{267,4\ mm}$

Zusatzaufgabe:

Bei einem Ottomotor ist für eine Drehzahl $n = 2750$ 1/min die Öffnungszeit des Einlaßventils EV mit $t_{EV} = 0,016$ s angegeben. Bestimmen Sie Es in °KW nach UT, wenn EV bei 28° v. OT öffnet.

$\alpha_{EV} = \dfrac{t_{EV} \cdot n \cdot 360°}{60} = \dfrac{0,016 \cdot 2750 \cdot 360°}{60} = \mathbf{264°}$

$Es = \alpha_{EV} - 180° - E\ddot{o} = 264° - 180° - 28° = \mathbf{56°\ kW}$

Berechnungen zum Steuerdiagramm

© Copyright: Verlag H. Stam GmbH · Köln

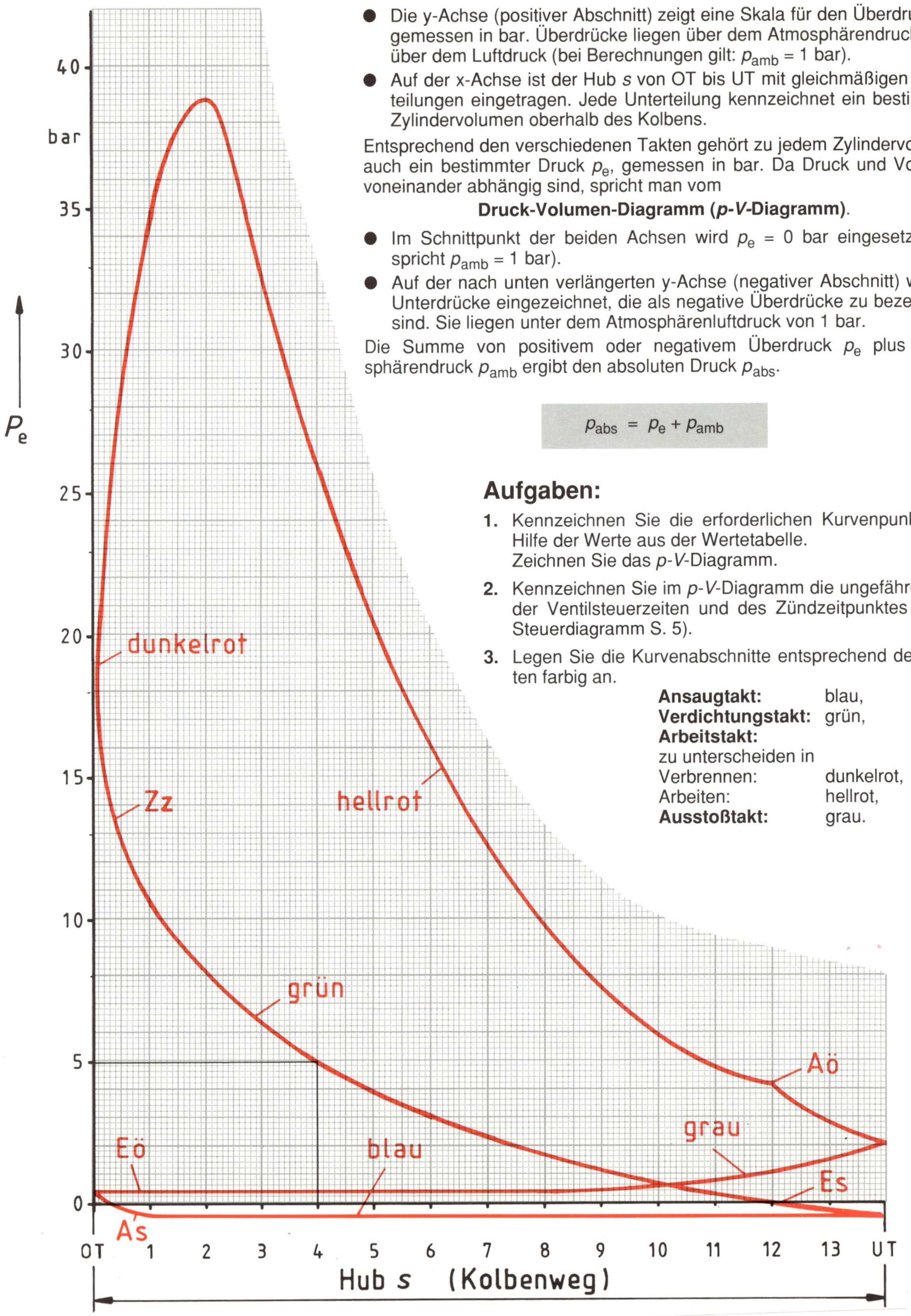

- Die y-Achse (positiver Abschnitt) zeigt eine Skala für den Überdruck p_e, gemessen in bar. Überdrücke liegen über dem Atmosphärendruck, d. h. über dem Luftdruck (bei Berechnungen gilt: $p_{amb} = 1$ bar).
- Auf der x-Achse ist der Hub s von OT bis UT mit gleichmäßigen Unterteilungen eingetragen. Jede Unterteilung kennzeichnet ein bestimmtes Zylindervolumen oberhalb des Kolbens.

Entsprechend den verschiedenen Takten gehört zu jedem Zylindervolumen auch ein bestimmter Druck p_e, gemessen in bar. Da Druck und Volumen voneinander abhängig sind, spricht man vom

Druck-Volumen-Diagramm (p-V-Diagramm).

- Im Schnittpunkt der beiden Achsen wird $p_e = 0$ bar eingesetzt (entspricht $p_{amb} = 1$ bar).
- Auf der nach unten verlängerten y-Achse (negativer Abschnitt) werden Unterdrücke eingezeichnet, die als negative Überdrücke zu bezeichnen sind. Sie liegen unter dem Atmosphärenluftdruck von 1 bar.

Die Summe von positivem oder negativem Überdruck p_e plus Atmosphärendruck p_{amb} ergibt den absoluten Druck p_{abs}.

$$p_{abs} = p_e + p_{amb}$$

Aufgaben:

1. Kennzeichnen Sie die erforderlichen Kurvenpunkte mit Hilfe der Werte aus der Wertetabelle. Zeichnen Sie das p-V-Diagramm.

2. Kennzeichnen Sie im p-V-Diagramm die ungefähre Lage der Ventilsteuerzeiten und des Zündzeitpunktes (siehe Steuerdiagramm S. 5).

3. Legen Sie die Kurvenabschnitte entsprechend den Takten farbig an.

Ansaugtakt:	blau,
Verdichtungstakt:	grün,
Arbeitstakt:	
zu unterscheiden in	
Verbrennen:	dunkelrot,
Arbeiten:	hellrot,
Ausstoßtakt:	grau.

© Copyright: Verlag H. Stam GmbH · Köln

	OT	1	2	3	4	5	6	7	8	9	10	11	12	13	UT	
p_e in bar	0,6	- 0,3	- 0,3	- 0,3	- 0,3	- 0,3	- 0,3	- 0,3	- 0,3	- 0,3	- 0,3	- 0,3	-0,3	- 0,3	- 0,3	Ansaugen
	18,0	10,6	8,2	6,5	5,0	4,0	3,2	2,5	1,8	1,3	0,9	0,5	0,2	- 0,1	- 0,3	Verdichten
	18,0	34,8	39,0	32,8	26,1	20,8	16,4	12,8	10,0	7,8	6,1	5,0	4,4	3,0	2,2	Arbeiten
	0,6	0,6	0,6	0,6	0,6	0,6	0,6	0,6	0,6	0,7	0,8	1,0	1,2	1,7	2,2	Ausstoßen

p-V-Diagramm

1. Takt

1. Wann beginnt theoretisch der Ansaugtakt?   Bei Eö

2. Bei welchen Voraussetzungen setzt das eigentliche Ansaugen ein?

Im Zylinderraum oberhalb des Kolbens muß ein

Unterdruck vorhanden sein, so daß zwischen dem

Kraftstoff-Luft-Gemisch im Ansaugrohr und den Rest-

Altgasen im Zylinderraum ein Druckgefälle besteht.

3. Was versteht man unter der atmosphärischen Nullinie?

Sie liegt im p-V-Diagramm auf der x-Achse.

Der absolute Luftdruck beträgt $p_{abs} = 1$ bar

und der Überdruck $p_e = 0$ bar.

4. **a)** Wo überschreitet der Kurvenverlauf im p-V-Diagramm die atmosphärische Nullinie und welche Druckänderungen treten an diesen Stellen auf?
   b) Welche Bedeutung haben diese Stellen für die Motorsteuerung?

a) Im Ansaugtakt überschreitet die Kurve kurz

nach OT die Nullinie: Im Zylinder setzt Unterdruck

ein. Kurz nach UT wird die Nullinie wieder

überschritten; der Überdruck wird positiv:

im Zylinder entsteht ein Verdichtungsdruck.

b) Unmittelbar nach beginnendem Unterdruck schließt

das Auslaßventil (As). Beim Übergang vom Unterdruck

zum Überdruck schließt das Einlaßventil (Es).

5. Welche Steuerungsmarkierungen kennzeichnen theoretisch den Ansaugtakt?

Eö (Beginn des Ansaugtakts);   Es (Ende des Ansaugtakts).

2. Takt

6. Nennen Sie für den Verdichtungsenddruck einen anderen Fachausdruck.   Kompressionsdruck

7. Warum legt man den Zündzeitpunkt Zz kurz vor OT, obwohl der maximal erreichbare Verdichtungsdruck noch nicht erreicht ist?

Die Zeit vom Überspringen des Funkens bis zum Höhe-

punkt der Verbrennung beträgt ca. 1/1000 Sekunde.

Durch die Zündung vor OT erreicht die Flammenfront bei

einer kugelförmigen Ausbreitung kurz nach OT die höchste

Verbrennungstemperatur von ca. 2000°C. Der maximale

Verbrennungsdruck ist dann etwa 40 bar bis 60 bar.

8. Erklären Sie den technischen Ausdruck: $\varepsilon = 9 : 1$.

Das Zylindervolumen oberhalb des Kolbens wird auf den

9. Teil seines Füllungsvolumens komprimiert.

ε bedeutet Verdichtungsverhältnis bzw. Verdichtung.

9. Von welchen Steuermarkierungen wird der Verdichtungstakt theoretisch begrenzt?

Der Verdichtungstakt beginnt bei Es und endet bei Zz.

Kurvendiskussion des p-V-Diagramms (I)

3. Takt

10. Welche Energieumwandlungen finden beim Übergang vom 2. in den 3. Takt statt?

Die chemische Energie wird zunächst in Wärmeenergie umgewandelt, die dann teilweise in mechanische Energie umgewandelt wird.

11. In welche Richtung wirkt der Verbrennungsdruck? In alle Richtungen

12. Wie unterscheiden sich die Größen *Kraft* und *Druck*? Nennen Sie Formelzeichen und Einheiten.

Die Kraft (Formelzeichen: *F*) ist eine gerichtete Größe und wird in N gemessen. Wird die wirksame Kraft auf eine Fläche bezogen und dabei die auf die Flächeneinheit entfallende Kraft ausgedrückt, spricht man vom Druck (Formelzeichen: *p*). Daher kann der Druck *p* als eine bezogene Größe bezeichnet werden. In Gasen und Flüssigkeiten wird der Druck in bar angegeben, bei festen Körpern in N/cm^2 oder N/mm^2.

13. Welches besondere Merkmal für den Verlauf des Arbeitstaktes ist aus dem Kurvenverlauf deutlich zu erkennen?

Der Arbeitstakt besteht aus den beiden Abschnitten Verbrennung von Zz bis OT und Umwandlung in mechanische Arbeit von OT bis Aö. Der Kolben geht von OT nach UT. Die stark abfallende Kurve kennzeichnet den raschen Druckabfall der hochgespannten Verbrennungsgase.

14. Warum legt man Aö weit vor UT? Der geringere Verbrennungdruck im letzten Drittel des Arbeitstaktes wird zum beschleunigten Ausstoßen der Altgase benutzt, um beim Ansaugen der Frischgase ein möglichst großes Füllungsvolumen zu erreichen.

15. Welche Größen bestimmen den physikalischen Begriff *mechanische Arbeit*? Nennen Sie Formelzeichen und Einheiten. Geben Sie die Formel für die mechanische Arbeit an.

Die mechanische Arbeit wird durch die Kraft *F* (gemessen in N) und durch den zurückgelegten Weg *s* (gemessen in m) bestimmt. Die mechanische Arbeit *W* wird in Nm angegeben. Formel: $W = F \cdot s$

16. Geben Sie die Steuerungsmarkierungen für den theoretischen Bereich des Arbeitstaktes an.

Theoretisch beginnt der Arbeitstakt mit Zz und endet mit Aö.

4. Takt

17. Warum liegt As nach OT, obwohl das Einlaßventil bereits lange geöffnet ist? Der Strömungsfluß des durch das geöffnete Einlaßventil einströmenden Frischgases wird zu einem Spüleffekt für die Altgase ausgenutzt.

18. Zwischen welchen Steuerungsmarkierungen liegt der Auslaßtakt? Zwischen Aö und As

19. Wie heißt der Kurvenabschnittt zwischen Eö und As? Ventilüberschneidung

Kurvendiskussion des *p-V*-Diagramms (II)

Verdichtungsverhältnis

Zu den wichtigsten Kenndaten des Motors gehört das Verdichtungsverhältnis ε (epsilon). Dabei wird der größte Verbrennungsraum $V_h + V_c$ (Kolben UT) ins Verhältnis gesetzt zum kleinsten Verbrennungsraum V_c (Kolben OT). Den ausgerechneten Zahlenwert dieses Verhältnisses nennt man Verdichtungsverhältnis oder einfach Verdichtung.

$$\text{Verdichtung } \varepsilon = \frac{\text{größter Verbrennungsraum}}{\text{kleinster Verbrennungsraum}} \qquad \varepsilon = \frac{V_h + V_c}{V_c}$$

Einheiten:

V_h	V_c	ε
in cm³	in cm³	–

Prinzipskizzen für $\varepsilon = 8 : 1$

Größter Verbrennungsraum $V_h + V_c$

Kleinster Verbrennungsraum V_c

Beispiel:

Von einem Vierzylindermotor ist $V_H = 1,584\,l$ berechnet worden. Die Verdichtung ist mit $\varepsilon = 8$ angegeben. Wie groß ist der Verdichtungsraum V_c eines Zylinders in cm³?

Geg.: $V_H = 1,584\,l = 1584\,\text{cm}^3$

$z = 4$

Ges.: V_h und V_c in cm³

Lös.: $V_h = \dfrac{V_H}{z} = \dfrac{1584\,\text{cm}^3}{4} = \mathbf{396\,cm^3}$

$V_c = \dfrac{V_h}{\varepsilon - 1} = \dfrac{396\,\text{cm}^3}{8 - 1} = \mathbf{56,57\,cm^3}$

Aufgaben:

1. Für einen Zylinder ergibt sich ein Hubvolumen von 457,5 cm³. Das Verdichtungsvolumen beträgt 59,42 cm³. Wie groß ist ε?

2. Von einem Vierzylinder-Motorrad liegen folgende Daten vor: Hubvolumen eines Zylinders 249,86 cm³, Verdichtungsvolumen 30,47 cm³. Berechnen Sie die Verdichtung.

3. Ein Sportwagen hat eine Bohrung von 95 mm und einen Hub von 70,4 mm. Das Verdichtungsvolumen eines Zylinders beträgt 66,501 cm³. Berechnen Sie die Verdichtung.

4. Von einem Vierzylinder-Pkw ist das Verdichtungsvolumen von 39,632 cm³ für einen Zylinder gegeben. Das Verdichtungsverhältnis beträgt 7,8 : 1.
   a) Berechnen Sie V_h in cm³ und V_H in l.
   b) Wie groß ist die Bohrung, wenn der Hub 76,2 mm beträgt?

5. Für einen Sechszylinder-Boxermotor sind die Bohrung mit 84 mm, der Hub mit 70,4 mm angegeben. Die Verdichtung beträgt 7,5. Wie groß ist das Verdichtungsvolumen eines Zylinders?

Druck in Gasen und Flüssigkeiten

Gas und Flüssigkeitsdrücke (Formelzeichen: p) geben Auskunft darüber, mit wieviel N (Newton) eine Kraft F auf die Flächeneinheit von 1 m² einwirkt. Dabei gilt die festgelegte Druckeinheit 1 Pa (Pascal) = $1\,\dfrac{\text{N}}{\text{m}^2}$. Die praxisübliche Druckangabe erfolgt jedoch in bar, da 1 Pa eine sehr kleine Druckeinheit ist und im Kfz-Bereich unzweckmäßig und daher nicht üblich ist.

Grundformel für den Druck:

$$p = \frac{F}{A}$$

Einheiten:

F	A	p
in N	in cm²	$\dfrac{\text{N}}{\text{cm}^2}$

Der Umrechnungsfaktor 0,1 wird in die Formel mit einbezogen.

Druckformel mit dem Umwandlungsfaktor 0,1:

$$p = 0{,}1 \cdot \frac{F}{A}$$

Einheiten:

F	A	p
in N	in cm²	in bar

Umwandlungen:

$1\,\text{bar} = 100\,000\,\text{Pa} = 100\,000\,\dfrac{\text{N}}{\text{m}^2}$

$1\,\text{bar} = \dfrac{100\,000\,\text{N}}{10\,000\,\text{cm}^2} = \dfrac{10\,\text{N}}{\text{cm}^2}$

$1\,\text{bar} = \dfrac{10\,\text{N}}{\text{cm}^2} = 1\,\dfrac{\text{daN}}{\text{cm}^2} \qquad 10 \,\hat{=}\, \text{da (Deka)}$

$0{,}1\,\text{bar} = 1\,\dfrac{\text{N}}{\text{cm}^2}$

Beispiel:

Die maximale Verbrennungskraft eines Ottomotors beträgt $F = 16344\,\text{N}$ und der Zylinderdurchmesser $d = 68\,\text{mm}$. Zu berechnen ist der zugehörige Arbeitsdruck in bar.

Geg.: $F = 16344\,\text{N}$

$d = 68\,\text{mm}$

Ges.: A in cm²

p in bar

Lös.: $A = d^2 \cdot 0{,}785 = 6{,}8\,\text{cm} \cdot 6{,}8\,\text{cm} \cdot 0{,}785 = \mathbf{36{,}298\,cm^2}$

$p = 0{,}1 \cdot \dfrac{F}{A} = 0{,}1 \cdot \dfrac{16344}{36{,}298}\,\text{bar} = \mathbf{45{,}03\,bar}$

Aufgaben:

6. Auf die Zylinderquerschnittsfläche von 37,92 cm² wirkt eine maximale Kolbenkraft von 9,5 kN. Bestimmen Sie den maximalen Arbeitsdruck in bar.

7. Ein Lkw-Motor hat einen Zylinderdurchmesser von 123 mm. Wie groß ist der mittlere Arbeitsdruck bei einer Kolbenkraft von 9370 N?

8. Von einem Pkw-Motor ist ein mittlerer indizierter Arbeitsdruck von 6,75 bar gegeben. Die Bohrung beträgt 69,5 mm. Berechnen Sie die zugehörige Kolbenkraft in N.

9. Berechnen Sie den Bohrungsdurchmesser eines Pkw-Motors. Zu einer Kolbenkraft von 3868,48 N wurde ein mittlerer Arbeitsdruck von 7,7 bar errechnet.

10. Von einem Motorrad sind bekannt: Durchmesser der Zylinderbohrung 38 mm, mittlere Kolbenkraft 793,8 N. Berechnen Sie die Zylinderquerschnittsfläche und den mittleren Arbeitsdruck.

11. Bei einem Motor beträgt der maximale Arbeitsdruck $p_{max} = 36$ bar. Die Zylinderquerschnittsfläche wird mit 42,99 cm² angegeben. Berechnen Sie die maximale Kolbenkraft.

Verdichtungsverhältnis,
Druck in Gasen und Flüssigkeiten

Lösungen auf

Seite 16

© Copyright: Verlag H. Stam GmbH · Köln

Ein Pkw-Fahrer bringt sein Fahrzeug zur Inspektion in die Werkstatt, weil der Motor nicht mehr genügend Leistung bringt. Der Kompressionsdruck muß überprüft werden.

Ergänzen Sie den unvollständig vorgegebenen Programmablaufplan als Arbeitsablaufplan.
Vergleichen Sie dazu Info-Band: Programmablaufplan.
Hinweis: Die zwei im Programmablaufplan vorgegebenen Blöcke mit den abgeschrägten Ecken kennzeichnen den Anfang bzw. das Ende einer *Schleife*. Man setzt sie zur Darstellung von Wiederholungen ein.

Prüfkarte in den Kompressionsdruckschreiber einlegen, Schreibstift auf Stellung 1 (Zylinder 1)

Ist der Motor betriebswarm?

nein → Motor betriebswarm fahren

ja → Hauptzündkabel abklemmen, Zündkerzen ausbauen

Gummikegel des Schreibers in Zündkerzenbohrung drücken

Gaspedal durchtreten lassen

Starter jeweils ca. 5s betätigen

Schreibstift auf nächste Ausgangsstellung bringen

Sind alle Zylinder geprüft?

nein → (zurück zur Schleife)

ja → Liegt der Druck bei allen Zylindern innerhalb der geforderten Toleranz?

ja → Kompression des Motors ist in Ordnung

nein →
Für abweichenden Zylinder Druckmessung mit neuer Prüfkarte wiederholen

In abweichenden Zylinder etwas Öl einbringen

Gummikegel in die Zündkerzenbohrung drücken

Gaspedal durchtreten

Starter ca. 5s betätigen

Kompressionsdruck höher als bei der ersten Messung?

nein → Der Fehler liegt
a) an undichten Ventilen
b) an schadhafter Zylinderkopfdichtung

ja → Der Fehler liegt
a) am Verschleiß der Kolbenringe
b) am Verschleiß der Zylinderlauffläche

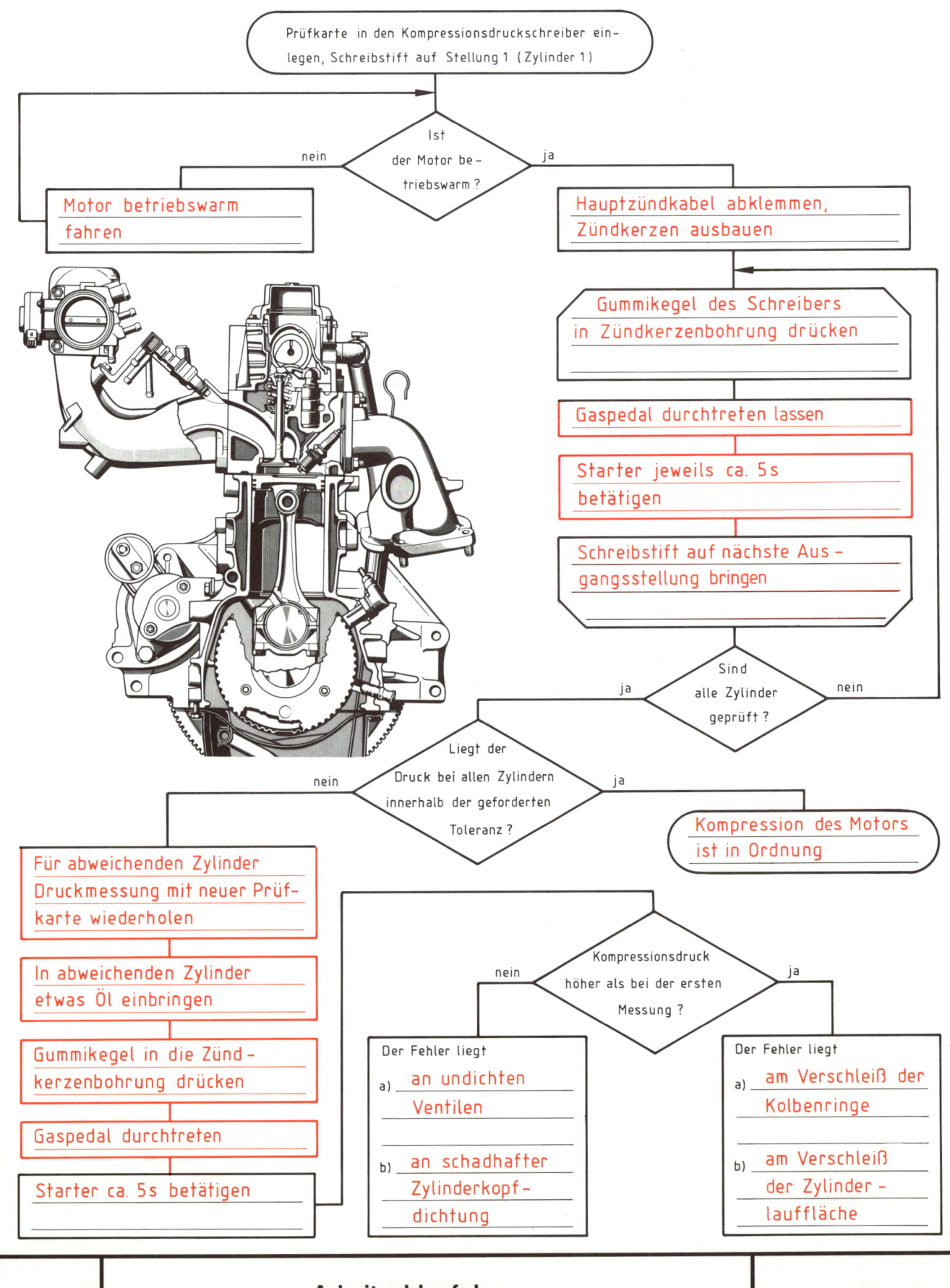

**Arbeitsablaufplan:
Kompressionsdruck prüfen**

© Copyright: Verlag H. Stam GmbH · Köln

11

Bei einem Viertakt-Vierzylinder-Ottomotor mit Flüssigkeitskühlung soll eine Druckverlustprüfung durchgeführt werden, da aufgrund einer Kompressionsdruckprüfung eine Undichtigkeit im Verbrennungsraum vermutet wird.

Die Druckverlustprüfung läßt sich nur bei betriebswarmem Motor durchführen.

1. Ergänzen sie zu folgenden Stichpunkten die erforderlichen Arbeitsschritte für eine Druckverlustprüfung.

   a) Zündkerzenstecker (mit Kabel), Zündkerzen: Kerzenstecker mit Kabel von den Zündkerzen abziehen, Zündkerzen herausschrauben.

   b) Kolbenstand des abzudrückenden Zylinders: Kolben in Zünd-OT bringen.
   Begründung: Alle Ventile des Testzylinders müssen geschlossen sein.

   c) Druckverlusttester: Gerät anschließen, Prüfschlauchanschluß in das Zündkerzengewinde einschrauben, Verbrennungsraum mit Druckluft beaufschlagen.

2. Wieviel bar muß der Druckluftanschluß haben?
   5 bis 15 bar (nach Herstellervorschrift).

3. Was ist bei der Meßwerterfassung und Meßwertbeurteilung zu beachten?
   Der Druckverlust wird am Manometer in Prozent angezeigt. Der angezeigte Wert darf den vom Testgerätehersteller vorgegebenen Wert nicht übersteigen.
   Da ein Verbrennungsraum nicht vollständig dicht ist, darf der Druckverlust in einer festgelegten Zeit bis maximal 25 % betragen. Der Unterschied zwischen den Zylindern kann bis zu maximal 10 % betragen.

4. Wo können Undichtigkeiten auftreten? Wie sind sie zu erkennen? Geben sie mögliche Ursachen an.

Mögliche Stellen mit ausströmender Luft:	**Mögliche Ursachen:**
– Luftaustritt am Luftfilter, Vergaser oder Ansaugkrümmer.	– Einlaßventil undicht.
– Ausblasgeräusche aus der benachbarten Zündkerzenbohrung.	– Zylinderkopfdichtung zwischen beiden Zylindern defekt.
– Zischgeräusche aus den Öffnungen des Ölmeßstabs oder Öleinfüllstutzens.	– Kolbenringe dichten nicht mehr ab, Kolben verschlissen.
– Geräusch beim Auspuffkrümmer oder am Auspuff.	– Auslaßventil undicht.
– Bei geöffnetem Kühler bzw. Ausgleichsbehälter sind evtl. in der Kühlflüssigkeit aufsteigende Blasen sichtbar.	– Zylinderkopfdichtung ist durchgebrannt, Zylinderkopf oder Zylinderblock können Risse haben.

Druckverlustprüfung

Darstellung und Berechnung des Drehmoments

Wenn eine Kraft F an einem Hebel mit der Hebellänge r angreift, entsteht eine Drehwirkung. Diese Drehwirkung wird als Drehmoment oder kurz als Moment bezeichnet und in Nm gemessen.

Das Drehmoment M ist um so größer,
– je größer die antreibende Kraft F ist oder
– je größer die wirksame Hebelarmlänge r ist.

Formel:

$$M = F \cdot r$$

Einheitengleichung: $\text{Nm} = \text{N} \cdot \text{m}$

Die wirksame Hebelarmlänge ist immer der kürzeste Abstand zwischen Drehpunkt und Wirkungslinie der Kraft. Der Winkel zwischen dem wirksamen Hebelarm und der Wirkungslinie der Kraft muß dann immer 90° sein.

Das Drehmoment M ist – ähnlich wie die Kraft F – eine **Rechengröße** und ist nur durch ihre Wirkung feststellbar und meßbar. Zur Darstellung des Drehmoments wird die Hebelarmlänge als Linie und die am Hebelarm in A angreifende Kraft durch einen Kraftpfeil gekennzeichnet. Nach einem anzugebenden Kräftemaßstab KM wird die Größe der Kraft in N durch die Kraftpfeillänge in mm dargestellt. **Beispiel:** KM 1 mm ≙ 120 N.
Die Kraftrichtung wird durch die Kraftpfeilrichtung angegeben.

Für die Berechnung der Kraftpfeillänge bei gegebenem Kräftemaßstab gilt die nebenstehende Formel.

$$\text{Pfeillänge in mm} = \frac{\text{Kraft in N}}{\text{Kräftemaßstab in N/mm}} \qquad l = \frac{F}{KM}$$

Aufgaben:

1. Fertigen Sie von einem Drehmoment eine Prinzipskizze an. Hebelarm $r = 75$ cm (Maßstab 1 : 10, waagerecht liegend), am rechten Ende angreifende Zugkraft $F = 750$ N (Kräftemaßstab KM 1 mm ≙ 50 N)
Bezeichnungen:
Drehpunkt mit D,
Hebelarm durch das angegebene Maß,
Kraftpfeil mit F und mit dem Größenwert,
Angriffspunkt der Kraft mit A.

2. Stellen Sie nach den Maßstabsangaben der Aufgabe 1 ein Drehmoment in einer Prinzipskizze dar. Hebelarm $l = 80$ cm (waagerecht liegend), angreifende Druckkraft $F = 1,25$ kN (unter einem Winkel von 120°).
Kennzeichnen Sie den Drehpunkt mit D, den tatsächlichen Hebel mit l, die wirksame Hebelarmlänge mit r, die Kraft mit F, den Angriffspunkt mit A, die Wirkungslinie durch eine schmale Strich-Punkt-Linie und den rechten Winkel durch 90°. Geben Sie bei allen Größen zu dem Formelzeichen auch den Wert der Größe an.

1.
750
D —— A
$F = 750$ N
1 : 10

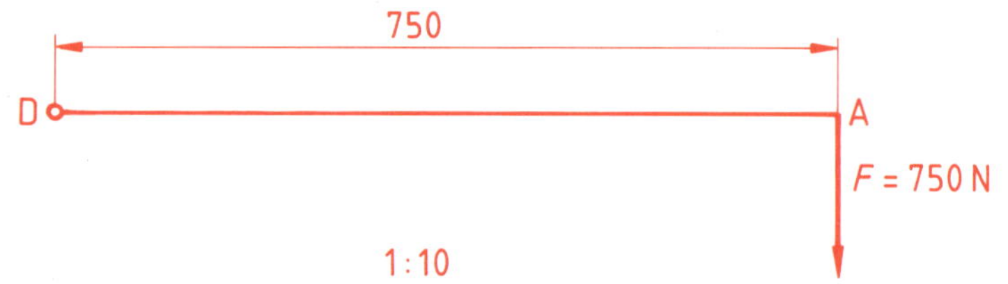

2.
$F = 1250$ N
$l = 800$ mm
D —— A
$r = 690$ mm
90°
Wirkungslinie

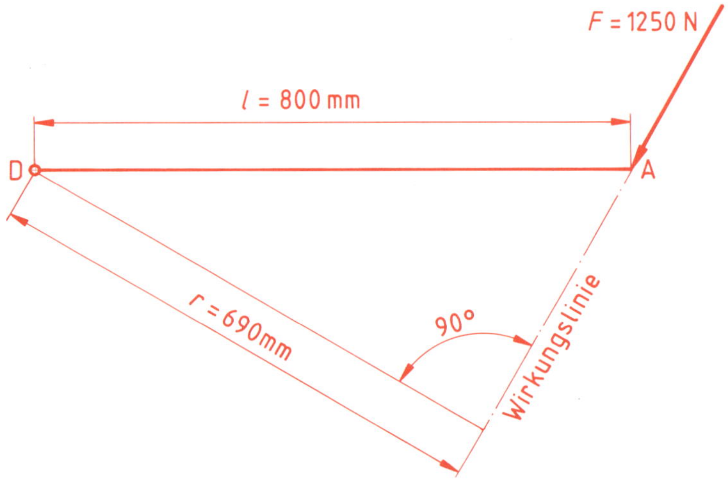

Ermittlung der Kräfteresultierenden

Unter der Resultierenden von Kräften versteht man eine Ersatzkraft, die an Stelle von mehreren Kräften die gleiche Wirkung erzielt. Bei Kräften mit verschiedenen Wirkungslinien gibt es für die zeichnerische Konstruktion der Resultierenden F_R verschiedene Verfahren. In vielen Fällen kann F_R in einem Kräfteparallelogramm als Diagonale ermittelt werden.

Aufgabe:

Von den beiden Kräften
$F_1 = 1600$ N und
$F_2 = 1100$ N sind
der gemeinsame Angriffspunkt A durch den Schnittpunkt der Wirkungslinien gegeben.
$\alpha = 60°$
KM 1 mm ≙ 20 N.

Ermitteln Sie mit einem Kräfteparallelogramm Lage und Größe der Resultierenden F_R.

Berechnen Sie mit Hilfe des KM die Größe in kN.

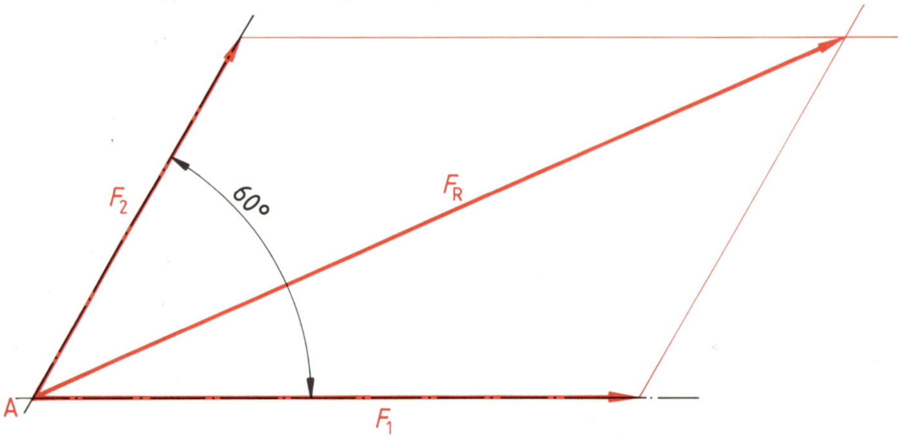

F_2
60°
F_R
A
F_1

$$l = \frac{F}{KM} \ \Rightarrow \ F_R = l \cdot KM = 118 \text{ mm} \cdot 20 \text{ N/mm} = 2360 \text{ N} = \underline{2,36 \text{ kN}}$$

**Drehmomentberechnung,
Ermittlung der Kräfteresultierenden**

Von einem Motor sind die veränderten Drehmomente bei zwei unterschiedlichen Kolbenstellungen durch Konstruktion von Kräfteparallelogrammen darzustellen und zu berechnen. Die nebenstehende Darstellung mit angedeutetem Kolben und Zylinder stellt ein ausführliches Beispiel dar. Für die Kräfteparallelogramme gilt der Kräftemaßstab KM 1 mm ≙ 400 N. Für die vorgegebenen Kurbelkreise und für die noch zu zeichnenden Pleuellängen gilt der Maßstab 1:1,25 (nicht genormt).

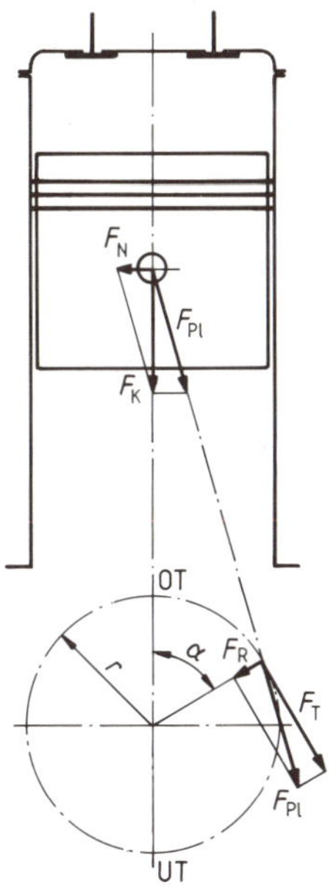

Geg.: d = 78,7 mm, s = 80 mm, Pleuellänge l = 130 mm,

für Kolbenstellung 1:	Kurbelwinkel α = 30° n. OT,	p = 45 bar
für Kolbenstellung 2:	Kurbelwinkel α = 72° n. OT,	p = 20 bar

1. Konstruieren Sie für beide Kolbenstellungen die Kräfteparallelogramme (beim Kolbenbolzen und beim Kurbelzapfen). Gehen Sie nach folgendem Arbeitsplan vor:

   Arbeitsplan für die Darstellung der Kräfteparallelogramme bei der Kolbenstellung 1
   - Kurbelzapfenstellung auf dem Kurbelkreis bei α = 30° n. OT markieren.
   - Pleuellänge l = 130 mm maßstäblich umrechnen.
   - Vom Kurbelzapfen aus mit der errechneten Pleuellänge einen Kreisbogen um den Kurbelzapfen schlagen, Schnittpunkt mit der senkrechten Mittellinie entspricht der Kolbenbolzenmitte.
   - Kolbenkraft F_K in N berechnen (Formel: $F_K = 10 \cdot p \cdot A$). F_K mit Hilfe des KM in eine Kraftpfeillänge (in mm) umrechnen. Vom Kolbenbolzen aus F_K als Kraftpfeil einzeichnen.
   - Von der Kolbenbolzenmitte aus das Kräfteparallelogramm konstruieren (siehe Beispiel).
   - Pleuelstangenkraft F_{Pl} auf der Wirkungslinie verschieben und vom Kurbelzapfen aus das Kräfteparallelogramm konstruieren.
   - Den Kraftpfeil F_T (mm) mit Hilfe des KM in die Tangentialkraft F_T (in N) umrechnen.
   Verfahren Sie entsprechend für die Kolbenstellung 2.

2. Berechnen Sie beide Motordrehmomente in Nm (Formel auf der vorhergehenden Seite).

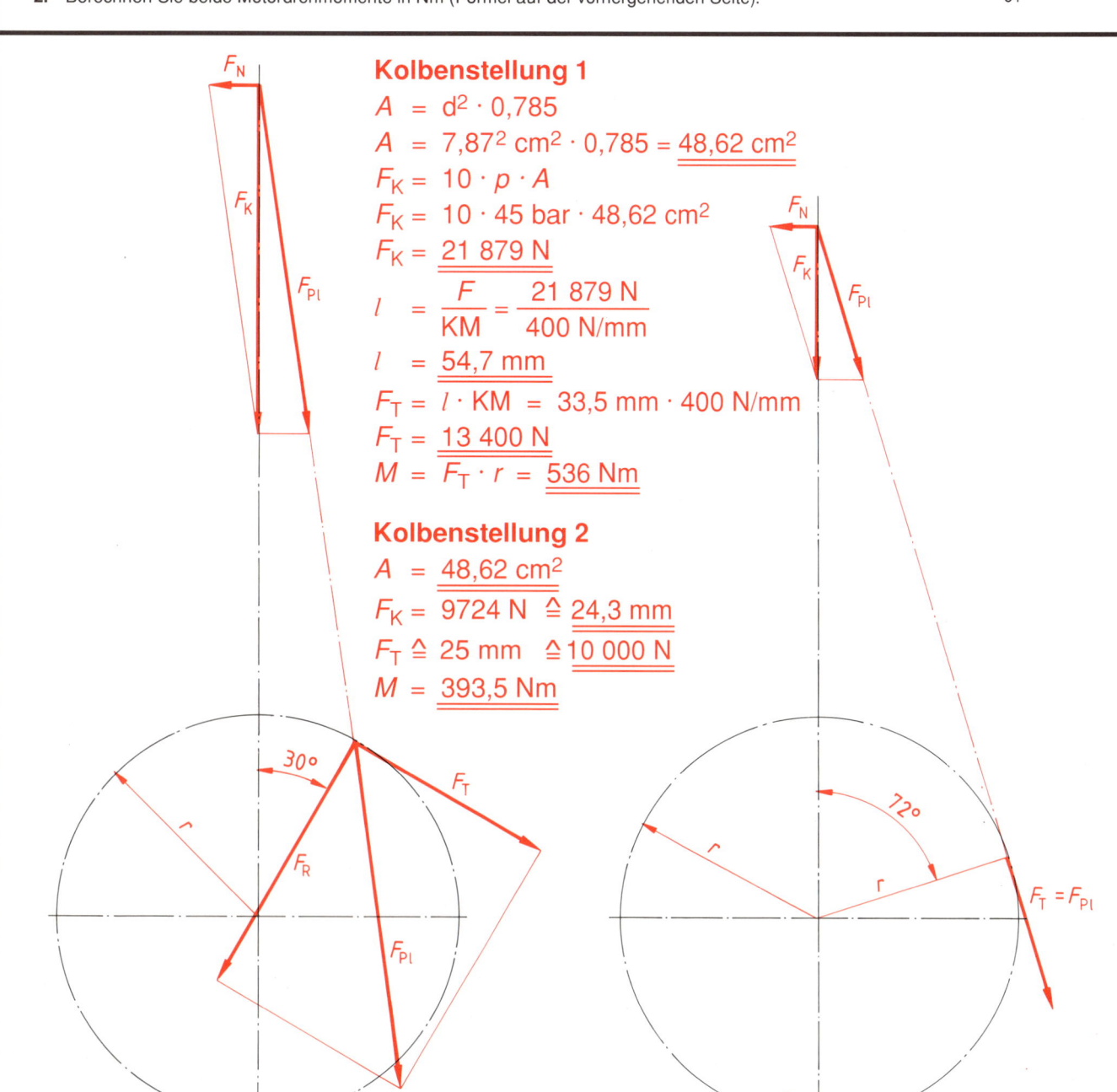

Kolbenstellung 1

$A = d^2 \cdot 0{,}785$

$A = 7{,}87^2 \text{ cm}^2 \cdot 0{,}785 = \underline{48{,}62 \text{ cm}^2}$

$F_K = 10 \cdot p \cdot A$

$F_K = 10 \cdot 45 \text{ bar} \cdot 48{,}62 \text{ cm}^2$

$F_K = \underline{21\,879 \text{ N}}$

$l = \dfrac{F}{KM} = \dfrac{21\,879 \text{ N}}{400 \text{ N/mm}}$

$l = \underline{54{,}7 \text{ mm}}$

$F_T = l \cdot KM = 33{,}5 \text{ mm} \cdot 400 \text{ N/mm}$

$F_T = \underline{13\,400 \text{ N}}$

$M = F_T \cdot r = \underline{536 \text{ Nm}}$

Kolbenstellung 2

$A = \underline{48{,}62 \text{ cm}^2}$

$F_K = 9724 \text{ N} \;≙\; \underline{24{,}3 \text{ mm}}$

$F_T ≙ 25 \text{ mm} \;≙\; \underline{10\,000 \text{ N}}$

$M = \underline{393{,}5 \text{ Nm}}$

Kolbenstellung 1

Kolbenstellung 2

Kraftübertragung und Drehmoment im Kurbeltrieb

Diagramm der Kolbengeschwindigkeiten

1. Konstruieren Sie ein Diagramm der Kolbengeschwindigkeiten. Aus der vom Kurbelkreis übertragenen Kolbenstellung 3 auf der waagerechten Achse und der zugehörigen Kolbengeschwindigkeit v = 19,5 m/s wurde der Koordinatenschnittpunkt als Punkt der gesuchten Kurve konstruiert.
2. Übertragen Sie die übrigen Kolbenstellungen aus dem Kurbelkreis in das Diagramm. Beachten Sie beim Übertragen die vorgegebene Pleuellänge l = 136 mm.
3. Beschriften Sie die x-Achse.
4. Legen Sie die Koordinatenschnittpunkte aus den Kolbenstellungen und den Kolbengeschwindigkeiten fest (siehe Tabelle). Zeichnen Sie die Kurve.
5. Zeichnen Sie im Diagramm v_{max} und den zugehörigen Kurbelwinkel α im Kurbelkreis ein. Geben Sie beide Werte an.

$$\alpha = \underline{73°}$$

Zu den Kenndaten eines Motors gehört unter anderem die mittlere Kolbengeschwindigkeit v_m. Daraus kann man durch die nebenstehende Näherungsformel den ungefähren Wert für die maximale Kolbengeschwindigkeit v_{max} errechnen. Der Faktor 1,6 ist ein Erfahrungswert.

6. Berechnen Sie für diese Darstellung die mittlere Kolbengeschwindigkeit v_m in m/s. Zeichnen Sie diese errechnete mittlere Kolbengeschwindigkeit in das Diagramm ein.

$$v_m \approx \frac{v_{max}}{1{,}6} = \frac{23{,}5 \text{ m/s}}{1{,}6} = \underline{14{,}9 \text{ m/s}}$$

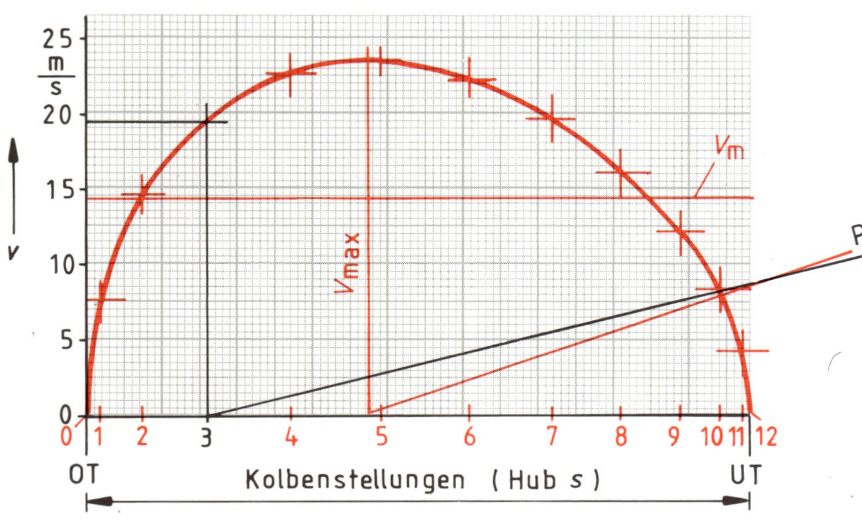

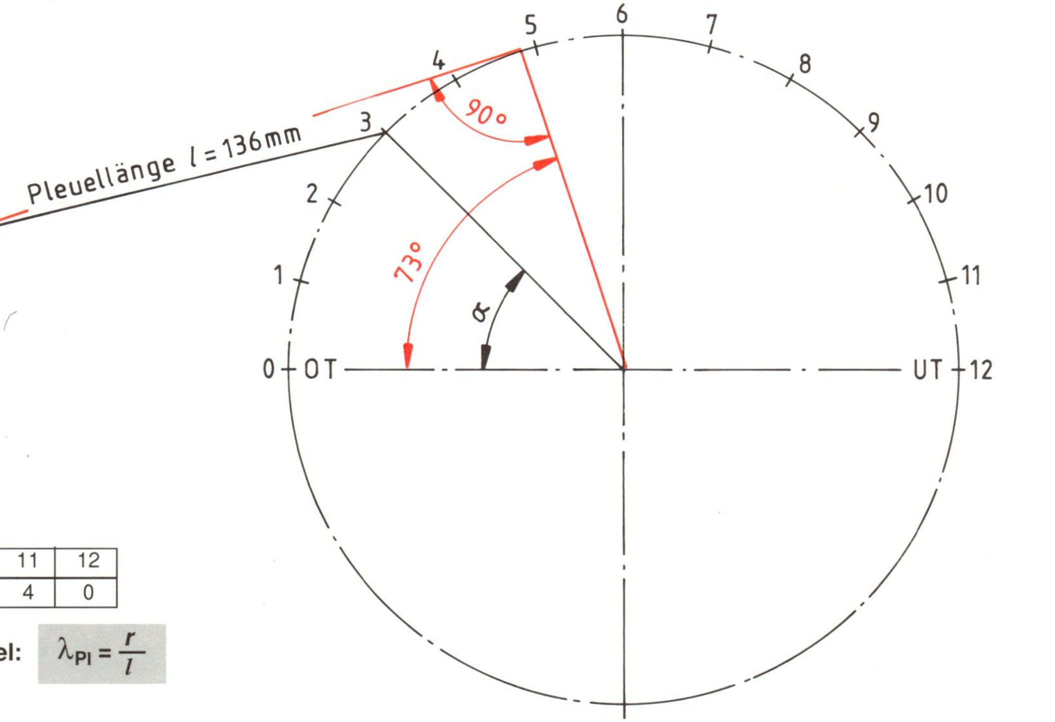

$$v_{max} = \underline{23{,}5 \text{ m/s}} \qquad v_{max} \approx 1{,}6 \cdot v_m$$

Kolbenstellungen:	0	1	2	3	4	5	6	7	8	9	10	11	12
v in m/s	0	7,5	14,5	19,5	22,5	23,4	22	19,5	16	12	8	4	0

6. Berechnen Sie das hier angenommene Pleuelstangenverhältnis λ_{Pl}.

Formel: $\lambda_{Pl} = \dfrac{r}{l}$

$$\lambda_{Pl} = \frac{r}{l} = \frac{44 \text{ mm}}{136 \text{ mm}} = \underline{0{,}32}$$

© Copyright: Verlag H. Stam GmbH · Köln

Da die Kolbengeschwindigkeit sich ständig ändert (siehe vorhergehende Seite), wird mit einer **mittleren Kolbenge-schwindigkeit** v_m in m/s gerechnet.
Die nebenstehende Formel stellt eine Zahlenwertgleichung dar.

$$v_m = \frac{2 \cdot s \cdot n}{1000 \cdot 60}$$

Einheiten:

v_m	s	n
$\frac{m}{s}$	mm	$\frac{1}{min}$

Aufgaben:

1. Was ist bei der Anwendung einer Zahlenwertgleichung zu beachten? Die Umrechnungszahlen zeigen genau, daß die Größen nur in der festgelegten Einheit eingesetzt werden dürfen. Nur dann erhält man die gesuchte Größe mit dem richtigen Zahlenwert und mit der richtigen Einheit.

2. Berechnen Sie die fehlenden Größen.

	a)	b)	c)	d)	e)	f)	g)	h)	i)	j	k)	l)	m)	n)
v_m in m/s	?	9,12	6,4	11,2	?	12	8,88	?	7,2	7,92	9,8	?	8	13,49
s in mm	88	?	64	?	72	80	?	63	120	?	140	82,6	80	?
n in 1/min	4600	3700	?	5000	6000	?	3600	6000	?	3300	?	4700	?	5800

Lösungen von Seite 2

1. $V_H = 1,492$ l
2. $V_H = 1,266$ l
3. $V_H = 1,831$ l
4. $V_H = 1,191$ l
5. $V_H = 49,9$ cm^3

6. $V_H = 8,721$ l
7. $d = 77$ mm
8. $V_H = 6,75$l
9. $s = 140$ mm

10. a) $s = 80$ mm; $V_H = 367,5$ cm^3
b) $d = 75$ mm; $V_H = 324,3$ cm^3
c) $d = 87,92$ mm; $V_H = 1,43$ l
d) $s = 84$ mm; $V_H = 1,646$ l
e) $V_H = 428,7$ cm^3; $z = 5$
f) $d = 90,79$ mm; $V_H = 1,992$ l

Lösungen von Seite 4

1. $\alpha_{EV} = 248°$
   $\alpha_{AV} = 265°$
2. $\alpha_{EK} = 110°$

3. $\alpha = 267°$
   $l_B = 423,8$ mm
4. $l_B = 54,7$mm

5. $\alpha = 14,4°$
6. $\alpha = 20,2°$
7. $\alpha = 269°$
   $l_B = 891,6$ mm

8. $t = 0,00072$ s
9. Zz $= 13,08°$

Lösungen von Seite 10

1. $\varepsilon = 8,7$
2. $\varepsilon = 9,2$
3. $\varepsilon = 8,5$

4. a) $V_h = 269,49$ cm^3
   $V_H = 1,078$ l
b) $d = 67,12$ mm
5. $V_c = 60$ cm^3

6. $p_{max} = 25,05$ bar
7. $p_m = 7,89$ bar
8. $F = 2559,4$ N

9. $d = 80$ mm
10. $A = 11,34$ cm^2
   $p = 7$ bar
11. $F_{max} = 15476,4$ N

Lösungen von Seite 16

2. a) $v_m = 13,49$ m/s
b) $s = 73,94$ mm
c) $n = 3000$ 1/min
d) $s = 67,2$ mm

e) $v_m = 14,4$ m/s
f) $n = 4500$ 1/min
g) $s = 74$ mm
h) $v_m = 12,6$ m/s

i) $n = 1800$ 1/min
j) $s = 72$ mm
k) $n = 2100$ 1/min

l) $v_m = 12,94$ m/s
m) $n = 3000$ 1/min
n) $s = 69,78$ mm

Lösungen von Seite 24

Zu 2: Pkw 2 und Pkw 4 sind wahrscheinlich Dieselmotoren. Begründungen: Diese Motoren haben einen relativ geringen Kraftstoffver-brauch, vor allem auf ihre Höchstgeschwindigkeit bezogen. Niedrige Werte der Hubraumleistungen P_H (gemessen in kW/l) kenn-zeichnen in der Regel Dieselmotoren. Hubraumleistungen: 27,74 kW/l (Pkw 2) und 31,19 kW/l (Pkw 4).

Zu 3: Unter *Drittelmix* versteht man einen aus drei festgelegten Kraftstoffverbrauchsmessungen errechneten durchschnittlichen Kraftstoff-verbrauch in l/100 km. Die drei Verbrauchsmessungen werden beim Stadtverkehr (mit verschiedenen Geschwindigkeiten) und bei den konstanten Geschwindigkeiten von 90 km/h und 120 km/h durchgeführt.

Zu 4: ● *Gründe für ein Tempolimit:* Verringerung der ausgestoßenen Schadstoffe und dadurch geringere Umweltbelastung, Verringe-rung der Unfallgefahren und Minderung der Unfallfolgen.

   ● *Gründe gegen ein Tempolimit:* Die Entzerrung des Straßenverkehrs wird stark eingeschränkt, und die Verkehrsdichte nimmt zu (dadurch wieder erhöhte Unfallgefahren). Eine technische Weiterentwicklung – vor allem aufwen-diger Fahrwerke und Motoren – wird gebremst. Dadurch sind allgemeine wirtschaftliche negative Auswirkungen mit vergrößerter Arbeitslosigkeit durchaus möglich.

Lösungen von Seite 25

1. $P_{eff} = 75,2$ kW
2. a) $M = 152,3$ Nm
b) $P_{eff} = 75,3$ kW
3. $M = 645,8$ Nm
4. $M = 195$ Nm
5. $P = 5,39$ kW

6. a) $P_{eff} = 160$ kW
b) $n = 6800$ 1/min
c) $M = 195$ Nm

d) $P_{eff} = 148$ kW
e) $n = 2500$ 1/min
f) $M = 185$ Nm

7. $b_e = 329$ g/kWh
8. $P_{eff} = 39,3$ kW

9. a) $b_e = 304,9$ g/kWh
b) $V = 150$ cm^3
c) $P_{eff} = 40,4$ kW

d) $\rho = 0,76$ g/cm^3
e) $t = 24$ s

© Copyright: Verlag H. Stam GmbH · Köln

Mittlere Kolbengeschwindigkeit

Zündfolge und Zündabstand:
Ein-, Zwei-, Sechs- und Achtzylindermotor

Vervollständigen Sie die schematischen Darstellungen von Zündfolgen.

1. Die Aufeinanderfolge der vier Takte wird durch gleichgroße Felder dargestellt. Man beginnt immer mit dem Arbeitstakt. Unterscheiden Sie hier die einzelnen Takte durch vorgegebene farbige Markierungen: Arbeiten: rot, Ausstoßen: grau, Ansaugen: blau, Verdichten: grün.
2. Tragen Sie bei jeder Aufgabe den Zündabstand ein.
3. Kennzeichnen Sie die Kolbenbewegungen durch kurze Richtungspfeile (jeweils für Zylinder 1 vorgegeben).
4. Stellen Sie für den Zündabstand eines Viertaktmotors eine Formel auf. Der Zündabstand ist von der Zylinderzahl z abhängig.

$$\text{Zündabstand} = \frac{720}{z}$$

Einzylinder-Viertaktmotor
Zündfolge: 1 Zündabstand: **720°**

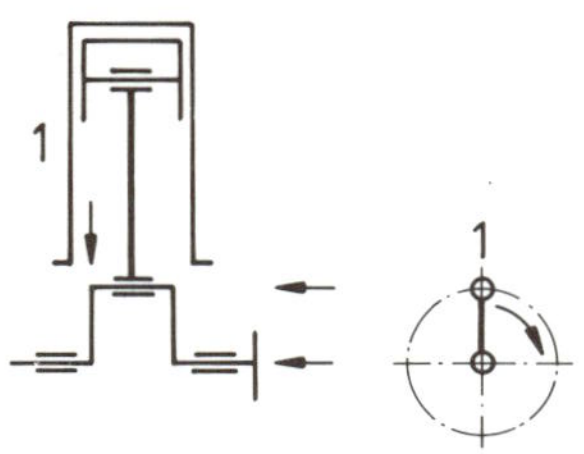

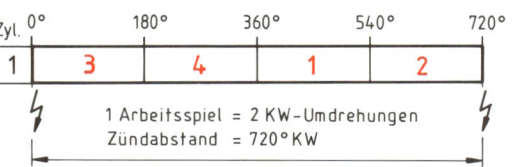

1 Arbeitsspiel = 2 KW-Umdrehungen
Zündabstand = 720° KW

Zyl.	0°	180°	360°	540°	720°
1	3	4	1	2	

Zweizylinder-Boxermotor
Zündfolge: 1 2 Zündabstand: **360°**

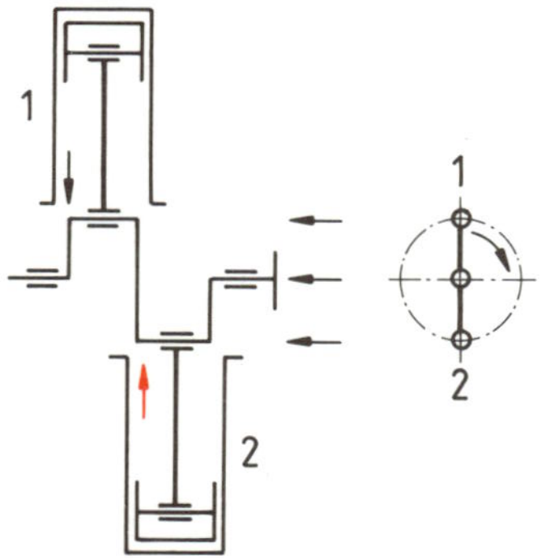

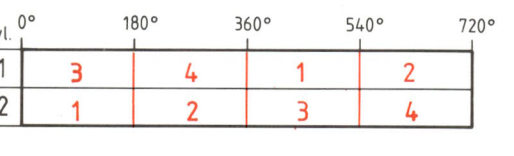

Zyl.	0°	180°	360°	540°	720°
1	3	4	1	2	
2	1	2	3	4	

Sechszylinder-Reihenmotor
Zündfolge: 1 5 3 6 2 4 Zündabstand: **120°**

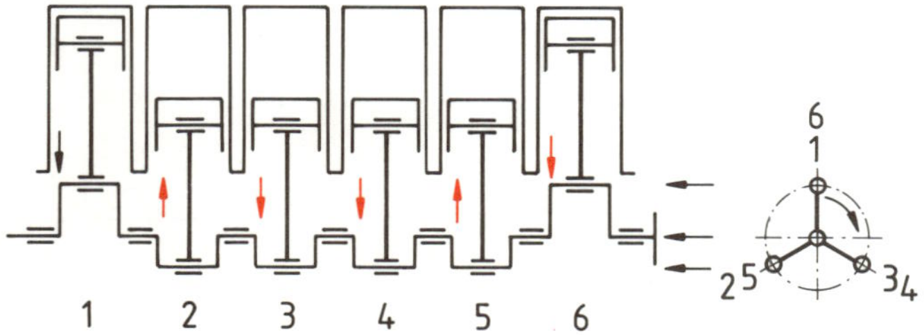

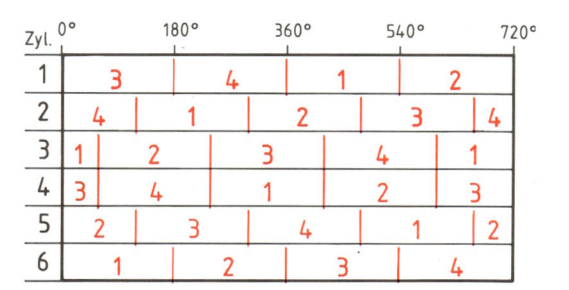

Zyl.	0°	180°	360°	540°	720°
1	3	4	1	2	
2	2	3	4	1	
3	4	1	2	3	
4	1	2	3	4	
5	3	4	1	2	
6	2	3	4	1	

Achtzylinder-V-Motor
90°-V-Form, 4 Kröpfungen in zwei Ebenen

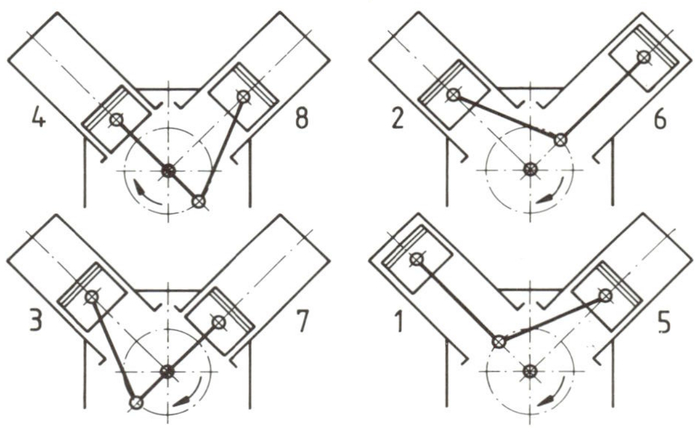

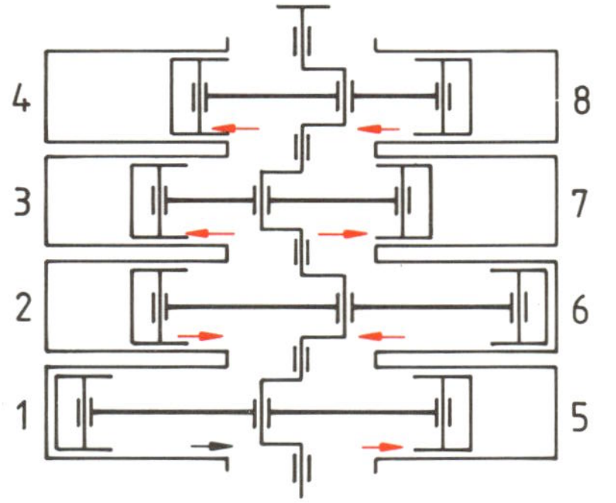

Zündfolge: 1 5 4 8 6 3 7 2 Zündabstand: **90°**

Zyl.	0°	180°	360°	540°	720°
1	3	4	1	2	
2	2	3	4	1	
3	4	1	2	3	
4	3	4	1	2	
5	2	3	4	1	
6	1	2	3	4	
7	1	2	3	4	
8	4	1	2	3	

© Copyright: Verlag H. Stam GmbH · Köln

Zeichnen Sie für beide Motoren das Funktionsschema der Zündfolge.
1. Vervollständigen Sie die Kolbenstellungen, den Kurbeltrieb und die Ventilstellungen.
2. Ergänzen Sie für alle Zylinder das Zündfolgeschema. Kennzeichnen Sie die einzelnen Takte durch Zahlen, und schraffieren Sie zusätzlich den Arbeitstakt. Geben Sie den Zündabstand an.
3. Kennzeichnen Sie die Bewegungsrichtungen der Kolben und die Strömungsrichtungen der Gase durch Pfeile.
4. Geben Sie neben dem Schema den Zündabstand und die Zündfolge an.

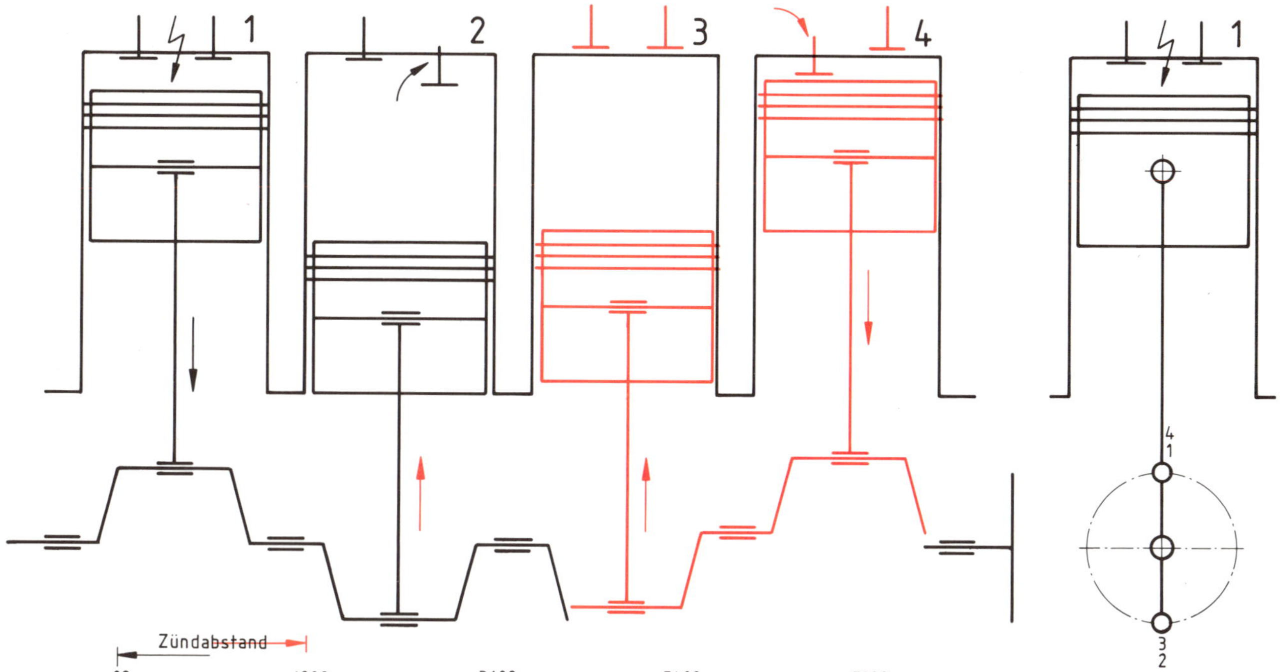

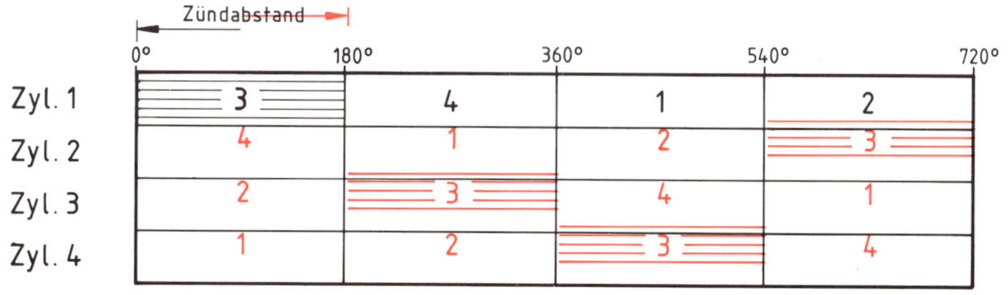

Vierzylinder-Reihenmotor

fünffach gelagert

Zündabstand: 180°

Zündfolge: 1-3-4-2

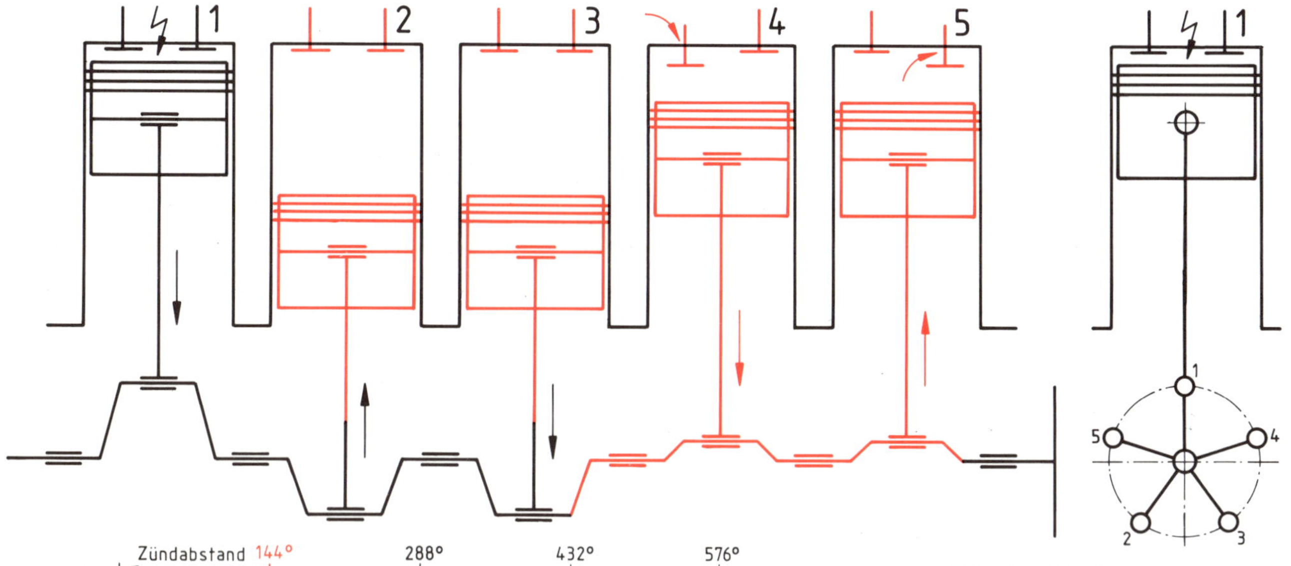

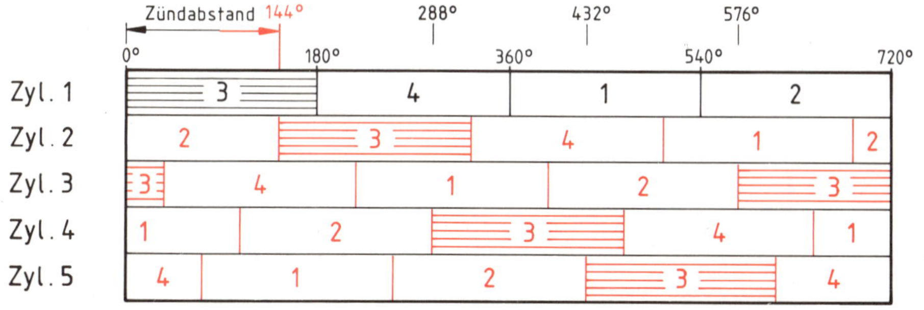

Zündabstand	0°	180°	360°	540°	720°
Zyl. 1	3	4	1	2	
Zyl. 2	4	1	2	3	
Zyl. 3	2	3	4	1	
Zyl. 4	1	2	3	4	

Fünfzylinder-Reihenmotor

sechsfach gelagert

Zündabstand: 144°

Zündfolge: 1-2-4-5-3

Zündabstand 144°	288°	432°	576°			
0°	180°	360°	540°	720°		
Zyl. 1	3	4	1	2	
Zyl. 2	2	3	4	1	2
Zyl. 3	3	4	1	2	3
Zyl. 4	1	2	3	4	1
Zyl. 5	4	1	2	3	4

**Zündfolge und Zündabstand:
Vier- und Fünfzylinder-Reihenmotor**

© Copyright: Verlag H. Stam GmbH · Köln

Kundenbeanstandung: Leistungsabfall eines Vierzylinder-Ottomotors

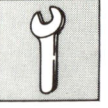

No.
Kompression in bar
Compression value in bar
Pression en bar
Dat.

Reparaturverlauf: Der Kompressionsdruck des dritten Zylinders war zu niedrig. Auch nach dem Einspritzen von Öl änderte sich das Prüfdiagramm nicht. Der Zylinderkopf wurde abgebaut. Ein Ventil des dritten Zylinders war beschädigt und mußte erneuert werden.

1. Zeichnen Sie im nebenstehenden Prüfdiagramm für alle Zylinder die möglichen Kurven ein.
2. Kreuzen Sie in der nebenstehenden Skizze mögliche Schadstellen an.
3. Erstellen Sie einen Arbeitsablaufplan: Ventil erneuern, Ventil und Ventilsatz einschleifen.

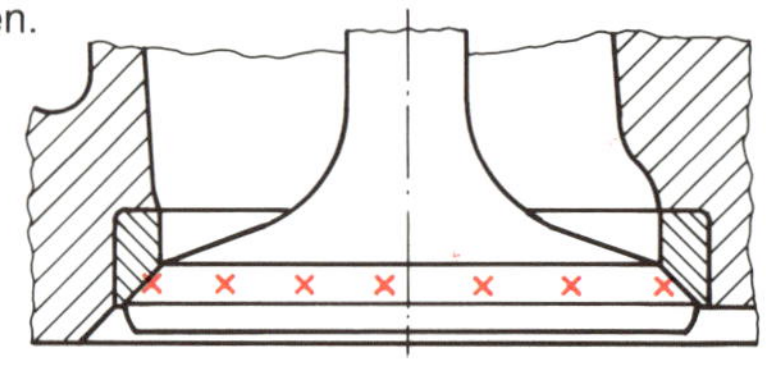

Schadstellen

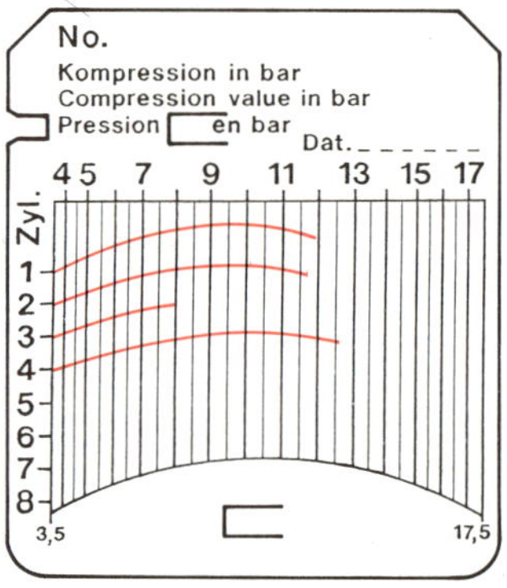

Prüfdiagramm

Arbeitsablaufplan

1. Zylinderkopf abbauen.
2. Beim abgebauten Zylinderkopf in die Brennraumvertiefungen des dritten Zylinders (Ventilteller oben) etwas Diesel-Kraftstoff einfüllen und beim Einlaß- und Auslaßventil eine Sitzflächendichtprüfung vornehmen. Ist das Einlaßventil beispielsweise dicht, dürfen im Einlaßkanal keine Kraftstoffspuren auftreten. Feststellung für diesen Fall: Im Auslaßkanal ist eine erhöhte Kraftstoffmenge nach kurzer Zeit sichtbar. Das Auslaßventil ist so stark beschädigt, daß es ausgewechselt werden muß.
3. Auslaßventil vollständig demontieren.
4. Spiel der Ventilführungen überprüfen.
5. Auf die Ventilsitzfläche des Ventilsitzringes feinkörnige Schleifpaste dünn auftragen.
6. Auf den Ventilschaft etwas Öl auftragen, um ein leichteres Drehen des Ventiltellers zu erreichen und damit keine Beschädigung der Ventilführung auftreten kann.
7. Das neue Ventil mit Hilfe eines Gummisaugers unter leichtem Druck hin- und herdrehen.
8. Ventil öfters abheben, auf Schleifspuren kontrollieren, bei Bedarf neue Paste auftragen.
9. Schleifvorgang solange wiederholen, bis nach Sichtprüfung der komplette Ventilsitz zum Tragen gekommen ist.
10. Schleifpastenreste sorgfältig mit Lappen und Verdünnung entfernen.
11. Neues Auslaßventil einsetzen, abschließende Dichtprüfung vornehmen.
12. Nach erfolgter Reinigung das Ventil komplett (einschließlich Ölabschirmkappe) einbauen und den Zylinderkopf wieder montieren.

Spezialwerkzeug: Ventilspanner, Gummisauger,

Hilfsmittel: Ventilschleifpaste, Lappen, Verdünnung, Diesel-Kraftstoff

© Copyright: Verlag H. Stam GmbH · Köln

Arbeitsablaufplan:
Ventil erneuern, Ventil und Ventilsitz einschleifen

1. Die Darstellung zeigt von einem Ottomotor einen Teil der Motorsteuerung. Tragen Sie an den Hilfslinien die Benennungen ein.

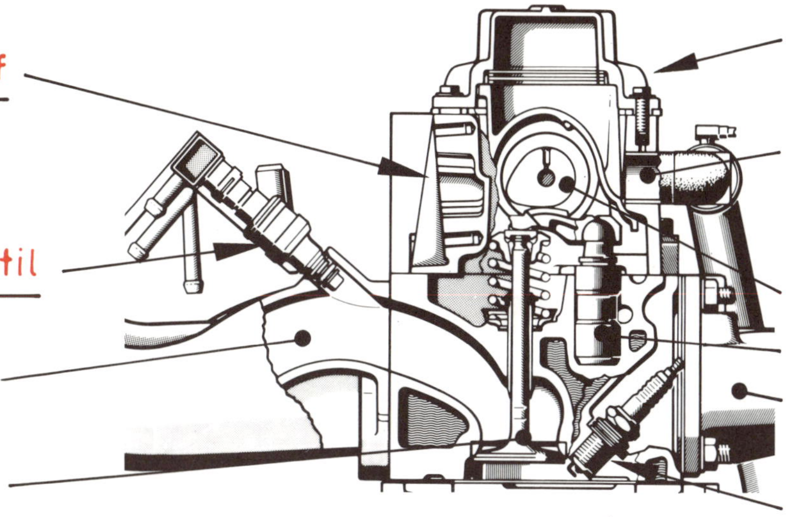

Zylinderkopf

Kaltstartventil

Einlaßkanal

Einlaßventil

Zylinderkopfhaube

Kurbelgehäuse-entlüftungsrohr

Nockenwelle

Hydrostößel

Abgaskrümmer

Zündkerze

2. Zeichnen Sie in den Teilausschnitt eines Grauguß-Zylinderkopfes ein Ventil ein. Die Ventilfeder ist in vereinfachter Form einzuzeichnen (Info-Band: Federn). Die Ventilkegelstücke sind geschwärzt darzustellen.

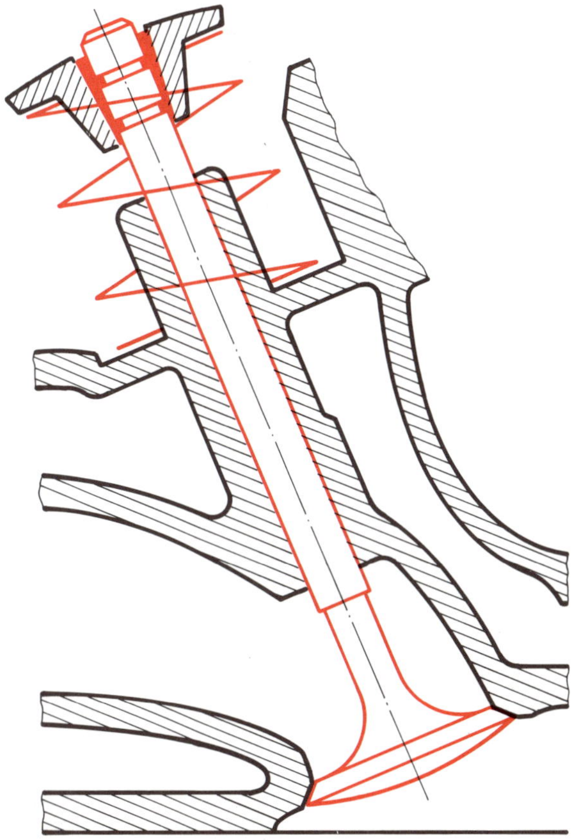

3. Was versteht man unter *Motorsteuerung?*

Der Einlaß der Frischgase und der Auslaß der Altgase wird zum richtigen Zeitpunkt gesteuert.

4. Welche Aufgabe haben die Ventilkegelstücke? Die Ventilfederkraft wird durch den Ventilfederteller und die Ventilkegelstücke auf die Einstiche am Ende des Ventilschaftes übertragen (dadurch Kraftschluß erreicht).

5. Warum braucht dieses Ventil keine eingesetzte Ventilführung?

Bei Grauguß-Zylinderköpfen sind keine besonderen Ventilführungen erforderlich. GG hat genügend große Festigkeit und Härte (hoher Kohlenstoffanteil) und gute Gleiteigenschaft (Graphiteinlagerungen).

6. Wie nennt man die dargestellte Ventilanordnung und die davon abhängende Motorart?

Hängende Ventile, obengesteuerte Motoren.

7. In einem Leichtmetall-Zylinderkopf ist ein Ventilsitzring eingeschrumpft. Vervollständigen Sie den vorgegebenen Teilausschnitt durch das Einzeichnen des Ventilsitzrings mit folgenden Angaben: Ventilsitzwinkel 45°, Korrekturwinkel 15° und 75°. Die Ventilsitzbreite soll in der Darstellung ca. 7 mm betragen. (Ventilsitzbreiten betragen in Wirklichkeit etwa 1,2 mm bis 2,5 mm). Geben Sie die drei Winkel in der Zeichnung an. Informieren Sie sich in Kfz-Fachbüchern, Tabellenbüchern und Werkstatthandbüchern.

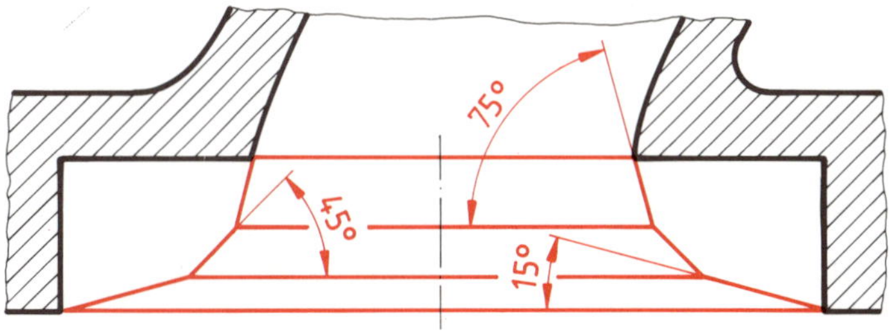

Teile der Motorsteuerung

© Copyright: Verlag H. Stam GmbH · Köln

20

Bei einer Routine-Inspektion wird durch eine Druckverlustprüfung festgestellt, daß die Zylinderkopfdichtung undicht ist. Sie muß erneuert werden.

Erstellen Sie den Arbeitsablaufplan: Zylinderkopfdichtung erneuern.
Zu den erforderlichen Werkzeugen und Hilfsmitteln gehören je nach Motorart unterschiedliche Spezialwerkzeuge und dementsprechend auch unterschiedliche spezielle Arbeitsschritte.

1. Nennen Sie zunächst acht Werkzeuge oder Hilfsmittel, die immer erforderlich sind. Stopfen für Kanäle, Steckschlüsselsatz, Drehmomentschlüssel, Kunststoffspachtel, Flachschaber, Hartholz, Bohrmaschine mit Drahtbürste. Druckluftpistole zum Ausblasen, Haarlineal, Fühlerblattlehre, Führungsstifte, Auffanggefäß für Kühlflüssigkeit, Putzlappen.

2. Stellen Sie für den Arbeitsablaufplan die einzelnen Arbeitsschritte mit laufender Numerierung so zusammen, daß sie für möglichst viele Motoren gelten. Übernehmen Sie zur Gliederung des Arbeitsablaufplans für bestimmte Abschnitte die nebenstehenden Überschriften.

- Zylinderkopfdemontage
- Zustandsprüfung von Zylinderkopf und Zylinderblock
- Ebenheitsprüfung der Dichtflächen
- Montage des Zylinderkopfes
- Abschließende Arbeiten

Arbeitsablaufplan

Zylinderkopfdemontage:

1. Kühlflüssigkeit ablassen und in geeignetem Behälter auffangen.
   Motorzustand: Motor muß kalt sein.

2. Batterie-Massekabel abklemmen.

3. Alle Anbauteile und Aggregate abbauen.

4. Zylinderkopfschrauben nach Herstellerangaben lösen (von außen nach innen oder spiralförmig), bei unterschiedlicher Länge kennzeichnen.

5. Zylinderkopf langsam abnehmen. Bei festgeklebter Dichtung den Zylinderkopf durch leichte Schläge mit einem Kunststoffhammer lockern.

6. Dichtung abnehmen und entsorgen (evtl. vorher an der Dichtung Schadenstelle feststellen). Dichtungsreste und Verkokungsrückstände beim Zylinderkopf und beim Zylinderblock mit Schaber oder Hartholz entfernen. Es dürfen keine Reste in die Kühlmittelkanäle bzw. Ölkanäle oder in den Zylinderraum fallen, daher vorher Stopfen einsetzen.

7. Falls erforderlich, Zylinderkopf (Verbrennungsraum) und Ventilteller reinigen.

Zustandsprüfung von Zylinderkopf und Zylinderblock

8. Sichtkontrolle auf Risse, auf Brandstellen bei durchgebrannter Dichtung oder auf Korrosionen.

9. Ausblasen der Gewindebohrungen im Zylinderblock (mit Schutzbrille).

10. Einsetzen der eingeölten Zylinderkopfschrauben in den Zylinderblock, die Leichtgängigkeit überprüfen.

Fortsetzung: Rückseite

Arbeitsablaufplan:
Zylinderkopfdichtung erneuern

© Copyright: Verlag H. Stam GmbH · Köln

Arbeitsablaufplan

Ebenheitsprüfung der Dichtflächen

11. Haarlineal von einer Ecke zur anderen (diagonal) auf den Zylinderkopf und auf den Zylinderblock legen.

12. Bei sichtbarem Lichtspalt mit der Fühlerblattlehre prüfen, ob die Abweichung von der Ebenheit den Herstellerangaben noch entspricht.

13. Bei zu großen Abweichungen den Zylinderkopf planen, in der Regel dann dickere Zylinderkopfdichtungen einbauen (Herstellerangaben beachten).

Montage des Zylinderkopfes

14. Alle Stopfen aus den Kanälen und Bohrungen entfernen.

15. Bei den meisten Motoren werden in den Zylinderblock zunächst zwei Führungsstifte diagonal (in außen liegende Gewindebohrungen) eingeschraubt, damit bei der Montage die Dichtung nicht verrutschen kann.

16. Auflegen der Zylinderkopfdichtung, dabei die Durchgängigkeit aller Kühlmittel- und Ölkanäle überprüfen.

17. Zylinderkopf vorsichtig waagerecht auflegen. Kolben dürfen nicht im OT-Bereich stehen, damit keine Ventile beschädigt werden.

18. Zylinderkopfschrauben einsetzen und handfest anziehen.

19. Führungsstifte durch Zylinderkopfschrauben ersetzen.

20. Alle Zylinderkopfschrauben mit Drehmomentschlüssel nach Herstellerangaben anziehen.

21. Ventiltrieb richtig einstellen.

22. Alle Aggregate anbauen.

Abschließende Arbeiten

23. Kühlflüssigkeit einfüllen und evt. entlüften.

24. Motor komplett einstellen.

25. Probelauf bzw. Probefahrt durchführen, auf Dichtigkeit prüfen.

© Copyright: Verlag H. Stam GmbH · Köln

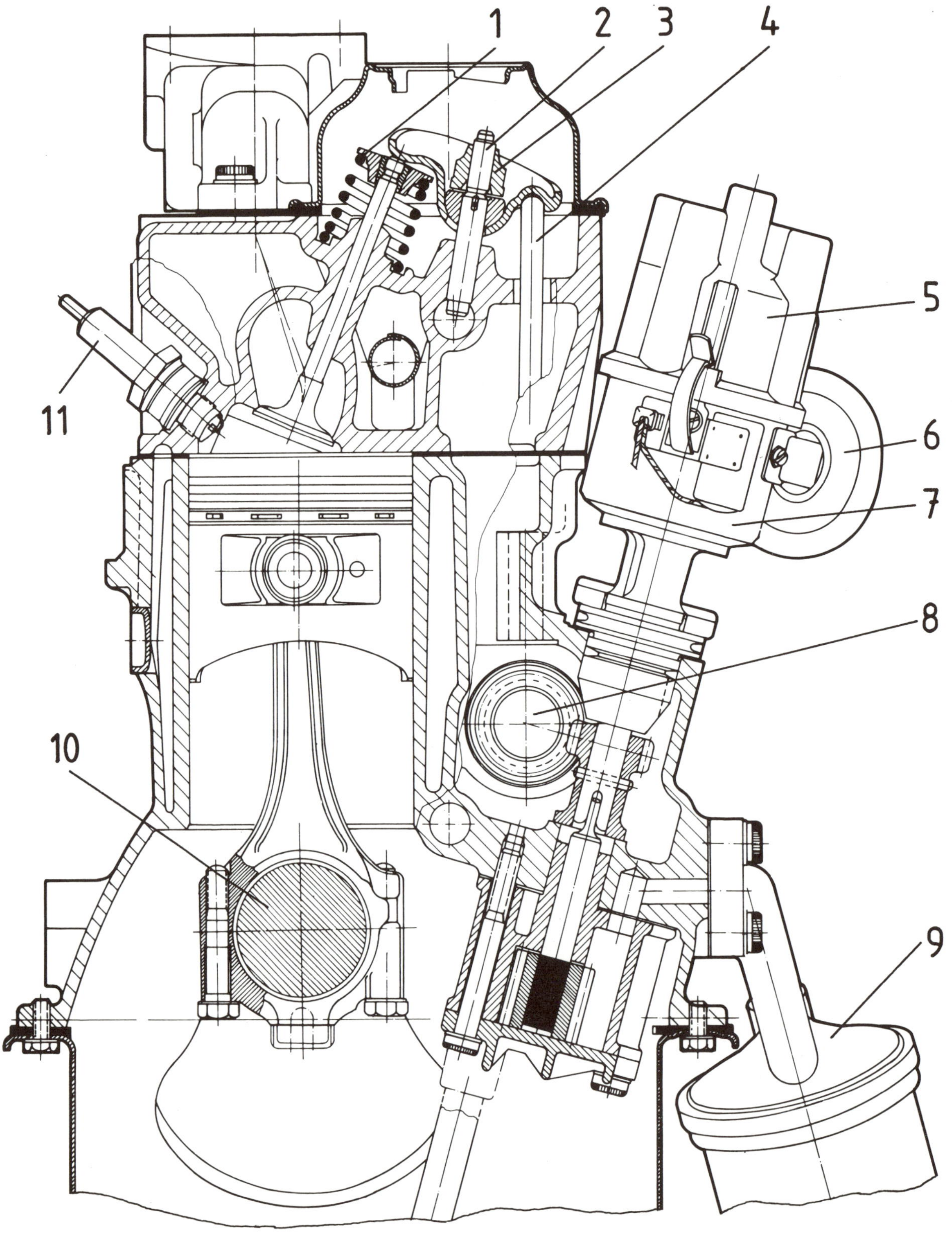

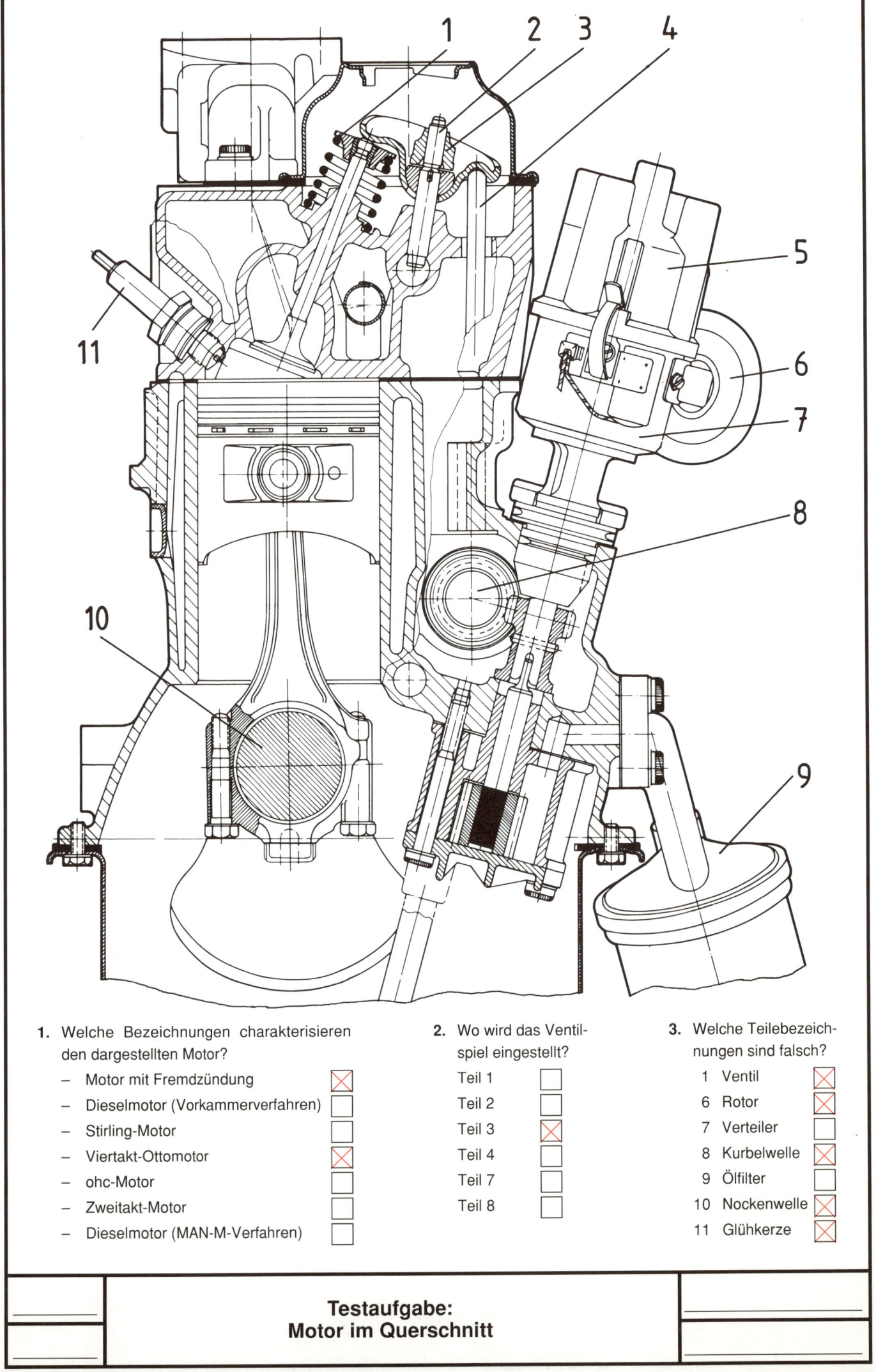

1. Welche Bezeichnungen charakterisieren den dargestellten Motor?

– Motor mit Fremdzündung	☒
– Dieselmotor (Vorkammerverfahren)	☐
– Stirling-Motor	☐
– Viertakt-Ottomotor	☒
– ohc-Motor	☐
– Zweitakt-Motor	☐
– Dieselmotor (MAN-M-Verfahren)	☐

2. Wo wird das Ventil-spiel eingestellt?

Teil 1	☐
Teil 2	☐
Teil 3	☒
Teil 4	☐
Teil 7	☐
Teil 8	☐

3. Welche Teilebezeichnungen sind falsch?

1	Ventil	☒
6	Rotor	☒
7	Verteiler	☐
8	Kurbelwelle	☒
9	Ölfilter	☐
10	Nockenwelle	☒
11	Glühkerze	☒

Testaufgabe:
Motor im Querschnitt

© Copyright: Verlag H. Stam GmbH · Köln

Von sechs Pkws wurde der Kraftstoffdurchschnittsverbrauch k_D unter gleichen Bedingungen ermittelt.
Die Ergebnisse sind in der Wertetabelle eingetragen.

1. Erstellen Sie daraus in der grafischen Darstellung die entsprechenden Kraftstoffdurchschnittsverbrauchskurven für die Pkws 2-6 in unterschiedlichen Farben.

			Geschwindigkeit v in km/h													
			60	70	80	90	100	110	120	130	140	150	160	170	180	190	200
	V_H in cm³	P_{eff} in kW	Kraftstoffdurchschnittsverbrauch k_D in l/100 km													
Pkw 1	1092	38	5,2	5,3	5,5	5,8	6,2	6,7	7,4	8,1	8,9	9,7					
Pkw 2	1478	41	4,6	5,1	5,5	5,9	6,2	6,7	7,4	8,2	8,9	9,5	10,3				
Pkw 3	1798	81	6,1	6,4	6,8	7,3	7,8	8,3	8,9	9,6	10,2	10,9	11,6	12,2	12,9	13,8	14,8
Pkw 4	1988	62	4,8	5,0	5,4	6,1	6,8	7,5	8,0	8,7	9,4	10,1	11,2	12,1	13,0	13,9	
Pkw 5	2494	138	6,8	7,1	7,5	8,0	8,6	9,2	10,0	10,9	11,9	13,1	14,3	15,3	16,4	17,4	18,3
Pkw 6	4986	188	8,1	8,6	9,1	9,7	10,3	11,0	11,8	12,8	13,9	15,1	16,3	17,4	18,4	19,3	20,1

Überprüfen Sie die vorgegebene Kurve für Pkw 1 mit den Daten der Wertetabelle.

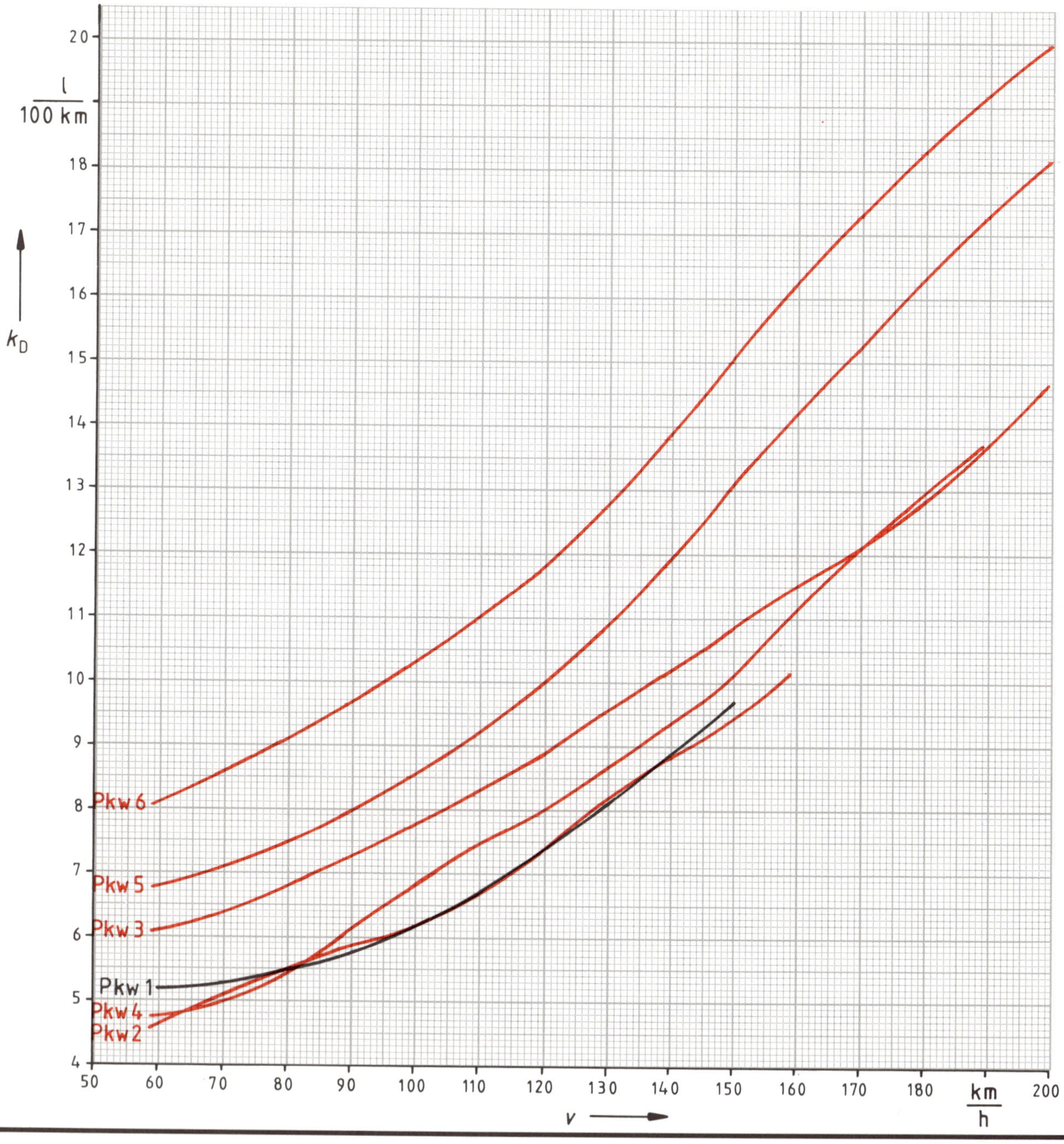

Beantworten Sie folgende Fragen auf einem gesonderten Blatt (gegebenenfalls mit Begründung):

2. Welche der oben angegebenen Pkws haben wahrscheinlich einen Dieselmotor?
3. Was versteht man bei der Ermittlung des Durchschnittsverbrauchs eines Kfz-Motors unter dem Begriff *Drittelmix*?
4. Welche Gründe sprechen nach ihrer Meinung
   – für ein Tempolimit und
   – gegen ein Tempolimit?

Kraftstoffverbrauchsdiagramme

Lösungen 2.- 4.

auf Seite 16

Nutzleistung

Die **Nutzleistung** P_{eff} kennzeichnet beim Verbrennungsmotor die an der Schwungscheibe abgegebene, nutzbare Leistung. Dabei werden die zum Betrieb notwendigen Einrichtungen (z. B. Zündeinrichtung, Einspritzpumpe, Spül- und Kühlluftgebläse, Wasserpumpe, Lüfter oder evtl. Lader) vom Motor angetrieben. Die Nutzleistungsformel kann von folgenden drei Formeln abgeleitet werden:

- allgemeine Leistung:
$$P = \frac{F \cdot s}{t} = F \cdot v$$

- Drehmoment:
$$M = F \cdot r = F_T \cdot r$$

- Umfangsgeschwindigkeit:
$$v_U = \frac{d \cdot \pi \cdot n}{60} = \frac{2 \cdot r \cdot \pi \cdot n}{60}$$

Nach Einsetzung in die Leistungsformel erhält man für P (mit der Leistungseinheit Watt):

$$P = F \cdot v = \frac{M}{r} \cdot \frac{2 \cdot r \cdot \pi \cdot n}{60} = M \cdot n \cdot \frac{2 \cdot \pi}{60}$$

Wird die rechte Seite der bisherigen Formel durch 1000 dividiert und entsprechend umgeformt, erhält man für P (mit der Leistungseinheit kW):

$$P = M \cdot n \cdot \frac{2 \cdot \pi}{1000 \cdot 60} = M \cdot n \cdot \frac{1}{9550} = \frac{M \cdot n}{9550}$$

Nutzleistung P_{eff}:
(Zahlenwertgleichung)
$$P_{eff} = \frac{M \cdot n}{9550}$$

Einheiten:

P_{eff}	M	n
kW	Nm	1/min

Aufgaben:

1. Ein Motordrehmoment ist mit 189 Nm bei 3800 1/min angegeben. Bestimmen Sie die Nutzleistung in kW.

2. Von einem Motor ist $P_{eff, max}$ = 95,7 kW bei der Drehzahl von 6000 1/min gegeben. Beim maximalen Drehmoment von 182 Nm beträgt die Drehzahl 3950 1/min.
   Berechnen Sie
   a) das Drehmoment bei der Höchstleistung,
   b) die Nutzleistung beim maximalen Drehmoment.

3. Gegeben: P_{eff} = 142 kW, n = 2100 1/min.
   Gesucht: Motordrehmoment in Nm.

4. Wie groß ist das Motordrehmoment bei einer Kurbelwellendrehzahl von 4800 1/min und einer effektiven Motorleistung von 98 kW?

5. Berechnen Sie die Leistung eines Starters in kW, wenn folgende Angaben bekannt sind:
   n = 3900 1/min und M = 13,2 Nm.

	a)	b)	c)	d)	e)	f)
P_{eff} in kW	?	68	98	?	30	105
M in Nm	764	95,5	?	257	114,6	?
n in 1/min	2000	?	4800	5500	?	5420

Spezifischer Kraftstoffverbrauch

Für den **spezifischen Kraftstoffverbrauch** b_e, gemessen in g/kWh, werden die erforderlichen Meßwerte auf dem Prüfstand ermittelt. Der Kraftstoffverbrauch wird dabei in g angegeben, bezogen auf 1 kW und 1h.

spezifischer Kraftstoffverbrauch b_e:
$$b_e = \frac{V \cdot \varrho \cdot 3600}{t \cdot P_{eff}}$$

b_e	V	ϱ	t	P_{eff}
g/kWh	cm³	g/cm³	s	kW

V Meßvolumen des verbrauchten Kraftstoffs (in der Regel 100 cm³),

ϱ Dichte des Kraftstoffs in g/cm³,

t Durchlaufzeit für den Kraftstoffverbrauch in s,

P_{eff} Nutzleistung in kW.

Aufgaben:

7. Auf dem Prüfstand werden bei einem Pkw-Motor folgende Daten ermittelt: Durchlaufzeit 8,1 s bei 100 cm³ Meßvolumen, Nutzleistung 100 kW, Kraftstoffdichte 0,74 g/cm³. Berechnen Sie den spezifischen Kraftstoffverbrauch in g/kWh.

8. Ermitteln Sie die Nutzleistung P_{eff} in kW. Gegeben: Durchflußzeit t = 25 s bei einem Volumen von 100 cm³, spezifischer Kraftstoffverbrauch b_e = 264 g/kWh, Kraftstoffdichte ϱ = 0,72 g/cm³.

9. Bestimmen Sie die fehlenden Größen

	a)	b)	c)	d)	e)
b_e in g/kWh	?	324	264	344,5	272
V in cm³	100	?	100	120	100
ϱ in g/cm³	0,72	0,72	0,74	?	0,72
t in s	25	24	25	27	?
P_{eff} in kW	34	50	?	35,3	39,7

**Nutzleistung;
Spezifischer Kraftstoffverbrauch**

Lösungen auf

Seite 16

Die unten dargestellten Diagramme zeigen die Leistungs- und Drehmomentkurven verschiedener Kfz-Motoren.

1. Was versteht man in den Diagrammen unter dem Begriff *elastischer Bereich*? **Der elastische Bereich ist der Drehzahlbereich zwischen dem Höchstdrehmoment M_{max} und der Höchstleistung P_{max}. Er kennzeichnet die Drehelastizität des Motors. Je weiter die Drehzahlen zwischen M_{max} und P_{max} auseinanderliegen, desto besser ist die Elastizität des Motors.**

2. Kennzeichnen Sie in den Diagrammen den *elastischen Bereich* farbig.

3. Geben Sie in der folgenden Aufstellung für die Pkws 1 bis 4b die aus den Diagrammen möglichst genau abgelesenen Werte für P_{eff}, M_{max} und n an.

Pkw 1:	P_{eff} =	55 kW	bei	4400 1/min	M_{max} =	140 Nm	bei	2000 1/min
Pkw 2:	P_{eff} =	170 kW	bei	5800 1/min	M_{max} =	310 Nm	bei	4100 1/min
Pkw 3:	P_{eff} =	108 kW	bei	4300 1/min	M_{max} =	258 Nm	bei	3500 1/min
Pkw 4a:	P_{eff} =	53 kW	bei	4600 1/min	M_{max} =	123 Nm	bei	2800 1/min
Pkw 4b:	P_{eff} =	69 kW	bei	4600 1/min	M_{max} =	171 Nm	bei	2800 1/min

4. Beurteilen Sie auf einem gesondertem Blatt die einzelnen Motoren bzw. Pkws (z.B. nach Größe und Lage des elastischen Bereichs).
   Hinweis: Zum besseren Vergleich der Kurven wurden bei allen Diagrammen gleiche Maßstäbe angewendet. Dadurch entstanden zum Teil recht unterschiedliche Kurven.

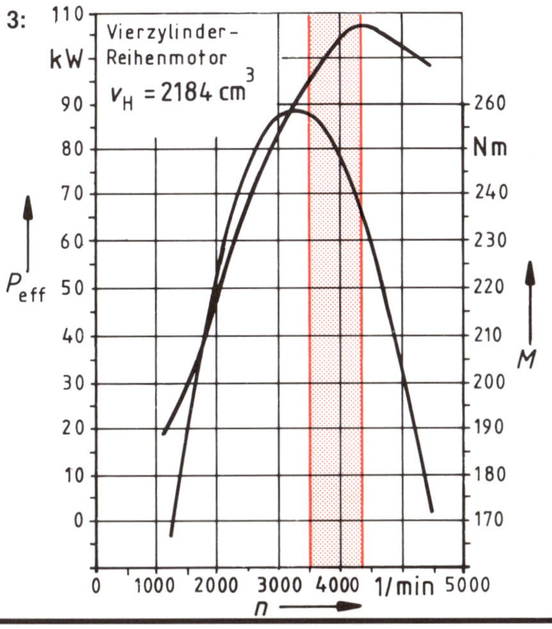

© Copyright: Verlag H. Stam GmbH · Köln

Pkw 1: Vierzylinder-Reihenmotor $v_H = 1896\,cm^3$

Pkw 3: Vierzylinder-Reihenmotor $v_H = 2184\,cm^3$

Pkw 2: Sechszylinder-Reihenmotor $v_H = 3199\,cm^3$

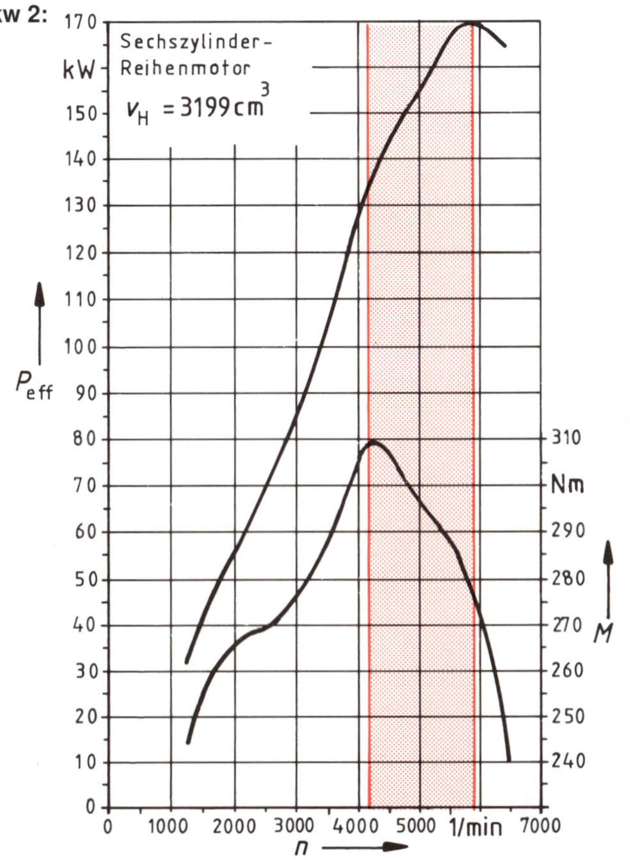

Pkw 4: Nachrüstung durch Turbolader (b) $v_H = 1,9\,l$ — Seriensaugmotor (a) $v_H = 1,9\,l$

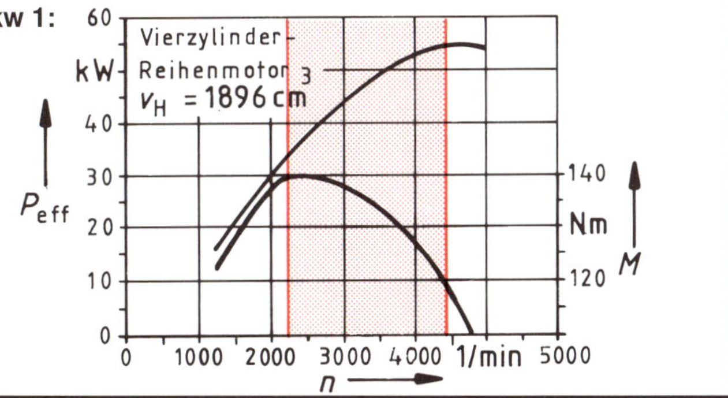

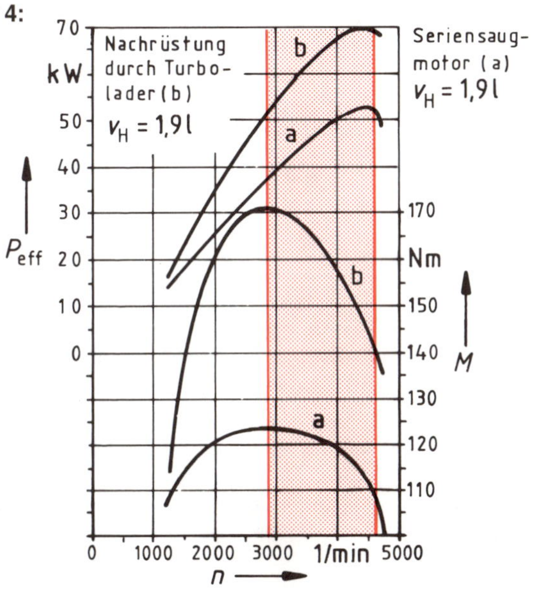

Leistungs- und Drehmomentdiagramme I

Lösung zu 4. auf Seite 36

Leistungs- und Drehmomentdiagramme II

1. Berechnen Sie die fehlenden Werte.
2. Zeichnen Sie die Diagramme.
3. Kennzeichnen Sie die elastischen Bereiche farbig.

Achsenmaßstäbe: 100 1/min ≙ 20 mm; 10 kW ≙ 10 mm; 20 Nm ≙ 15 mm

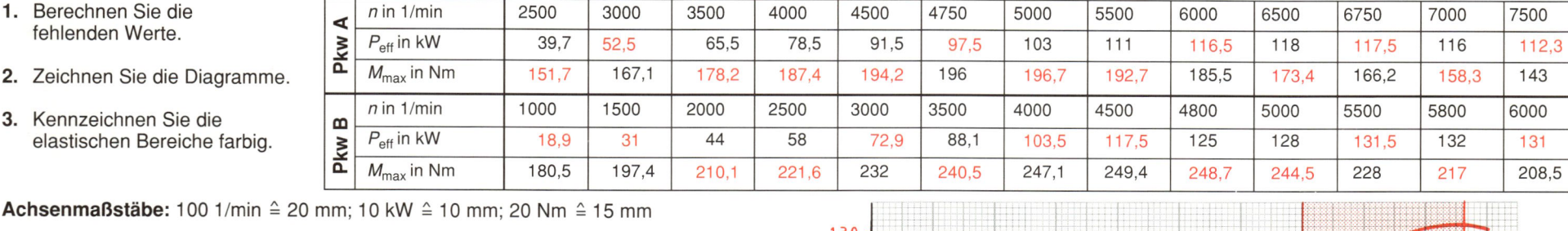

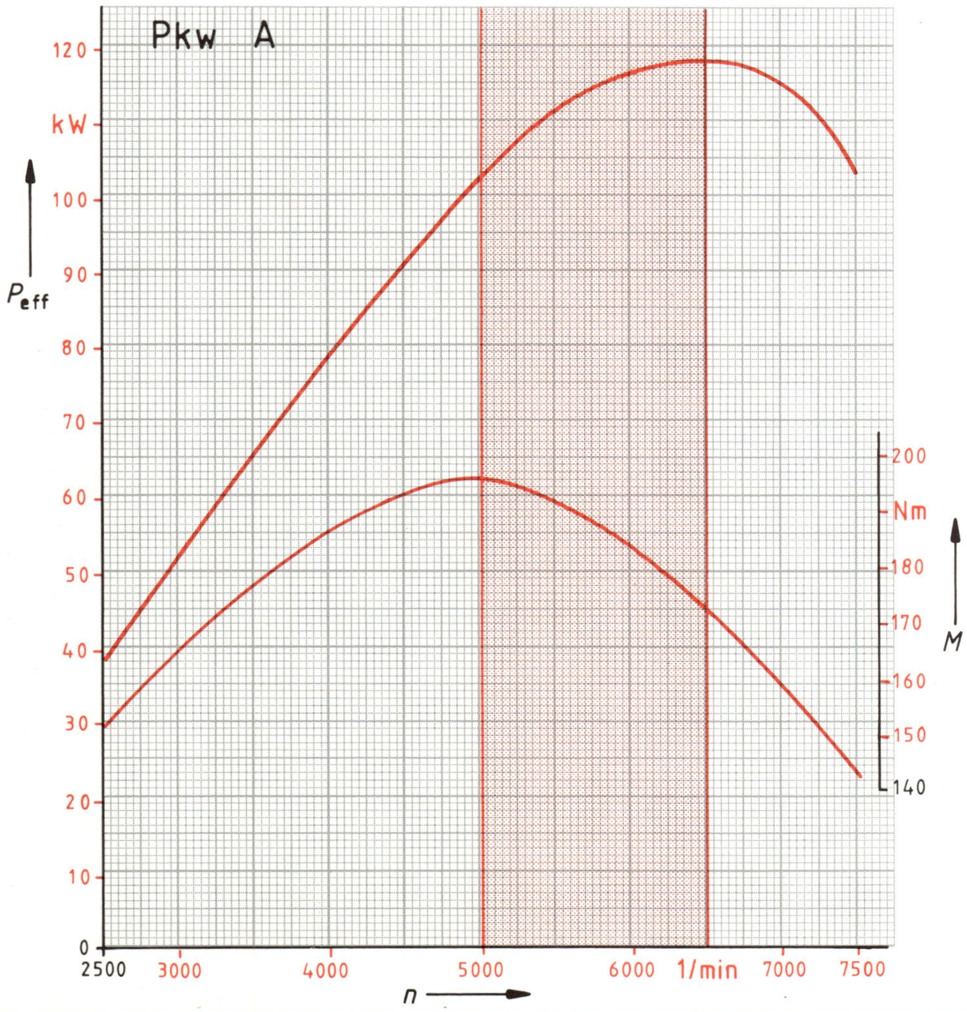

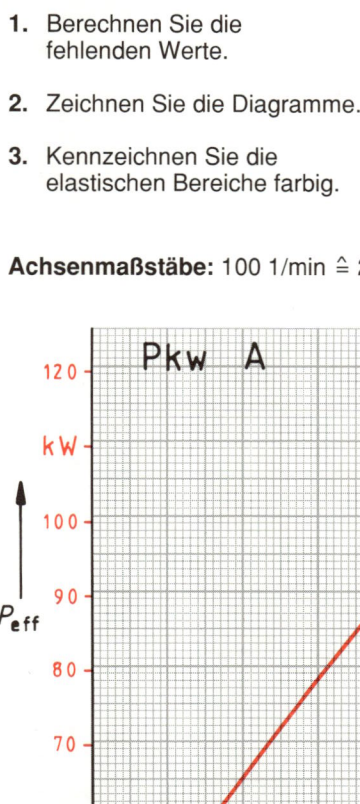

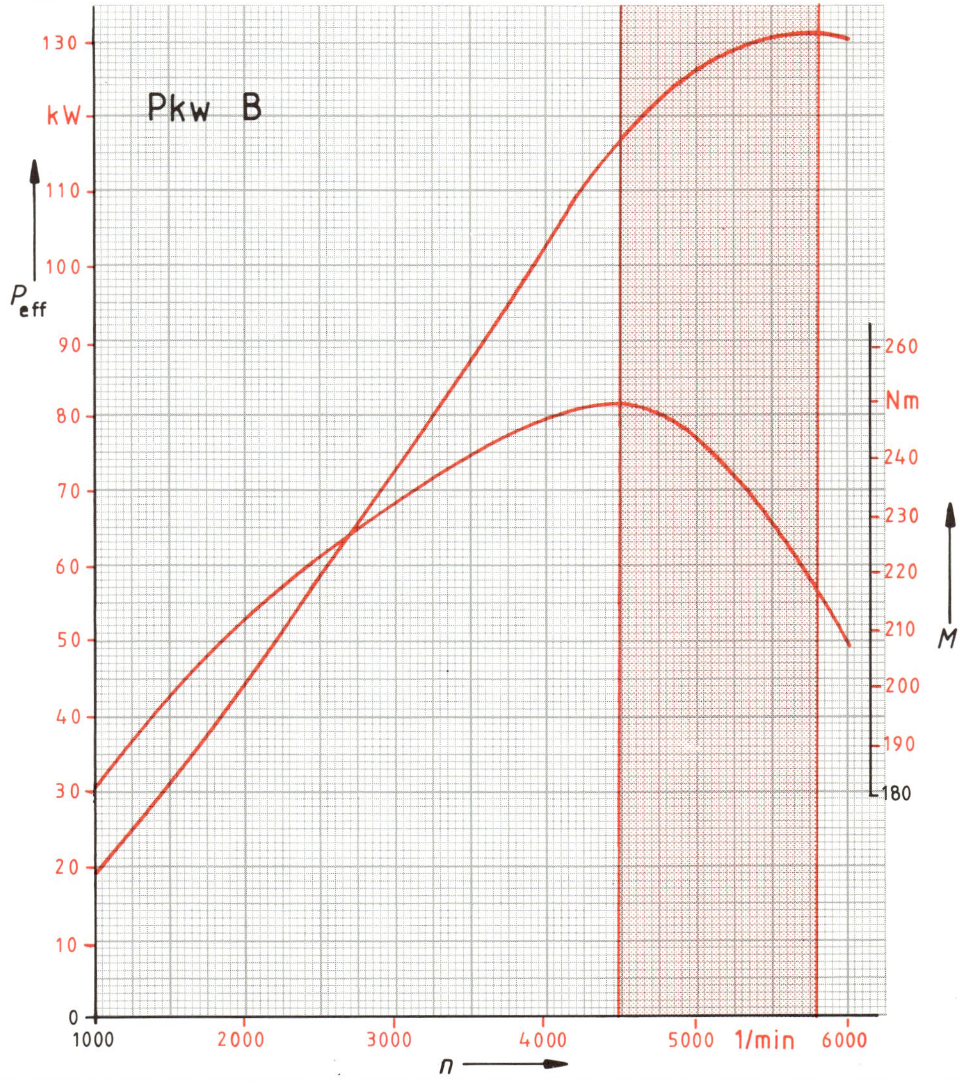

	Pkw A													Pkw B											
n in 1/min	2500	3000	3500	4000	4500	4750	5000	5500	6000	6500	6750	7000	7500	n in 1/min	1000	1500	2000	2500	3000	3500	4000	4500	4800	5000	5500	5800	6000
P_{eff} in kW	39,7	52,5	65,5	78,5	91,5	97,5	103	111	116,5	118	117,5	116	112,3	P_{eff} in kW	18,9	31	44	58	72,9	88,1	103,5	117,5	125	128	131,5	132	
M_{max} in Nm	151,7	167,1	178,2	187,4	194,2	196	196,7	192,7	185,5	173,4	166,2	158,3	143	M_{max} in Nm	180,5	197,4	210,1	221,6	232	240,5	247,1	249,4	248,7	244,5	228	217	208,5

Zur Erstellung eines Motor-Kennliniendiagramms wird der Motor auf einem Leistungsprüfstand bei verschiedenen Drehzahlen abgebremst. Die gemessenen bzw. errechneten Werte für die Leistung P_{eff}, für das Drehmoment M und für den spezifischen Kraftstoffverbrauch b_e werden in einem Diagramm über den zugehörenden Drehzahlen eingetragen. Die entsprechenden Verbindungen dieser Werte zu Kurven ergeben die Motorkennlinien. Häufig wird auf dem Leistungsprüfstand das Motordrehmoment M (in Nm) direkt abgelesen. Auch die Verbrauchszeit t (in Sekunden) für ein konstantes Verbrauchsvolumen V (in cm³) wird bei jeder Messung festgestellt.

Aus den Meßergebnissen des Leistungsprüfstands werden den Drehzahlen entsprechend zuerst die zugeordneten Werte für die Leistung P_{eff} in kW und dann für den spezifischen Kraftstoffverbrauch b_e in g/kWh mit den nebenstehenden Formeln errechnet. In diese Zahlenwertgleichungen werden die Größen in vorgeschriebenen Einheiten eingesetzt.

$$P_{eff} = \frac{M \cdot n}{9550}$$

$$b_e = \frac{V \cdot \varrho \cdot 3600}{t \cdot P_{eff}}$$

Einheiten:

P_{eff}	M	n
kW	Nm	1/min

b_e	V	ϱ	P_{eff}	t
g/kWh	cm³	g/cm³	kW	s

Beispiel: **Meßwerte:** $n = 4000$ 1/min; $M = 105$ Nm; $V = 100$ cm³; $t = 19,1$ s; $\varrho = 0,72$ g/cm³

Gesucht: P_{eff} in kW und b_e in g/kWh

Lösung: $P_{eff} = \dfrac{M \cdot n}{9550} = \dfrac{105 \cdot 4000}{9550}$ kW $= 43,979$ kW $\approx$ **44 kW**

$b_e = \dfrac{V \cdot \varrho \cdot 3600}{t \cdot P_{eff}} = \dfrac{100 \cdot 0,72 \cdot 3600}{19,1 \cdot 44}\ \dfrac{g}{kWh} =$ **308,4 g/kWh**

Aufgaben:

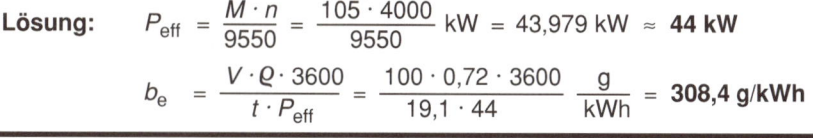

1. Vervollständigen Sie die Wertetabelle durch Berechnen von P_{eff} und b_e.
2. Zeichnen Sie ein Motor-Kennliniendiagramm mit der Leistungskurve, der Drehmomentkurve und der Kurve für den spezifischen Kraftstoffverbrauch.
3. Kennzeichnen Sie den elastischen Bereich farbig.

Wertetabelle   Für alle Messungen gilt: $V = 100$ cm³, $\varrho = 0,72$ g/cm³

n in 1/min	1000	2000	3000	3500	4000	5000	5800	6000	6200
M in Nm	95,7	106,5	107,7	107,3	105	99,3	90,6	85,3	80,1
t in s	66,8	34,5	24,9	22	19	14,4	12,1	12,1	12,2
P_{eff} in kW	10	22,3	33,8	39,3	44	52	55	53,6	52
b_e in g/kWh	388	336,9	308	299,8	310	346,5	389,2	399,7	408,6

Achsenmaßstäbe: 1000 1/min $\triangleq$ 20 mm;   10 kW $\triangleq$ 15 mm;   10 Nm $\triangleq$ 15 mm;   50 g/kWh $\triangleq$ 15 mm

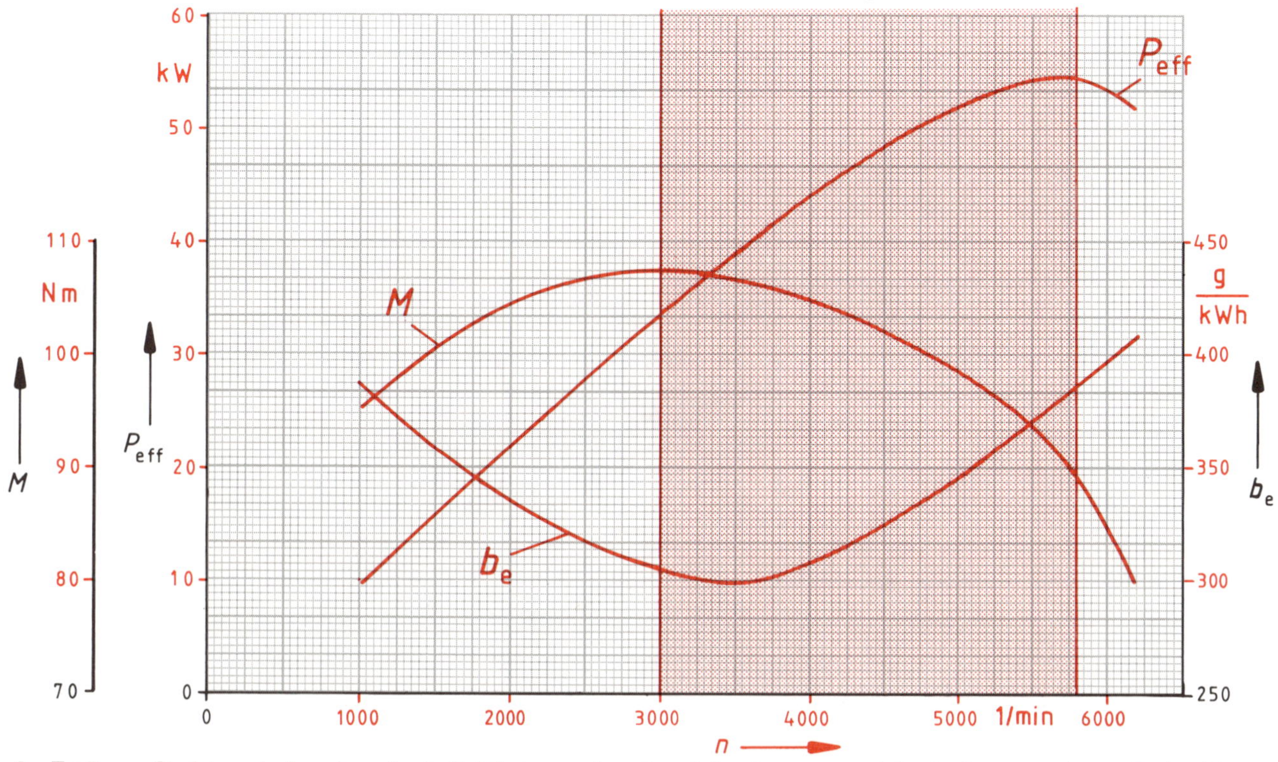

4. Ergänzen Sie folgende Angaben durch die Werte aus dem Kennliniendiagramm und durch die zugeordneten Drehzahlen.

$P_{eff,max}$ = __55 kW__ bei __58800 1/min__ , M_{max} = __108 Nm__ bei __3000 1/min__

$b_{e,min}$ = __299,8 g/kWh__ bei __3500 1/min__

Motor-Kennliniendiagramm

Eine Steigerung der Motorleistung hängt von der Erhöhung des Liefergrades ab. Darunter versteht man das Verhältnis der tatsächlich angesaugten Frischladungsmasse zur theoretisch möglichen. Die Erhöhung des Liefergrades erreicht man z.B. durch die Vorverdichtung der angesaugten Luft außerhalb des Verbrennungsraumes. Neben anderen Möglichkeiten bietet sich hier vor allem die **Aufladung** in Form von Abgasturboladern an. Hierbei wird die Strömungsenergie der Abgase zum Antreiben eines Verdichterrades ausgenutzt. Abgasturbolader werden heute im Pkw- und Lkw-Bereich bei Otto- und Dieselmotoren eingesetzt. Die Vorteile einer Aufladung bei unverändertem Hubvolumen ersieht man in nebenstehendem Diagramm, wenn z.B. bei gleicher Drehzahl die beiden Leistungsdaten bzw. die beiden Drehmomentdaten verglichen werden.

Bei der Abgasturboaufladung sind grundsätzlich zwei Verfahren zu unterscheiden:

Stauaufladung und Stoßaufladung.

Überwiegend werden jedoch kombinierte Verfahren angewendet.

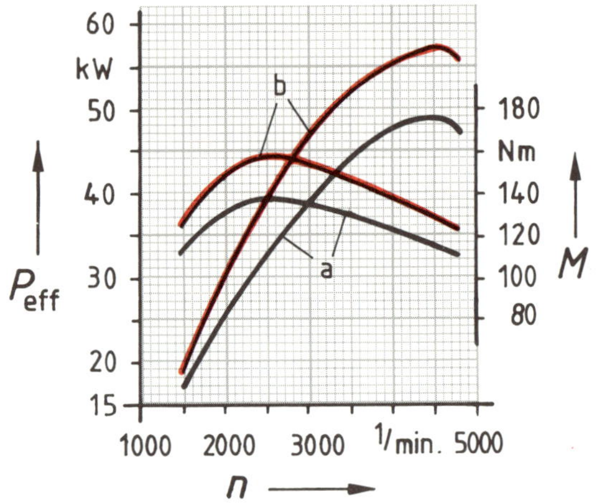

Abb. 1 Leistungs- und Drehmomentdiagramme
a Pkw-Dieselmotor ohne Aufladung
b gleicher Motor als Turbodieselmotor
(ohne Ladeluftkühlung)

1. Geben sie stichwortartig Aufgaben und Vorteile eines Abgasturboladers an (siehe Abb. 1 und Seite 26, Pkw 4).

Vorverdichtung der Ansaugluft, Verbesserung des Liefergrades (bzw. Füllungsgrades), im gesamten Drehzahlbereich größere Elastizität des Motors (Drehmomenterhöhung), höhere Leistung bei gleichem Hubvolumen und gleicher Drehzahl, daraus ergibt sich ein geringerer Kraftstoffverbrauch.

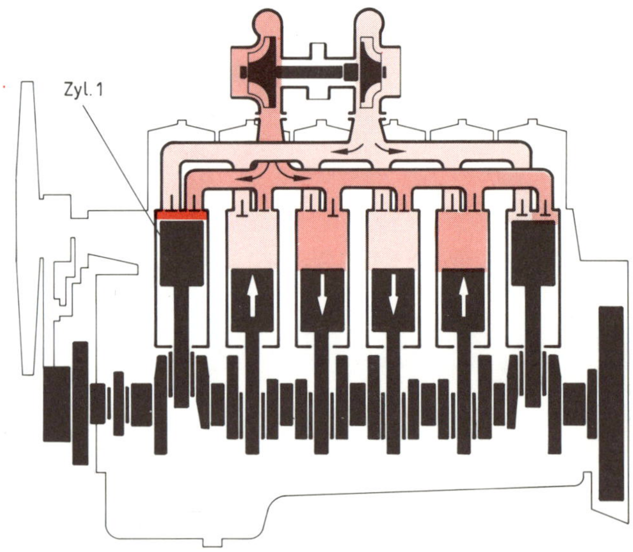

2. Lesen Sie aus dem Diagramm (Abb. 1) die maximalen Leistungs- und Drehmomentwerte für a und b ab.
   - Anhebung der Nennleistung P_{eff}
     von 49 kW auf ca. 58 kW
   - Anhebung des Drehmoments M_{max}
     von 129 Nm auf ca. 151 Nm

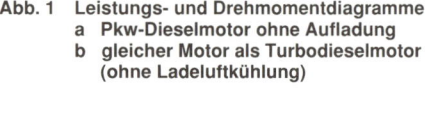

Abb. 2 Pkw-Dieselmotor mit Stauaufladung

3. Führen sie in den Abb. 1 bis 3 farbige Markierungen durch.
   Abb. 1: Ziehen Sie die Kurven des Turbodieselmotors farbig nach: rot
   Abb. 2: Zyl. 1 (Zündung, beginnender Arbeitstakt): rot
   Bereich der Luft (Turbine, Ansaugrohre und entsprechende Zylinderräume oberhalb der Kolben): blau
   Bereich der Abgase (Verdichter, Auslaßrohre und entsprechende Zylinderräume oberhalb der Kolben): gelb
   Abb. 3: Turbolader durch rote Umkreisung hervorheben, Luftströmungen durch rote Pfeile und Abgasströmungen durch schwarze Pfeile andeuten.

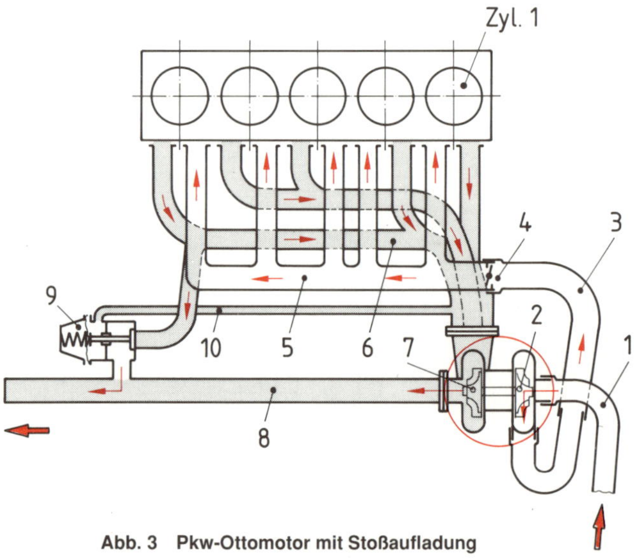

Teilbezeichnungen zu Abb. 3

1	Saugleitung	6	Auslaßrohr
2	Verdichterrad	7	Turbinenrad
3	Druckschlauch	8	Abgasleitung
4	Drosselklappe	9	Abblaseventil
5	Ansaugrohr	10	Überdrucksteuerleitung

Abb. 3 Pkw-Ottomotor mit Stoßaufladung

© Copyright: Verlag H. Stam GmbH · Köln

Aufladung

Die Bäuteile eines Abgasturboladers können nach verschiedenen Gesichtspunkten zu Baugruppen zusammengefaßt werden. Das Turbinenrad mit der fest verbundenen Welle wird auch als *Läufer* bezeichnet. Wenn Lagergehäuse, Laufzeug und Lager zusammengefaßt werden, spricht man von der *Rumpfgruppe*. An der Rumpfgruppe sind Turbinen- und Verdichtergehäuse durch Schraubklemmverbindungen befestigt. Man unterscheidet vier Baugruppen:

- **Lagergehäuse** (mit Gleitlagerbuchsen und Ölräumen),
- **Laufzeug** (Turbinenrad mit Welle, Verdichterrad),
- **Turbinengehäuse**,
- **Verdichtergehäuse**.

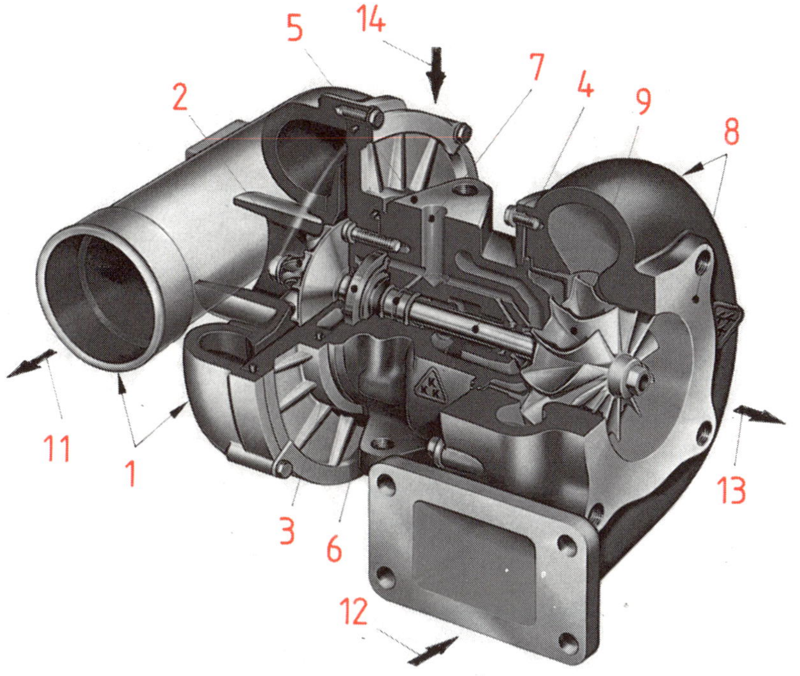

Abb. 1

1. Übertragen Sie in beiden Abbildungen die Teilenummern und die Ziffern für die Richtungspfeile an die Hinweislinien (siehe untenstehende Zusammenstellung). Vergleichen Sie dabei in beiden Abbildungen die unterschiedliche Darstellung der einzelnen Bauteile bzw. Baugruppen.

2. Heben Sie in der schematischen Darstellung (Abb. 2) einzelne Baugruppen, Besonderheiten und vorgegebene Pfeile durch farbige Kennzeichnungen hervor. Dazu wird folgende Reihenfolge vorgeschlagen:

Laufzeug: rot;

Ölräume und -kanäle: braun;

Lagergehäuse (mit Gleitlagerbuchsen): grün;

Turbinengehäuse (mit Abgasen): gelb;

Verdichtergehäuse (mit Luft): blau.

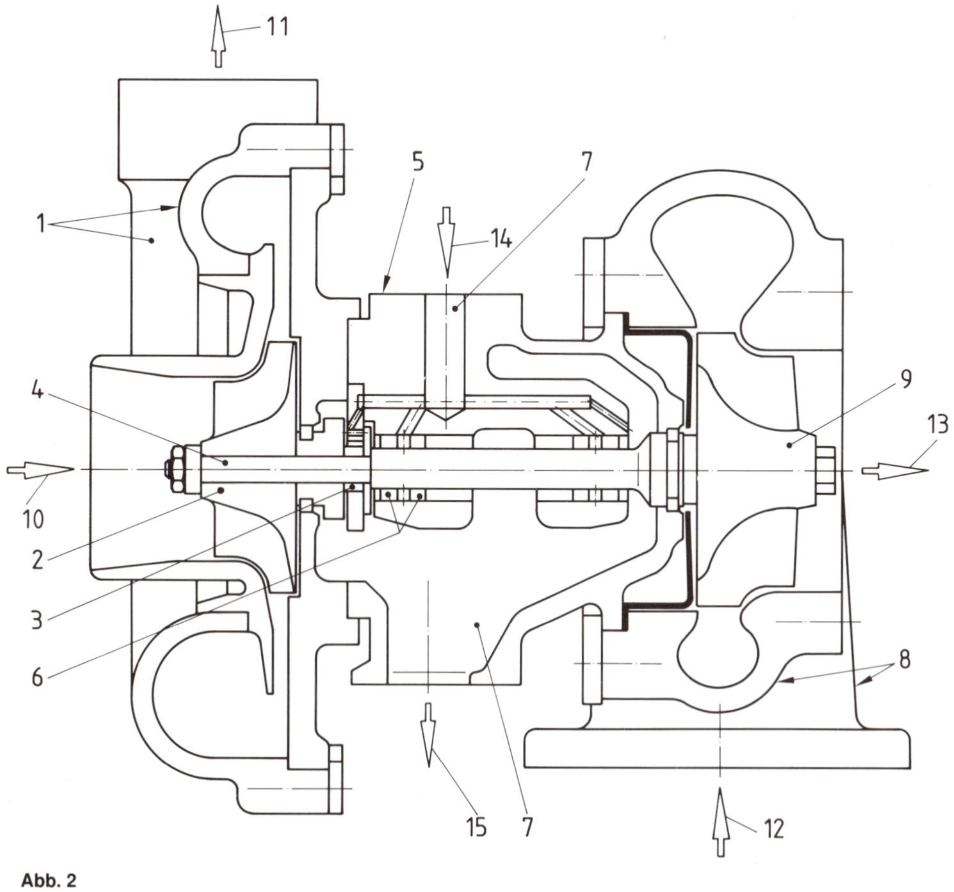

Abb. 2

Teilebezeichnungen und besondere Hinweise

1 Verdichtergehäuse
2 Verdichterrad
3 Axiallager
4 Welle
5 Lagergehäuse
6 Gleitbuchse
7 Ölraum, Ölkanäle
8 Turbinengehäuse
9 Turbinenrad
10 angesaugte Luft
11 vorverdichtete Luft
12 zugeführte Abgase
13 abströmende Abgase
14 Drucköl vom Motor-Ölkreislauf
15 Ölabfluß (Ölwanne)

© Copyright: Verlag H. Stam GmbH · Köln

Aufbau eines Abgasturboladers

Tragen Sie in der untenstehenden Liste zu den Ziffern die fehlenden Fachausdrücke aus der alphabetisch geordneten Zusammenstellung ein. Vergleichen Sie Info-Band: Zusammenbauzeichnung (Ecotronic-Vergaser).
Ausgangssignale (z.B. an Stellgliedern), Drosselklappe DK (1. Stufe), Drosselklappe DK (2. Stufe), Drosselklappenansteller, Drosselklappenpotentiometer, Eingangssignale (z.B. von Sensoren), Katalysator, Lambda-Sonde, Luftfilter, Luftfiltergehäuse, Vorzerstäuber, mechanische Wirkverbindung (zwischen Vordrossel VD und Vordrosselsteller VDS), Saugrohrbeheizung, Steuergerät, Temperaturfühler (Saugrohrwand), Temperaturfühler (Kühlmittel), Vergasergehäuse, Vordrossel VD, Vordrosselsteller VDS.

Kabelbaum

Diagnoselampe (Leerlaufeinstellung)
Saugrohrbeheizung
VDS
Endstufe DK (2.Stufe)
Endstufe DK (1.Stufe)
DKA-Position
DK-Winkel
Saugrohr-Temperatur
Kühlmittel-Temp.
Lambda-Signal
Drehzahl

Schubabschaltung Motorstop
Leerlaufdrehzahlregelung
Start- und Warmlaufsteuerung
Beschleunigungsanreicherung
Lambda-Regelung
Kennfeldsteuerung
Katalysatorschutz

Endstufen
Aufbereitung

Unterdruckleitung

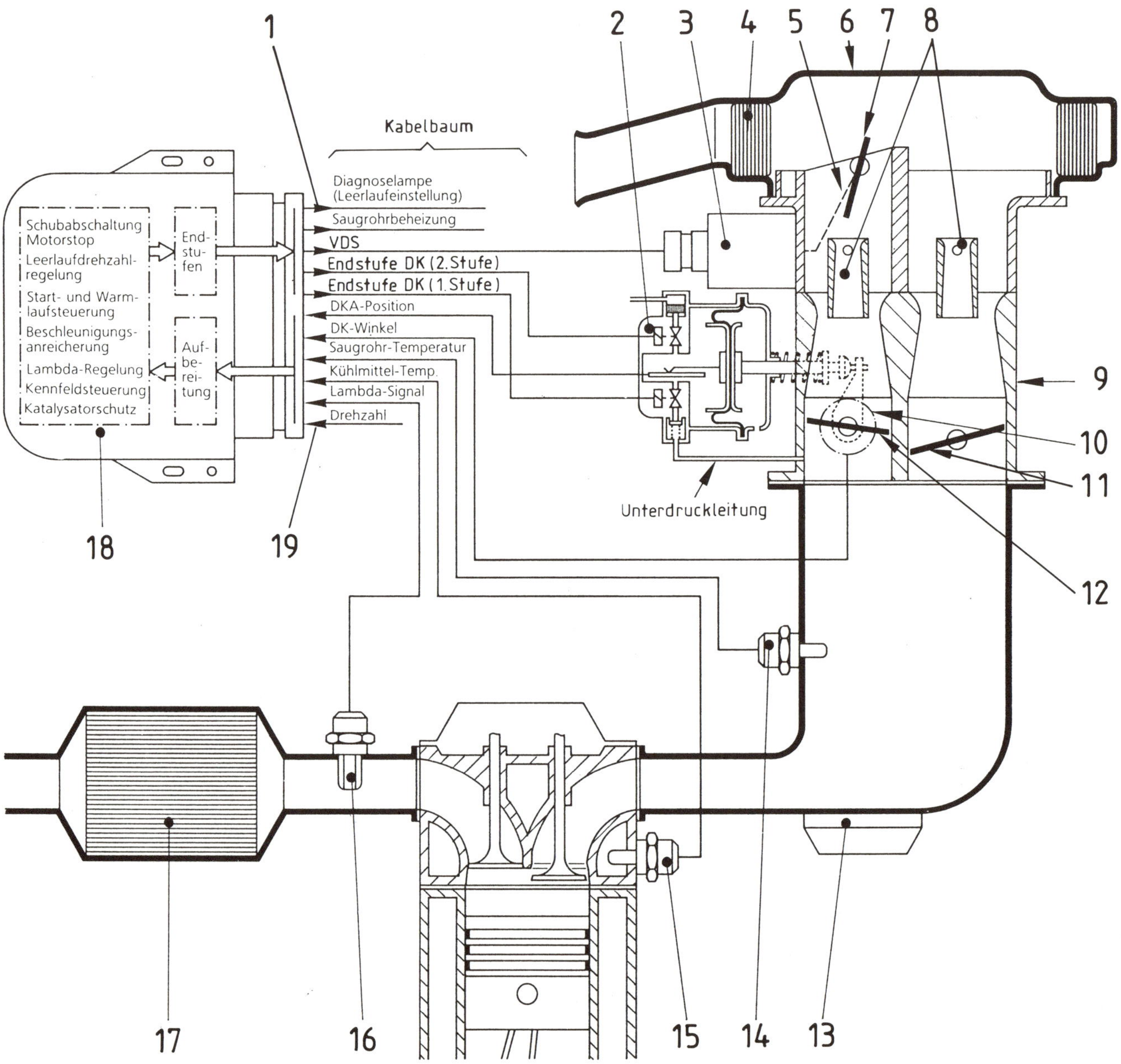

1 Ausgangssignale	**7** Vordrossel	**14** Temperaturfühler (Saugrohrwand)
2 Drosselklappenansteller	**8** Vorzerstäuber	
	9 Vergasergehäuse	**15** Temperaturfühler (Kühlmittel)
3 Vordrosselsteller	**10** Drosselklappenpotentiometer	
4 Luftfilter		**16** Lambda-Sonde
5 mechanische Wirkverbindung (Vordrossel)	**11** Drosselklappe (2. Stufe)	**17** Katalysator
	12 Drosselklappe (1. Stufe)	**18** Steuergerät
6 Luftfiltergehäuse	**13** Saugrohrbeheizung	**19** Eingangssignale

ECOTRONIC-Vergasersystem

© Copyright: Verlag H. Stam GmbH · Köln

Informationen zu den einzelnen Vergaser-Funktionen

Vergleichen Sie Info-Band: Zusammenbauzeichnung (Einzelteile Ecotronic-Vergaser)

Seite 33

Kaltstart

In Abhängigkeit von den Temperaturmeßwerten wird die **Vordrossel** in Richtung *Schließen* angesteuert. Durch den entstehenden Unterdruck tritt das Hauptsystem 1. Stufe in Aktion. Die **Leerlaufluftkorrekturnadel** ist fast geschlossen. Das entstehende Vorgemisch ist relativ fett. Die **Drosselklappe** (1. Stufe) ist durch den Drosselklappenansteller so angestellt, daß die Bohrungen des Leerlaufsystems gut frei sind.

Hoch- und Warmlauf

Nach dem Anspringen muß das bei tiefen Temperaturen benötigte fette Startgemisch abgemagert werden. Daher wird die **Vordrossel** etwas geöffnet, so daß Luft zur Abmagerung des Gemisches einströmen kann. Damit verbunden ist die zwangsweise, mechanisch gesteuerte Absenkung der **Leerlaufluftkorrekturnadel**, so daß das Vorgemisch ebenfalls abgemagert wird. Bei zu hohen Drehzahlen wird die Vordrossel wieder in Richtung *Schließen* gesteuert (Pendelwirkung durch Pfeile andeuten). Zur Vermeidung zu hoher Drehzahlen nach dem Start wird die **Drosselklappe** temperaturabhängig so angesteuert, daß die Bohrungen des Leerlaufsystems gerade noch frei sind. Im Warmlaufbereich werden Füllung und Mischungsverhältnis in Abhängigkeit von den Eingangssignalen für Temperatur, Drehzahl und Drosselklappenstellungen fortlaufend angepaßt. (Pendelbewegungen der Drosselklappe durch Pfeile andeuten).

Seite 33

Leerlauf

Im Leerlauf ist bei erreichter Betriebstemperatur die Warmlaufanreicherung nicht mehr wirksam, da die **Vordrossel** weitgehend geöffnet ist. Das Hauptdüsensystem arbeitet nicht. Im Leerlaufsystem ist die Leerlaufluftkorrekturnadel in Abhängigkeit von der Vordrosselstellung stark abgesenkt. Dadurch strömt Luft ein und bildet am Anfang des Leerlaufgemischkanals mit dem Kraftstoff ein abgemagertes Vorgemisch. Die **Drosselklappe** ist entsprechend der verringerten Reibung und der festgelegten Soll-Drehzahl soweit zurückgenommen, daß die Bohrungen des Leerlaufgemischkanals fast geschlossen sind. Das Vorgemisch bildet am Drosselklappenspalt mit der einströmenden Luft das eigentliche Leerlaufgemisch. Die Menge des Vorgemisches kann durch die Gemischregulierschraube eingestellt werden. Aufgrund neuer Meßwertdaten wird die Drosselklappe so gesteuert, daß der Drosselklappenspalt sich etwas vergrößert. Dadurch entsteht eine Pendelwirkung (durch Pfeile andeuten).

Beschleunigung

Beim Beschleunigen (plötzliches Gasgeben) wird die **Drosselklappe** geöffnet (durch einen Pfeil andeuten). Das im Hauptdüsensystem (1. Stufe) gebildete Vorgemisch wird beim Hauptgemischaustritt mit der Ansaugluft durchsetzt. Entsprechend den Eingangssignalen über Temperatur, Drehzahl, Drosselklappenstellung und Drosselklappengeschwindigkeit wird die **Vordrossel** in Schließrichtung gesteuert (durch einen Pfeil andeuten). Der dadurch entstehende zusätzliche Druckabfall beschleunigt noch einmal die Kraftstofförderung im Hauptdüsensystem (1. Stufe). Die Bewegung der Vordrossel in Richtung *Schließen* bewirkt zwangsweise eine mechanische Steuerung der **Leerlaufluftkorrekturnadel** in Richtung *Schließen*. Dadurch entsteht im Leerlaufsystem ein fetteres Vorgemisch, das der Beschleunigung entspricht. Das Vorgemisch des Leerlaufsystems vermischt sich am Übergangsschlitz (1. Stufe) und am Leerlaufvorgemischaustritt mit dem Gemisch des Hauptsystems (1. Stufe).

Seite 33

Übergangssystem im Teillastbereich

Den Drehzahlbereich oberhalb des Leerlaufbereiches bis zu mittleren Drehzahlen bezeichnet man als Teillastbereich.

Übergangssystem 1. Stufe.
Im unteren Teillastbereich ist das Hauptdüsensystem der 1. Stufe in Funktion. Entsprechend den Soll-Werten des zugehörigen Kennfeldbereiches wird die **Vordrossel** über den Vordrosselsteller angesteuert, damit eine Anpassung der Gemischzusammensetzung erfolgt. Die **Leerlaufluftkorrekturnadel** ist stark abgesenkt. Das Vorgemisch aus dem Leerlaufsystem wird dadurch stark abgemagert. **Vordrossel und Drosselklappe** sind verhältnismäßig weit geöffnet.

Übergangssystem 2. Stufe.
Das Öffnen der Drosselklappe 2. Stufe ist abhängig vom Öffnungswinkel der Drosselklappe 1. Stufe und vom Luftdurchsatz. Erst nach 2/3 geöffneter Drosselklappe der 1. Stufe wird über eine Membrandose die Drosselklappe der 2. Stufe zugeschaltet. Diese öffnet sich zunächst nur soweit, bis der Übergangsschlitz (2. Stufe) freiliegt, so daß das Übergangssystem 2. Stufe in Funktion tritt. Das ausströmende Vorgemisch wird als Übergangskraftstoff im belüfteten Mischrohr (2. Stufe) gebildet. Um einen ruckfreien Übergang zur 2. Stufe durch eine leichte Anreicherung des Gemisches zu gewährleisten, erfolgt durch das Steuergerät über den Vordrosselsteller eine zeitlich begrenzte Ansteuerung der Vordrossel.

Vollast

Über dem mittleren Drehzahlbereich hinaus und bei Vollast setzt die Funktion der beiden Hauptsysteme (1. und 2. Stufe) voll ein. Beide **Drosselklappen** erreichen ihre Endstellung. Die **Vordrossel** und zwangsweise die **Leerlaufluftkorrekturnadel** befinden sich ebenfalls in ihrer Endstellung, so daß der größtmögliche Luftdurchsatz erfolgen kann. Bei sehr hohen Luftdruchsätzen setzt eine zusätzliche Vollastanreicherung ein, denn die Austrittsöffnung des Anreicherungsrohres liegt in einem höheren Druckbereich als die Gemischaustritte der beiden Hauptsysteme. Im letzten Teil des Anreicherungsrohres erfolgt bereits eine Vermischung mit der Luft.

© Copyright: Verlag H. Stam GmbH · Köln

1. Stellen Sie Bildung des Kraftstoff-Luft-Gemisches beim Kaltstart und in der Hoch- und Warmlaufphase dar. Kennzeichnen Sie den Kraftstoff, die Luft und die Strömungsverhältnisse durch die angegebenen Farben:
   – **Kraftstoff:** rot
   – **zuströmende Luft:** blau
   – **Vorgemisch** (vorverschäumter Kraftstoff): rot-blau-gestreift
   – **Kraftstoff-Luft-Gemisch:** rot-blau-gepunktet
2. Zeichnen Sie die Vordrossel (Vordrossel-Klappe) und die Drosselklappe in den entsprechenden Stellungen ein.
   Hinweise: Informieren Sie sich auf Seite 32 über die **Vergaser-Funktionen: Kaltstart und Hoch- und Warmlauf.**

Kaltstart

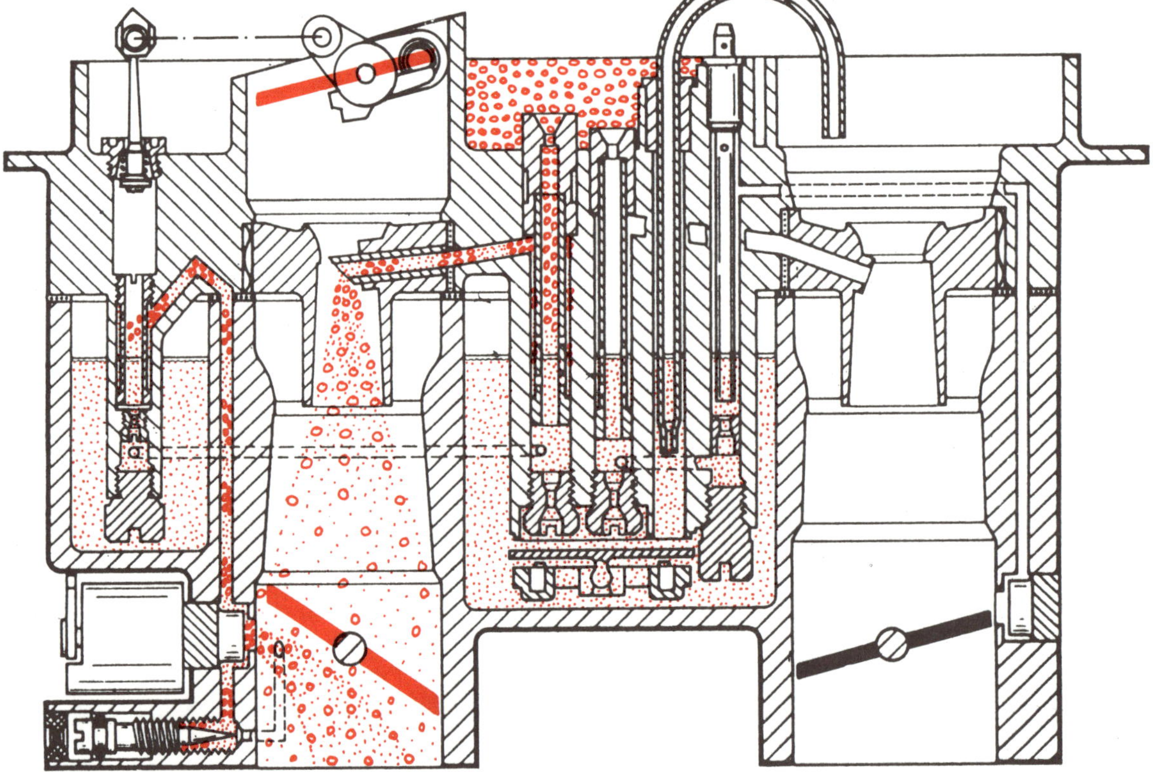

Hoch- und Warmlauf

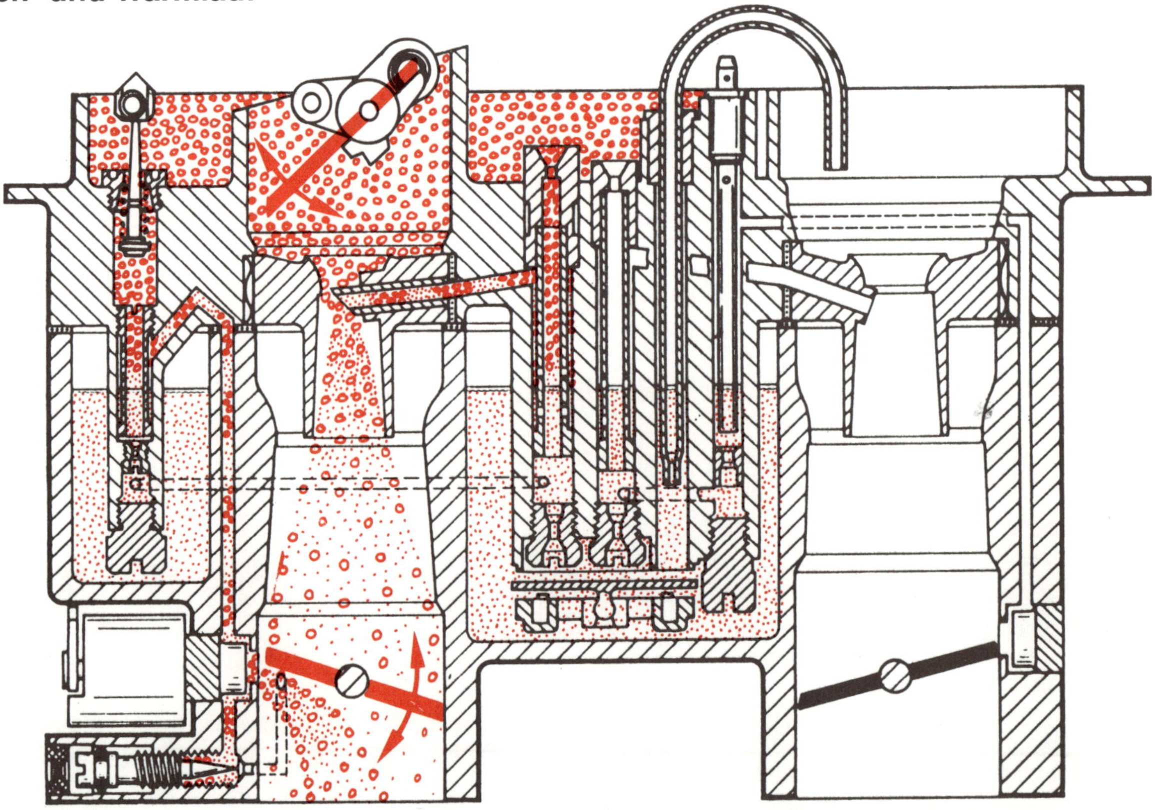

Kaltstart; Hoch- und Warmlauf

Lösungen von Seite 67, Aufgaben 6 bis 18

6. Die gesamte geförderte Ölmenge fließt durch das Hauptstromfilter und gelangt dadurch gefiltert zu den Schmierstellen. Hauptstromfilter sind in der Regel kostengünstiger. Sie werden in der Regel in Pkw eingebaut. Der Durchgangswiderstand des Hauptstromfilters ist klein, um einen schnellen Öldurchsatz zu erreichen. Dadurch ist die Filterwirkung gering. Hauptstromfilter ergeben eine Grobfilterung.

7. Bei verstopftem Hauptstromfilter oder bei zu kaltem, dickflüssigem Öl öffnet das Umgehungsventil, so daß das Öl ungefiltert zu den Schmierstellen gelangt. Dadurch wird ein Motorschaden wegen Ölmangels verhindert. Das verstopfte Hauptstromfilter wird entlastet.

8. Ein Überstromventil kann parallel zum Hauptstromfilter in einer Umgehungsleitung eingebaut sein. Häufig ist es direkt im Hauptstromfilter angeordnet.

9. Nebenstromfilter sind im Nebenschluß zur Hauptstromölleitung angeordnet.

10. Durch das Nebenstromfilter fließt nur ein kleiner Teil der geförderten Ölmenge (etwa 5% bis 10%). Häufig ist daher der Ausgang des Nebenstromfilters mit einer Drosselbohrung versehen. Ein verstopftes Nebenstromfilter kann keinen Ölmangel hervorrufen, weil die größere Ölmenge den Schmierstellen direkt (ungefiltert) zufließt.

11. Wenn bei betriebswarmem Motor das Gehäuse eines Nebenstromfilters kalt bleibt, kann das Filter verstopft sein, d.h. die Filterpatrone muß gewechselt werden.

12. Haupt- und Nebenstromfilter werden auch als Kombination verwendet. Dadurch erzielt man die beste Filterwirkung. Die beiden Filter werden überwiegend in hochbelastete Dieselmotoren eingebaut.

13. Hauptstromfilter sind mit ihrem grobporigen Filterteil auf eine Grobfilterung ausgelegt. Nebenstromfilter sind mit einem Feinfilter ausgerüstet. Das meist sternförmig gefaltete Filterpapier ergibt eine vergrößerte Oberfläche mit großem Schmutzspeichervermögen. Mit Nebenstromfiltern erzielt man eine Feinstfilterung.

14. Eingesetzt als Hauptstromfilter: Spaltfilter (oft als grobe Vorfilter), Siebfilter.
    Eingesetzt als Nebenstromfilter: Feinfilter (Patronen aus spezialimprägniertem Papier), Freistrahlzentrifuge.

15. Ein Wechselfilter besteht aus einem festverschlossenen Stahltopf mit einem sternförmig gefaltetem Filtereinsatz. In der Regel haben Wechselfilter ein eingebautes Umgehungsventil und werden dann als Hauptstromfilter verwendet.

16. **Zahnradpumpe:** Zahnradpaarung. An der kreisförmigen Umwandlung wird das Öl in den Zahnlücken mitgenommen und dadurch von der Saugseite zur Druckseite befördert.

    Sichelpumpe: Zahnradpumpe mit einem Innenzahnrad (sitzt meistens auf der Kurbelwelle) und einem dazu exzentrisch angeordnetem Außenzahnrad. Gegenüber der älteren üblichen Zahnradpumpe hat die Sichelpumpe besonders bei einer niederen Motordrehzahl eine höhere Förderleistung. Sie arbeitet geräuscharm.

    Rotorpumpe: Verdrängerpumpe mit einem Innenrotor (außenverzahntes Innenrad) und einem exzentrisch angeordnetem Außenrotor (innenverzahntes Außenrad), Rotorpumpen erzielen bei einem ruhigen Lauf eine hohe Förderleistung, sind allerdings teurer als andere Ölpumpen.

17. Bei nicht so stark belasteten Motoren wird die vom Motoröl aufgenommene Wärme über die Ölwanne an die Luft abgegeben. Die Abkühlung durch den Fahrtwind wird durch eine Leichtmetall-Ölwanne und durch Kühlrippen begünstigt. Bei hoch beanspruchten Motoren wird eine zusätzliche Ölkühlung eingesetzt, z.B. in Form eines luftgekühlten Ölkühlers. Bei luftgekühlten Motoren ist der Ölkühler oft im Luftstrom des Kühlgebläses angeordnet. Bei wassergekühlten Motoren kann der Ölkühler mit im Kühlerblock des Motors eingebaut sein. Hier wird das Öl ebenfalls nur durch den Fahrtwind gekühlt.

18. In thermisch hochbelasteten Motoren werden in den Kühlflüssigkeitskreislauf zusätzlich Ölkühler (als Wärmetauscher) eingebaut. Mit den Ölzuleitungen und -abführungen liegen Ölkühler in der Regel in der Hauptstromölleitung und haben dann auch eine Umgehungsleitung. Die über den Kühler fließende Ölmenge wird durch ein Thermostat in der Funktion eines Überdruckventils gesteuert. Dadurch erreicht man eine gleichbleibende Öltemperatur.

    a) **Motor kalt:** Da die Kühlflüssigkeit sich schneller erwärmt als das Öl, erreicht das Öl durch die zugeführte Wärme schneller die Betriebstemperatur (ca. 85°C bis 90°C). Die Warmlaufphase wird verkürzt.

    b) **Motor betriebswarm:** Die hohe Temperatur des sehr stark erwärmten Öls wird im Ölkühler auf Betriebstemperatur gehalten. Das Kühlmittel nimmt aus dem Öl Wärme auf und gibt sie dann an die Luft ab.

Lösungen von Seite 80, Aufgaben 3 bis 10

3. Die Flügelzellenpumpe saugt über ein Filter den Kraftstoff an und fördert ihn in den Pumpeninnenraum. Dabei ist ihre Förderleistung höher als die bei Vollast erforderliche Einspritzmenge.

4. Das Druckregelventil begrenzt den Pumpeninnendruck und reguliert ihn proportional zur Drehzahl.

5. Zwangsentlüftung, Innenkühlung durch Abfließen von Kraftstoff zum Tank.

6. Durch eine Hub-Drehbewegung fördert sie entsprechend der Zündfolge den Kraftstoff über das jeweilige Druckventil zu der Einspritzdüse.

7. Absteuerung ist gleichbedeutend mit Förderende. Der Regelschieber hat dann die Absteuerbohrung (Querbohrung des Verteilerkolbens) freigegeben, so daß der Kraftstoff aus dem Hochdruckraum in den Pumpeninnenraum zurückfließen kann.

8. Bei Leerlauf und bei Enddrehzahl wird die Lage des Regelschiebers durch die Fliehgewichte über das Regelhebelsystem verändert. Der Regelschieber ist das Stellglied für die Steuerung der Einspritzmenge. Für zusätzliche Zwischenregelungen gibt es besondere Alldrehzahlregler.

9. Der Spritzverstellerkolben ist mit dem Pumpeninnenraumdruck beaufschlagt. Bei Druckerhöhungen verstellt der Kolben entgegen der Kolbenfederkraft den Rollenring in Richtung „früh" durch einen Anlenkbolzen, d.h. der Einspritzbeginn wird vorverlegt.

10. Kleiner Einbauraum durch kompakte Bauweise, relativ geringes Gewicht, wenig Wartung, gute Anpassungsmöglichkeiten an den Motor zur Erhöhung von Leistung und Drehmoment und zur Senkung von Kraftstoffverbrauch und Abgasgrenzwerten.

1. Stellen Sie die Bildung des Kraftstoff-Luft-Gemisches im Leerlauf und bei der Beschleunigung dar. Kennzeichnen Sie den Kraftstoff, die Luft und die Strömungsverhältnisse mit den auf der Seite 33 angegebenen Farben.
2. Zeichnen Sie die Vordrossel und die Drosselklappe in den entsprechenden Stellungen ein.
   Hinweis: Informieren Sie sich auf Seite 32 über die **Vergaser-Funktionen: Kaltstart und Hoch- und Warmlauf.**

Leerlauf

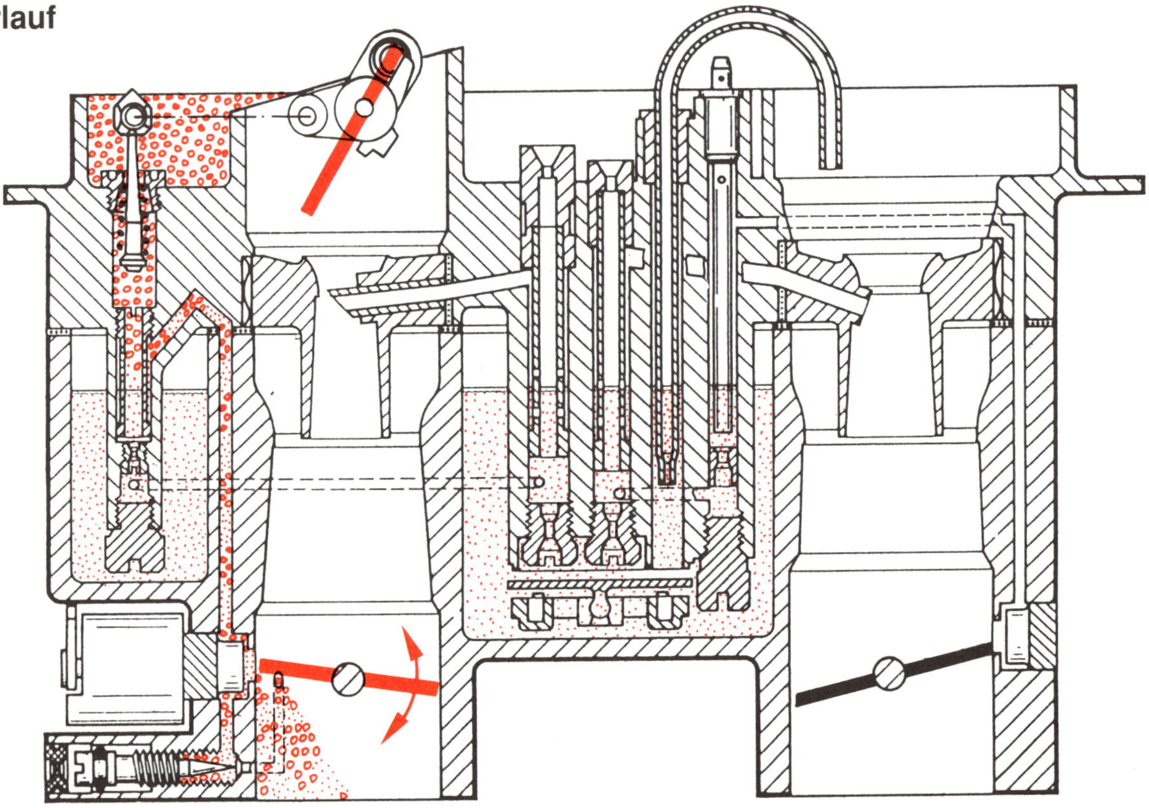

Beschleunigung

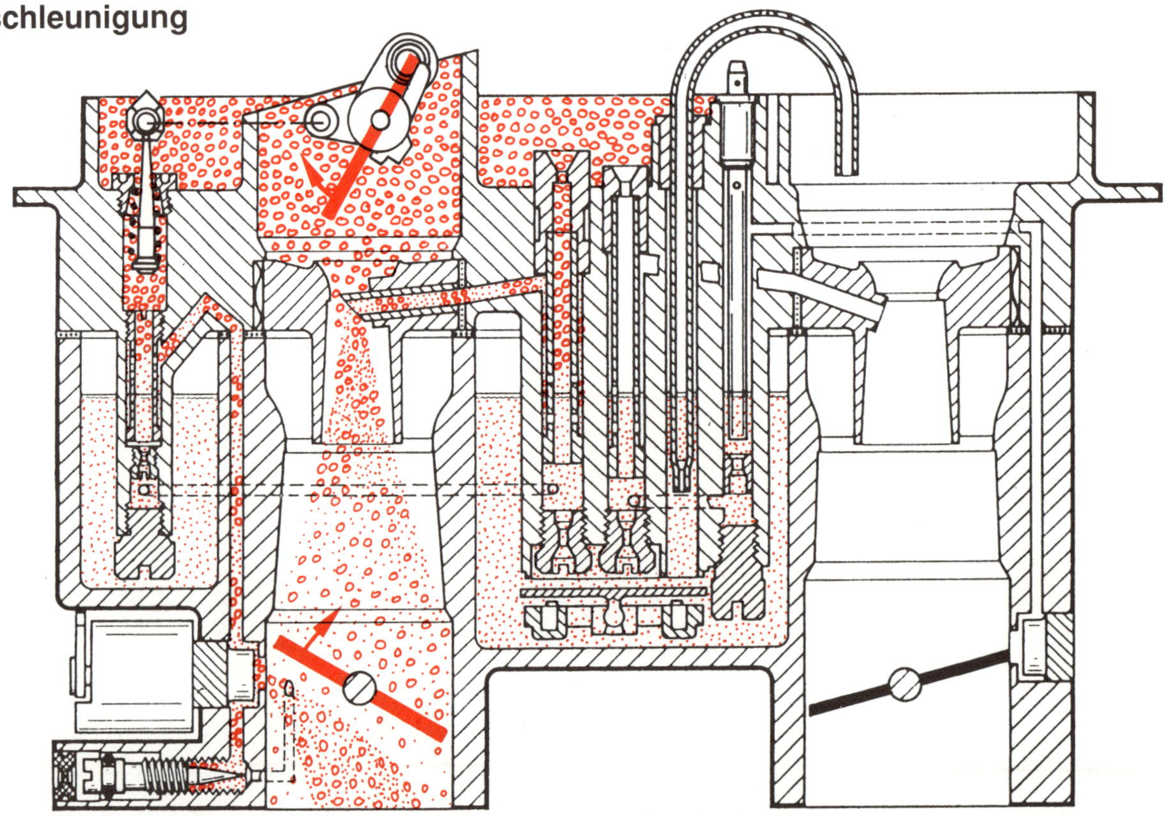

Leerlauf; Beschleunigung

Lösungen von Seite 26, Aufgaben 4

Pkw 1: Es handelt sich wahrscheinlich um einen Dieselmotor, denn ein Ottomotor mit einem Hubraum von 1,9 l hat in der Regel eine höhere Leistung. Ferner verfügt der Motor über einen breiten elastischen Bereich mit einem relativ gleichförmigen Drehmoment. Das Diagramm zeigt, daß der Motor ausgesprochen niedertourig mit 2000 bis 3000 Umdrehungen/min gefahren werden kann, um ein maximales Drehmoment zu erreichen.

Pkw 2: Dieses Diagramm gehört wahrscheinlich zu einem Ottomotor, denn der elastische Bereich ist weitaus enger als bei einem Dieselmotor. Der steile Verlauf der Drehmomentkurve und der sehr enge Bereich für M_{max} zeigen an, daß der Motor relativ hoch gefahren werden muß. Der steile Anstieg der Leistungskurve kennzeichnet einen Einspritzmotor.

Pkw 3: Der schmale elastische Bereich deutet auf einen Ottomotor hin. Der weniger steile Anstieg der Leistungskurve und die etwas breitere Wölbung der Drehmomentkurve im Bereich des maximalen Drehmoments lassen auf einen Vergasermotor schließen.

Pkw 4: Die breit ausladende Wölbung der Drehmomentkurve beim Saugmotor (a) gibt einen sicheren Hinweis auf einen Dieselmotor. Auch die relativ geringe Leistung der beiden Motoren spricht für einen Dieselmotor. Der Vergleich der beiden Motoren zeigt deutlich die Steigerung des Drehmoments und der Leistung durch die Aufladung. Ein weiteres Kennzeichen für die Aufladung ist der nicht oder nur wenig geänderte elastische Bereich der beiden Motoren.

Lösungen von Seite 84

3. $L = 61,953 \text{ m}^3$
4. $V_K = 1,389 \text{ l}$ (Kraftstoff)
   $V_L = 11\,627,9 \text{ l}$ (Luft)

5. $L_{ZU} = 13,616 \text{ kg/kg}$
   $\lambda = 0,92$
6. $L_{ZU} = 14,5 \text{ kg/kg}$

7. a) $L = 714,42 \text{ kg}$
   b) $K = 45 \text{ kg}$
   c) $L_{ZU} = 15,876 \text{ kg}$

7. d) $\lambda = 1,08$
   e) Gemisch ist mager

Lösungen von Seite 84

1. $\eta = 0,82$
2. $P_{eff} = 55,69 \text{ kW}$
3. a) $P_{eff} = 63 \text{ kW}$
   b) $P_i = 78,75 \text{ kW}$
4. a) $P_i = 237,9 \text{ kW}$
   $P_{eff} = 169,5 \text{ kW}$
   $\eta = 0,712$

4. b) $M = 153,54 \text{ Nm}$
   $P_i = 64,32 \text{ kW}$
   $P_{eff} = 51,54 \text{ kW}$
   c) $d = 75,3 \text{ mm}$
   $M = 38,2 \text{ Nm}$
   $P_i = 25,63 \text{ kW}$
   d) $s = 77,7 \text{ mm}$
   $M = 191,5 \text{ Nm}$
   $P_i = 129,76 \text{ kW}$

4. e) $d = 93 \text{ mm}$
   $n = 4800 \text{ 1/min}$
   $P_{eff} = 66 \text{ kW}$
   f) $s = 60 \text{ mm}$
   $P_{eff} = 80 \text{ kW}$
   $\eta = 0,86$
5. $P_{eff} = 77 \text{ kW}$
6. a) $P_i = 50,8 \text{ kW}$
   b) $n = 4886 \text{ 1/min}$

7. a) $V_h = 1617,6 \text{ cm}^3$
   b) $d = 124,9 \text{ mm}$
   c) $M = 566,6 \text{ Nm}$
   d) $\eta = 81 \%$
8. a) $\eta_{ges} = 0,705$
   b) $P_{eff} = 131,4 \text{ kW}$
   c) $P_i = 156,43 \text{ kW}$
   d) $M = 241,3 \text{ Nm}$

Lösungen von Seite 92

1. a) $z_2 = 24$
   b) $n_2 = 281 \text{ 1/min}$
2. a) $n_1 = 998 \text{ 1/min}$
   b) $i = 10,182$
3. a) $n_1 = 1250 \text{ 1/min}$
   $i = 2,529$
   b) $z_2 = 21$
   $n_2 = 3810 \text{ 1/min}$

3. c) $z_1 = 12$
   $i = 2,25$
   d) $z_1 = 35$
   $n_1 = 2680 \text{ 1/min}$
   e) $z_2 = 34$
   $i = 2,615$

4. a) $i_1 = 1,944$
   $i_2 = 0,606$
   b) $i_{ges} = 4,949$
   c) $n_K = 4582 \text{ 1/min}$
   d) $n_A = 1091 \text{ 1/min}$
5. $i_{III,W} = 1,368$
6. $M_{A,III} = 584 \text{ Nm}$

7. $n_{A,I} = 187 \text{ 1/min}$
   $n_{A,II} = 322 \text{ 1/min}$
   $n_{A,III} = 511 \text{ 1/min}$
   $n_{A,IV} = 682 \text{ 1/min}$
   $n_{A,R} = 194 \text{ 1/min}$
8. a) $M_1 = 63,7 \text{ Nm}$
   b) $i_{ges,IV} = 3,655$
   c) $M_{A,IV} \approx 233 \text{ Nm}$

Lösungen von Seite 115

1. $a = 5 \text{ m/s}^2$
2. $v = 24 \text{ m/s}$
   $v = 86,4 \text{ km/h}$
3. $t = 9,5 \text{ s}$
4. $a = 3,287 \text{ m/s}^2$
5. $v = 78,6 \text{ km/h}$
6. $t = 6,2 \text{ s}$

7. $s_1 = 140 \text{ m}$
   $s_2 = 100 \text{ m}$
   $a_1 = 5,71 \text{ m/s}^2$
   $a_2 = 8 \text{ m/s}^2$
8. $t = 5,1 \text{ s}$
   $a = 6,54 \text{ m/s}^2$
9. $a = 5,09 \text{ m/s}^2$
10. $s = 111,8 \text{ m}$
11. $t = 6,51 \text{ s}$

12. $a = 6,55 \text{ m/s}^2$
    $s = 56,55 \text{ m}$
13. $s = 170 \text{ m}$
    $a = 2,976 \text{ m/s}^2$
14. a) $v = 24 \text{ m/s}$
    $a = 2 \text{ m/s}^2$
    b) $t = 11,25 \text{ s}$
    $s = 202,5 \text{ m}$

14. c) $v = 43,3 \text{ m/s}$
    $t = 6,93 \text{ s}$
    d) $v = 14,4 \text{ m/s}$
    $s = 23,04 \text{ m}$
    e) $s = 75,6 \text{ m}$
    $a = 5,185 \text{ m/s}^2$
    f) $t = 3,81 \text{ s}$
    $s = 30,48 \text{ m}$

Lösungen von Seite 116

1. $s_A = 322 \text{ m}$
2. a) $s_A = 285 \text{ m}$
   b) $a = 6,25 \text{ m/s}^2$
3. $s = 205,8 \text{ m}$
4. a) $v = 86,4 \text{ km/h}$
   b) $s_R = 21,6 \text{ m}$

5. a) $v = 99,6 \text{ km/h}$
   b) $s_A = 112 \text{ m}$
6. $s_{ges} = 666,7 \text{ m}$
7. $s_{ges} = 940,42 \text{ m}$
8. a) $s = 131,94 \text{ m}$
   b) $a = 2,92 \text{ m/s}^2$

9. $s_{ges} = 210 \text{ m}$
10. $s_{ges} = 130,3 \text{ m}$
11. a) $s_R = 26,4 \text{ m}$
    b) $t_R = 1,2 \text{ s}$
    c) $t_B = 7 \text{ s}$

12. $s_A = 124 \text{ m}$
    (kein Unfall)
13. a) $v = 118 \text{ km/h}$
    b) $t_B = 5,12 \text{ s}$
    c) $s_R = 29,5 \text{ m}$

1. Stellen Sie die Bildung des Kraftstoff-Luft-Gemisches im Übergangssystem des Teillastbereiches und bei Vollast dar. Kennzeichnen Sie den Kraftstoff, die Luft und die Strömungsverhältnisse mit den auf Seite 33 angegebenen Farben.
2. Zeichnen Sie die Vordrossel und die Drosselklappe in den entsprechenden Stellungen ein.
   Hinweis: Informieren Sie sich auf Seite 32 über die **Vergaser-Funktionen: Übergangssystem im Teillastbereich; Vollast.**

Übergangssystem im Teillastbereich

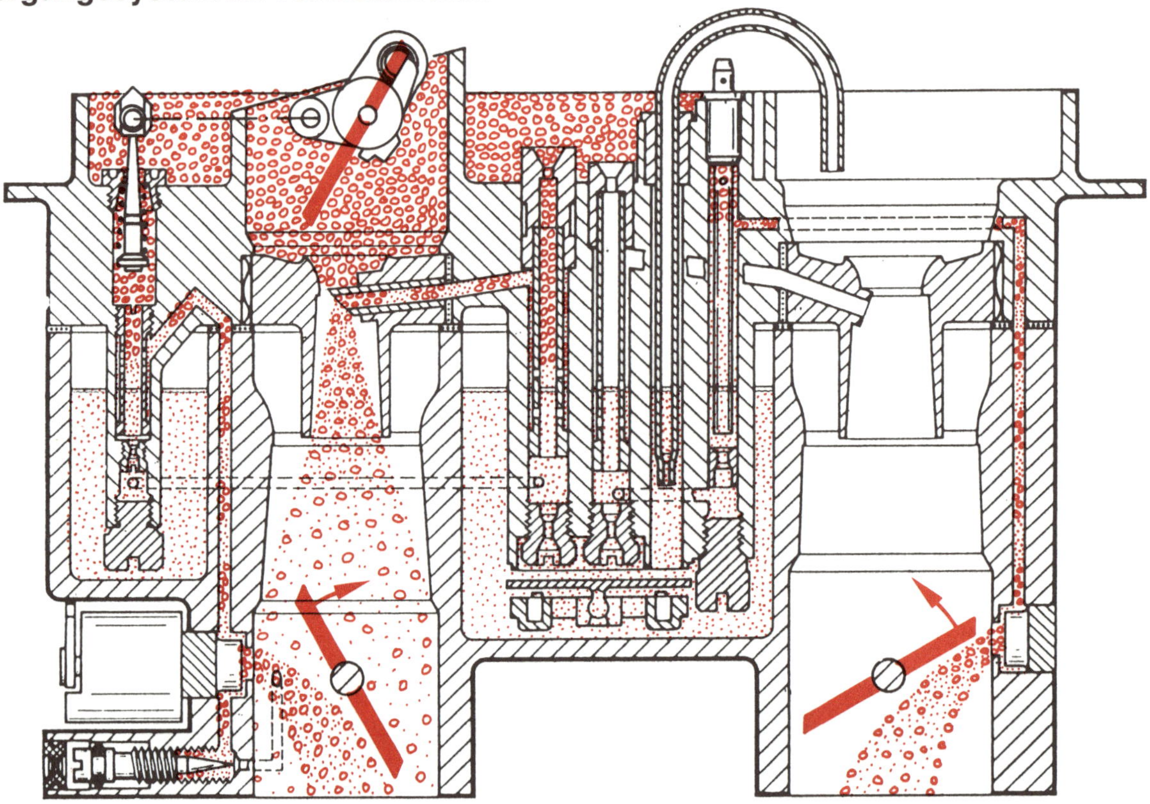

Vollast

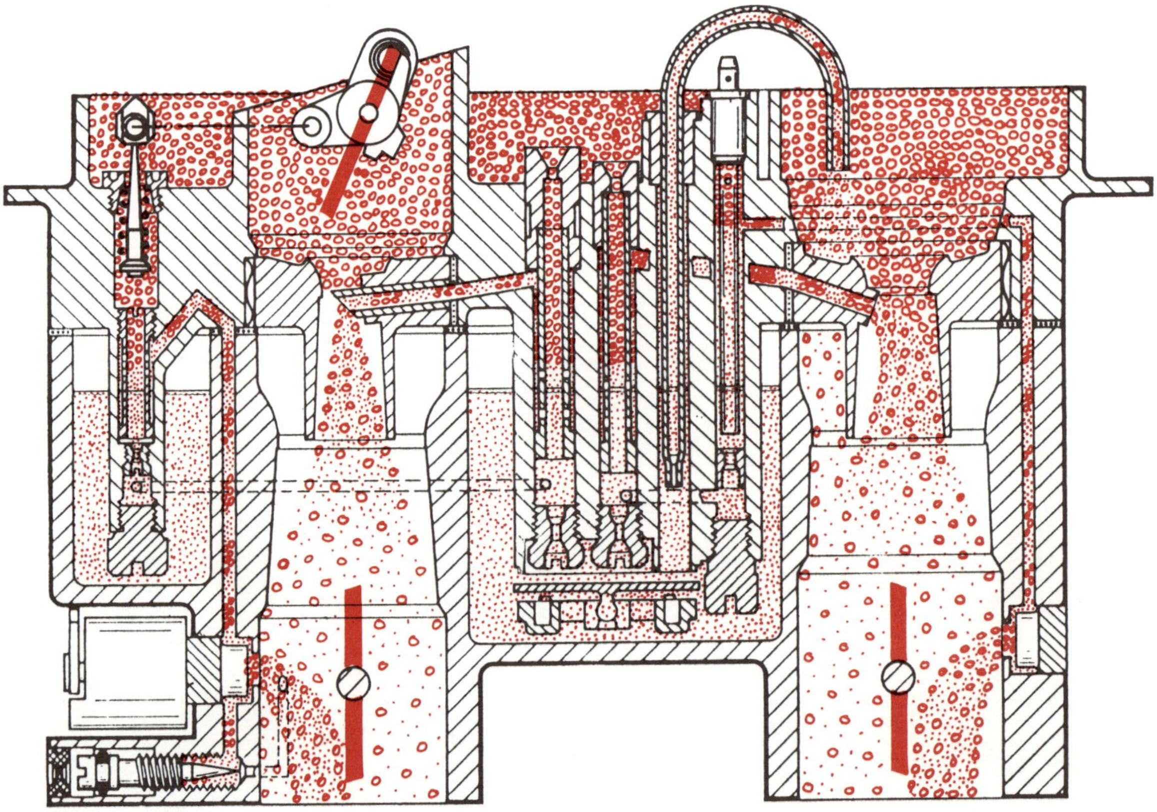

Übergangssystem im Teillastbereich; Vollast

Kreuzen Sie zu jeder Frage die richtige Antwort an. Es ist bei jeder Fragestellung nur eine Lösung vorgesehen.

Kaltstart; Hoch- und Warmlauf

1. Beim Kaltstart wird das Gemisch überfettet. Welches Kraftstoff-Luft-Verhältnis wird erreicht?

   1:1 ☐   1:3 ☒   1:6 ☐   1:8 ☐

2. Welche Ursache ist **keine** Folgeerscheinung bei Verwendung eines Kraftstoffs, der nicht der DIN entspricht?

   a) Kraftstoffverbrauch zu hoch ☐
   b) Leistung zu gering ☐
   c) Kaltleerlaufdrehzahl zu hoch oder zu niedrig ☒
   d) schlechter Übergang beim Beschleunigen ☐

3. Welche Folgen hat eine defekte Lambda-Sonde?

   a) Probleme beim Heißstart ☐
   b) Leerlauf nicht einstellbar ☒
   c) Vergaser läuft über bzw. tropft ☐
   d) Probleme beim Kaltstart ☐

4. Das Fahrverhalten eines Autos im Schub wird beanstandet. Wo könnte die Ursache liegen?

   a) Temperaturfühler defekt ☐
   b) Lambda-Sonde defekt ☐
   c) Schmutz im Vergaser ☒
   d) Vereisung ☐

Leerlauf; Beschleunigung

5. Wie hoch ist die Oktanzahl von bleifreiem Euro-Super?

   91 ☐   95 ☒   98 ☐   102 ☐

6. Das Filter im Kraftstoffzulauf ist verstopft. Welche Folgen können auftreten?

   a) Motor springt in kaltem Zustand schlecht an ☒
   b) Ruckeln beim Beschleunigen ☐
   c) Unregelmäßiger Leerlauf ☐
   d) Kraftstoffverbrauch zu hoch ☐

7. Welche Folgen hat eine defekte Ansaugrohrvorwärmung?

   a) Erhöhter Kraftstoffverbrauch ☐
   b) Leerlauf nicht einstellbar ☐
   c) Motor geht nach dem Kaltstart aus ☒
   d) Beim Beschleunigen ruckelt der Motor ☐

8. Die 2. Stufe des Vergasers setzt ruckartig ein. Wo liegt in der Regel die Störungsursache?

   a) Bedienungsfehler (plötzliches Gasgeben) ☐
   b) Übergangsschlitz der 2. Stufe verschmutzt ☒
   c) Schwimmernadel defekt ☐
   d) Membrandose (2. Stufe) defekt ☐

Übergangssystem im Teillastbereich; Vollast

9. Die Membrandose (2. Stufe) ist defekt. Welche Probleme können auftreten?

   a) Kraftstoffverbrauch zu hoch ☐
   b) Probleme beim Heißstart ☐
   c) Leerlaufdrehzahl zu hoch ☐
   d) Zu geringe Motorleistung ☒

10. Zu welchen Beanstandungen kann ein defektes Drosselklappenpotentiometer führen?

    a) Vergaser läuft über bzw. tropft ☐
    b) Probleme beim Heißstart ☐
    c) Probleme beim Kaltstart ☒
    d) Motorüberhitzung ☐

11. Die Drosselklappe ist schwergängig. Wie macht sich dieser Fehler im Fahrbetrieb bemerkbar?

    a) Problem beim Heißstart ☐
    b) Beim Beschleunigen Aussetzer im Übergang ☒
    c) Motorleistung zu gering ☐
    d) Kraftstoffverbrauch zu hoch ☐

Testaufgabe:
Vergaserstörungen (Ecotronic-Vergaser)

© Copyright: Verlag H. Stam GmbH · Köln

Der Kraftstoffverbrauch eines PKW-Ottomotors mit KE-Jetronic ist zu hoch. Für die Aufstellung eines Arbeitsablaufplans zur Fehlersuche werden folgende Überprüfungen vorausgesetzt: Räder sind freigängig, vorgeschriebener Reifenluftdruck vorhanden, Reifengrößen entsprechen der Vorschrift. Eventuell entsteht der Kraftstoffmehrverbrauch durch Anhängerbetrieb, Sonderaufbauten, Klimaanlage oder Automatikgetriebe.

1. Ergänzen Sie den unvollständig vorgegebenen Programmablaufplan als Arbeitsablaufplan für die erforderliche Fehlersuche. Fehlende Rahmen sind entsprechend der notwendigen Größe einzuzeichnen. Die Fehlersuche beginnt mit einer Sichtprüfung auf Undichtheit.

Kraftstoffverbrauch zu hoch

Sicht- prüfung an Leitungen und Anschlüssen. Ist die Kraft- stoffanlage un- dicht ?

ja → Instandsetzen

Probefahrt mit Kraftstoff- verbrauchsmessung

nein → Fehler in der Motorgrund- einstellung suchen

Luftfilter kontrollieren

Zündzeitpunkt überprüfen

Zündkerzen überprüfen

Kompressions- druck messen

Geben Sie mindestens vier wichtige Prüfarbeiten an.

Kraftstoffdurchschnittsverbrauch

2. Berechnen Sie mit Hilfe nebenstehender Formel oder durch eine Dreisatzrechnung die fehlenden Tabellenwerte.

$$k_D = \frac{K \cdot 100}{s}$$

	a)	b)	c)	d)
Kraftstoffdurchschnitts- verbrauch k_D in l/100 km	15,8	10,6	12,2	11,7
gemessener Kraftstoff- verbrauch K in l	47,4	100,17	58,4	98,5
Fahrstrecke s in km	300	945	478,7	842

	e)	f)	g)	h)
Kraftstoffdurchschnitts- verbrauch k_D in l/100 km	9,5	13,43	12,81	11,2
gemessener Kraftstoff- verbrauch K in l	24,2	9,2	74,3	20,5
Fahrstrecke s in km	254,7	68,5	580	183

Fehler entdeckt und be- hoben ?

ja → Probefahrt mit Kraftstoff- verbrauchsmessung

nein → KE-Jetronic überprüfen

oder

Katalysator überprüfen

© Copyright: Verlag H. Stam GmbH · Köln

Arbeitsablaufplan: Fehlersuche bei erhöhtem Kraftstoffverbrauch
Berechnungen: Kraftstoffdurchschnittsverbrauch

Die als Schema dargestellte K-Jetronic ist ein mechanisch-hydraulisches Einspritzsystem, das antriebslos arbeitet (d.h. ohne Motor-antrieb) und kontinuierlich einspritzt. Die K-Jetronic stellt das mechanische Grundsystem für viele weiterentwickelte, heute übliche elektronische Einspritzanlagen dar.

1. Heben sie in dem dargestellten **Schema der K-Jetronic** den Kraftstoffverlauf während des allgemeinen Betriebszustandes und beim Kaltstart durch farbige Kennzeichnung der Leitungen hervor. Für die unterschiedlichen Drücke sind verschiedene Farben zu verwenden.
   - **Systemdruck** (4,8 bar): *rot*,
   - **Einspritzdruck** (3,3 bar): *grün*,
   - **Steuerdruck** (0,5 bar bis 3,7 bar): *gelb*.
   - **Druck in der Oberkammer des Differenzdruckventils** (4,7 bar): *blau*,
   - **Saug- und Rücklauf** (drucklos): *grau*,

   Hinweis: Steuerdruck beim Kaltstart und im Warmluftbereich: 0,5 bar,
   Steuerdruck bei betriebswarmem Motor: 3,7 bar.

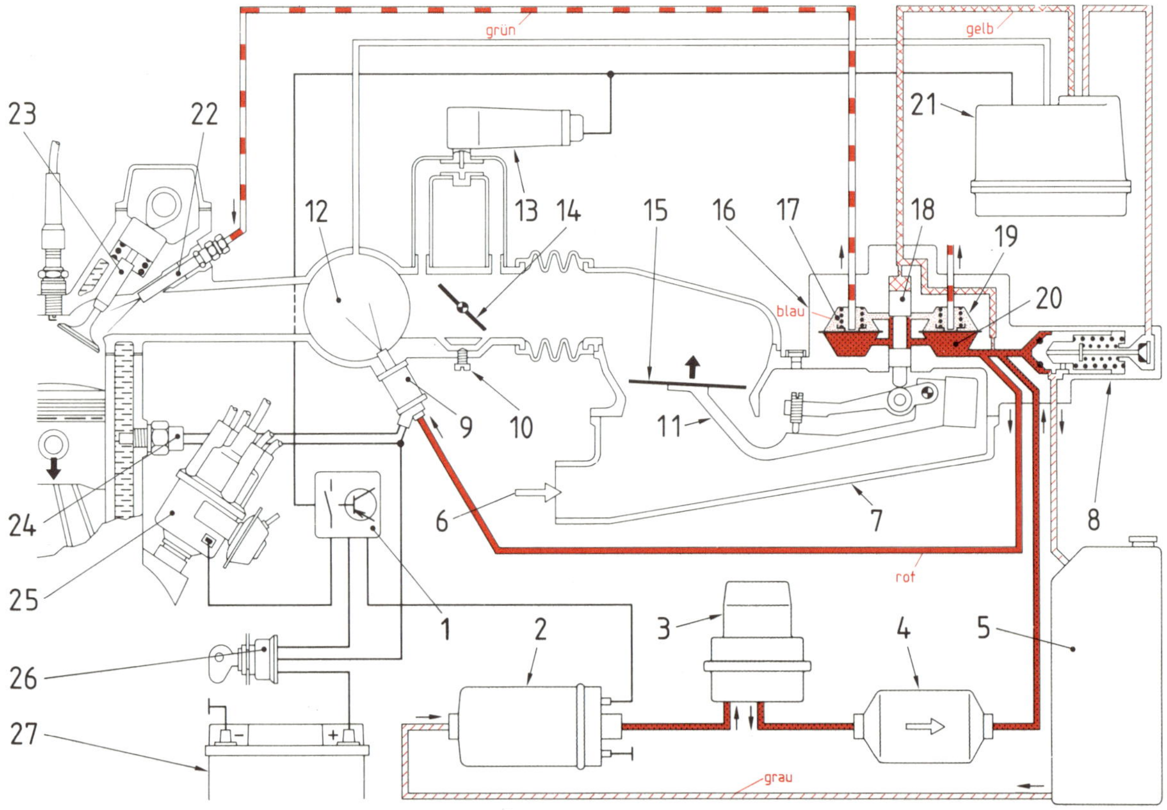

2. Tragen Sie die Bezeichnungen der gekennzeichneten Teile (1 bis 27) ein.

1	Steuerrelais		**15**	Stauscheibe
2	Elektrokraftstoffpumpe		**16**	Kraftstoffmengenteiler
3	Kraftstoffspeicher		**17**	Differenzdruckventil
4	Kraftstoffilter		**18**	Steuerkolben
5	Kraftstoffbehälter		**19**	Oberkammer
6	Ansaugluft		**20**	Unterkammer
7	Luftmengenmesser		**21**	Warmlaufregler (Steuerdruck)
8	Systemdruckregler		**22**	Einspritzventil
9	Kaltstartventil		**23**	Einlaßventil
10	Leerlaufeinstellschraube		**24**	Thermozeitschalter
11	Übertragungshebel (Stauscheibe)		**25**	Zündverteiler
12	Sammelsaugrohr		**26**	Zünd-Start-Schalter
13	Zusatzluftschieber		**27**	Batterie
14	Drosselklappe		**7+16**	Gemischregler

Schema der K-Jetronic

KE-Jetronic

Grundfunktion (wie K-Jetronic), elektronische Gemischanpassung durch Steuergerät und elektrohydraulischen Drucksteller

Teilebezeichnungen

1 Kraftstoffbehälter
2 Elektrokraftstoffpumpe
3 Kraftstoffspeicher
4 Kraftstoffilter
5 Systemdruckregler
6 Luftmengenmesser
6a Stauscheibe
6b Potentiometer
7 Kraftstoffmengenteiler
7a Steuerkolben
7b Steuerkante
7c Oberkammer
7d Unterkammer
8 Einspritzventil
9 Sammelsaugrohr
10 Kaltstartventil
11 Thermozeitschalter
12 Drosselklappe
13 Drosselklappenschalter
14 Zusatzluftschieber
15 Motortemperaturfühler
16 Elektronisches Steuergerät
17 Elektrohydraulischer Drucksteller
18 Lambda-Sonde
19 Zündverteiler
20 Steuerrelais
21 Zünd-Start-Schalter
22 Batterie

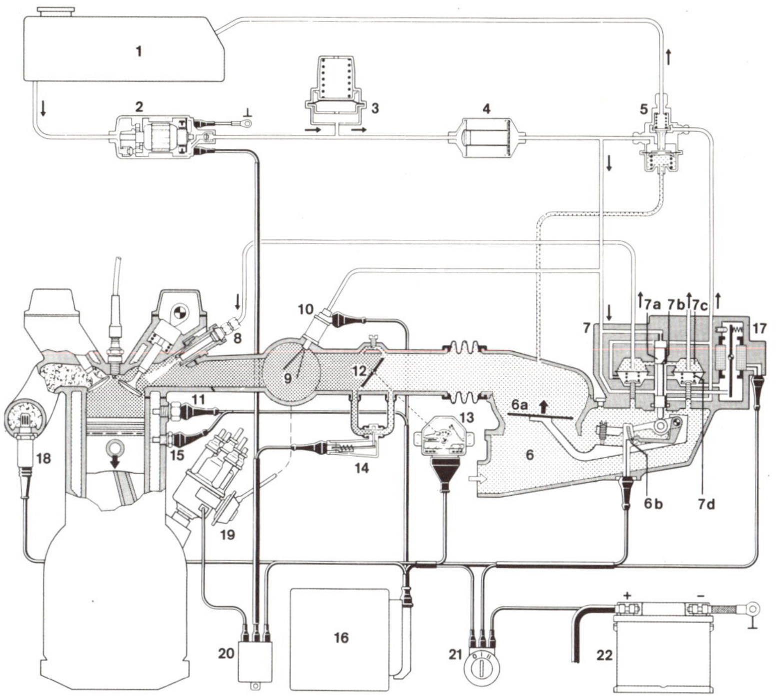

Vervollständigen Sie das vereinfachte Blockschaltbild durch die fehlenden Gerätebezeichnungen. Tragen Sie am Steuergerät die Sensoren zur Betriebsdatenerfassung ein. Heben Sie die Geräte für die Gemischanpassung als besonderes Kennzeichen der KE-Jetronic farbig hervor.

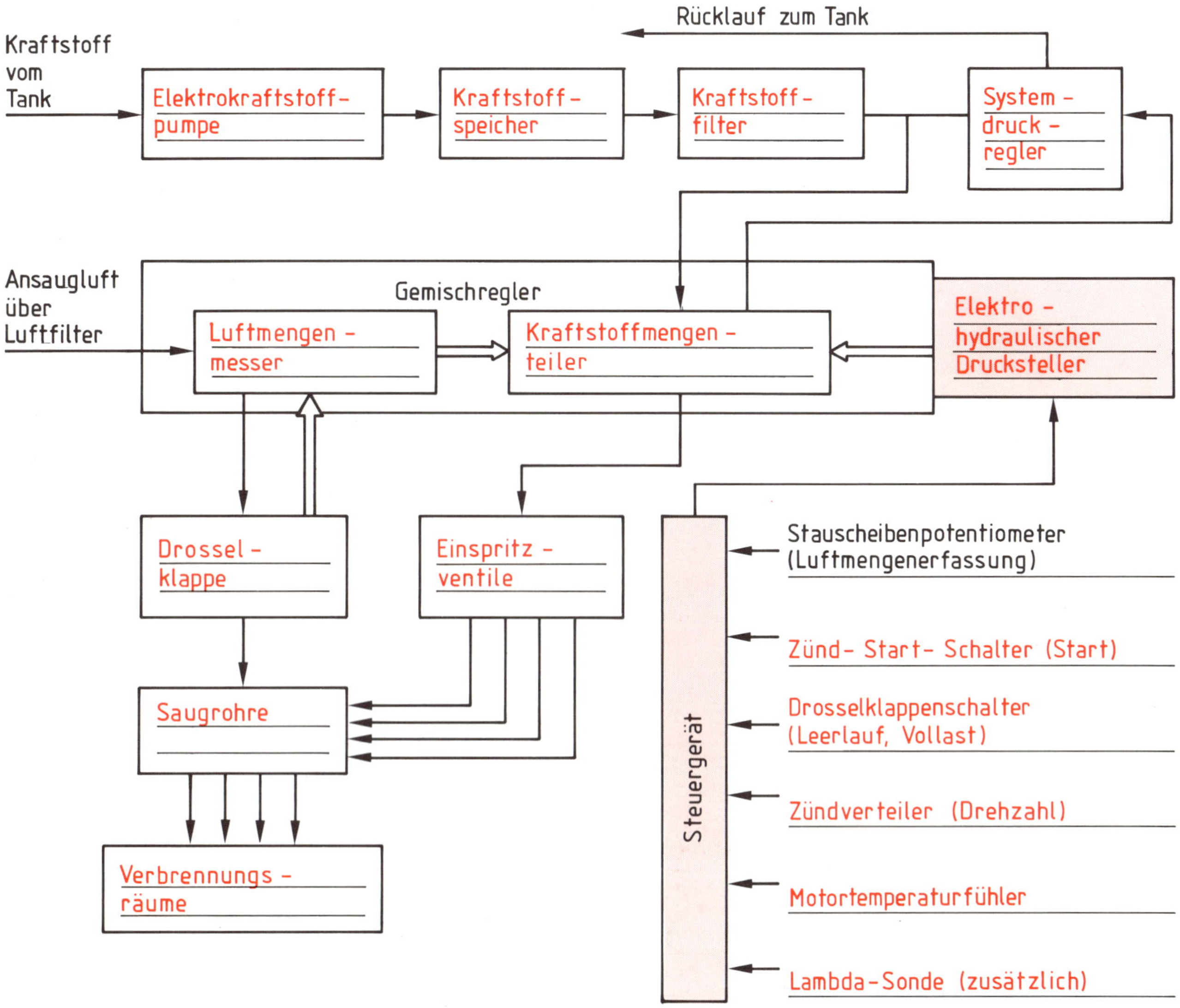

KE-Jetronic (mit Lambda-Sonde)

© Copyright: Verlag H. Stam GmbH · Köln

Die nebenstehende Darstellung zeigt einen Teil des Schaltplans einer KE-Jetronic-Einspritzanlage. Das Steuergerät ist nicht dargestellt. Die abgebildete **Schaltung im Ruhezustand** enthält folgende Aggregate:

S Zünd-Start-Schalter
Y1 Kaltstartventil
K1 Thermozeitschalter
K2 Steuerrelais
Y2 Elektrokraftstoffpumpe
Y3 Zusatzluftschieber

Zusatzfragen auf der folgenden Seite.

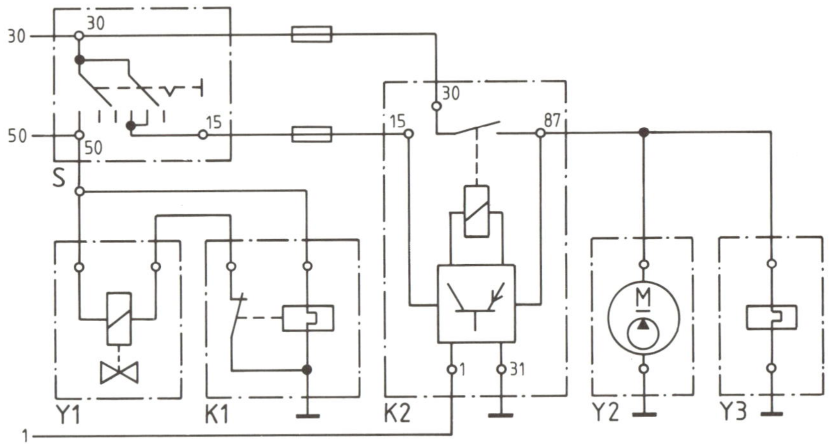

Starten bei kaltem Motor

1. Vervollständigen Sie alle Schalterstellungen nach Betätigung des Zünd-Start-Schalters.

2. Ziehen Sie die stromdurchflossenen Leitungen farbig nach.

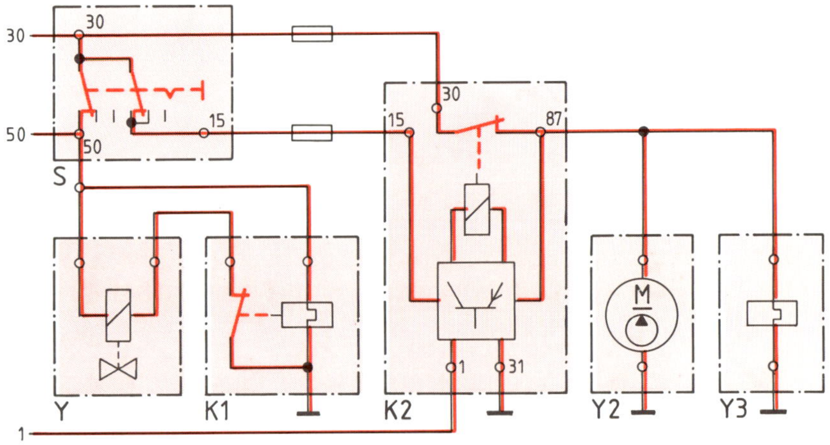

Betriebszustand

Der Motor läuft.

1. Vervollständigen Sie alle Schalterstellungen.

2. Ziehen Sie die stromdurchflossenen Leitungen farbig nach.

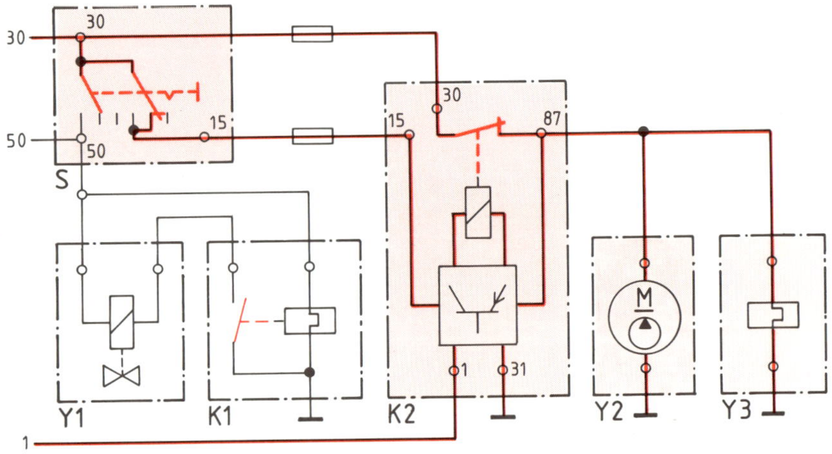

Störung

Trotz eingeschalteter Zündung läuft der Motor nicht, da von Klemme 1 der Zündspule keine Impulse kommen.

1. Vervollständigen Sie alle Schalterstellungen.

2. Ziehen Sie die stromdurchflossenen Leitungen farbig nach.

Elektrische Schaltungen der KE-Jetronic

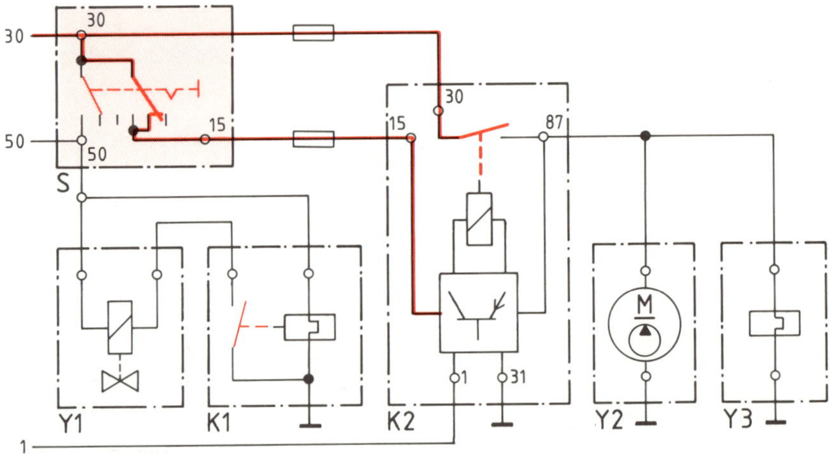

© Copyright: Verlag H. Stam GmbH · Köln

Informieren Sie sich mittels der elektrischen Schaltungen auf der vorgehenden Seite.

1. Über welche Klemme erhält das Kaltstartventil Spannung und tritt damit in Funktion? Durch das Betätigen des Zünd-Start-Schalters erhält das Kaltstartventil über Klemme 50 Spannung. Das Ventil wird elektromagnetisch betätigt. Die Erregung des Elektromagneten bewirkt, daß sich der Magnetanker vom Ventilsitz abhebt. Dadurch ist der Kraftstoffdurchfluß frei.

2. An welcher Stelle der Einspritzanlage befindet sich das Kaltstartventil? Das Kaltstartventil ist am Sammelsaugrohr eingebaut.

3. Welche Aufgabe hat das Kaltstartventil? Das Kaltstartventil bewirkt eine Kraftstoffanreicherung, da im Gemisch beim Kaltstart Kondensationsverluste des Kraftstoffanteils auftreten. Das Luftverhältnis λ ist vorübergehend < 1. Dadurch wird das Kraftstoff-Luft-Gemisch fetter.

4. Beschreiben Sie die Steuerungsfunktion des Thermozeitschalters. Der Thermozeitschalter wird beim Startvorgang über Klemme 50 angesteuert. Ein elektrisch beheizter Bimetallstreifen öffnet nach 8-15 Sekunden (bei entsprechender Erwärmung) einen Kontakt. Das angeschlossene Kaltstartventil hat dadurch keine Masseverbindung mehr und ist damit ausgeschaltet. Ein *Absaufen* des Motors wird dadurch verhindert. Bei einer Motortemperatur über + 35˚ (z.B. beim Warmstart) ist der Thermozeitschalter bereits so stark erwärmt, daß die Verbindung zum Kaltstartventil automatisch unterbrochen ist.

5. Wodurch wird das Steuerrelais automatisch ein- und ausgeschaltet? Durch Betätigen des Zünd-Start-Schalters erhält das Steuerrelais über Klemme 15 Spannung. Sobald der Motor läuft und dadurch Impulse über Klemme 1 zum Steuerrelais gelangen, schaltet sich das Steuerrelais ein. Die durch den Starter entstehende Motordrehzahl reicht bereits aus. Wenn die Impulse von der Zündspule über Klemme 1 ausbleiben, schaltet das Steuerrelais nach etwa 1 Sekunde selbsttätig ab. Diese Sicherheitsschaltung verhindert, daß die Elektrokraftstoffpumpe bei stehendem Motor und eingeschalteter Zündung noch Kraftstoff fördert.

6. Welche Aggregate werden durch das Steuerrelais eingeschaltet? Durch das Steuerrelais werden Elektrokraftstoffpumpe und Zusatzluftschieber eingeschaltet.

7. Welche Funktion erfüllt der Zusatzluftschieber? Ein elektrisch beheiztes Bimetall steuert im Zusatzluftschieber den Querschnitt einer Umgehungsleitung bei der Droselklappe. Die hier durchströmende zusätzliche Luft wird bei der Luft-mengenmessung berücksichtigt. Dem Motor wird dann mehr Kraftstoff zugeteilt. Bei betriebswarmem Motor arbeitet der Zusatzluftschieber nicht.

Fragen zur KE-Jetronic

Ein Kunde beanstandet, daß bei seinem Fahrzeug der Motor schlecht anspringt. Der Motorlauf ist unruhig.

Geben Sie tabellarisch sechs mögliche Ursachen und Abhilfen an. Der Motor hat eine L-Jetronic.

Mögliche Ursachen	Abhilfen
CO-Emissionen zu hoch oder zu niedrig	Co-Gehalt der Abgase überprüfen, evtl. durch Neueinstellung korrigieren.
Zusatzluftschieber defekt	Überprüfen, gegebenfalls erneuern.
Thermozeitschalter defekt	Überprüfen, ggf. erneuern.
Kaltstartventil defekt	Überprüfen, ggf. erneuern.
Motortemperaturfühler defekt	Überprüfen, ggf. erneuern.
Kraftstoffdruck des Einspritzventils zu hoch oder zu niedrig	Überprüfen, bei Abweichung richtig einstellen.

Die Überprüfung ergibt: Wahrscheinlich ist der Motortemperaturfühler defekt.

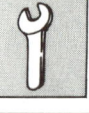

Erstellen Sie einen Arbeitsablaufplan zum Auswechseln des Motortemperaturfühlers.

1. Kühlmittel teilweise ablassen (auffangen).
2. Stecker des Motortemperaturfühlers abziehen.
3. Motortemperaturfühler herausschrauben.
4. Überprüfen durch Widerstandsmessungen, jeweils heiß und kalt nach Herstellerangaben (mit einem Ohmmeter den Widerstand zwischen den Kontaktzungen messen).
5. Falls die Meßwerte nicht den Herstellerangaben entsprechen, muß der Motortemperaturfühler erneuert werden.
6. Neuen Temperaturfühler mit neuer Dichtung einschrauben, mit Drehmoment-schlüssel nach Herstellerangaben anziehen.
7. Stecker aufsetzen.
8. Kühlmittel auffüllen, evtl. Kühlsystem entlüften.
9. Motor betriebswarm fahren.
10. Sichtprüfung auf Dichtheit, notfalls nachziehen.

1. Beschreiben Sie in kurzen Sätzen.
   a) Aufgabe des Motortemperaturfühlers: Messen der Motortemperatur und Weitergabe als elektrisches Signal an das Steuergerät. Bei wassergekühlten Motoren ist der Temperaturfühler im Kühlmittelkreislauf eingebaut. Bei luftgekühlten Motoren sitzt er im Zylinderkopf.

   b) Arbeitsweise des Motortemperaturfühlers: Der Motortemperaturfühler ist ein NTC-Widerstand aus Halbleitermaterial. Bei steigender Temperatur verringert der NTC-Widerstand seinen elektrischen Widerstand. NTC bedeutet „Negativer Temperatur-Coeffizent".

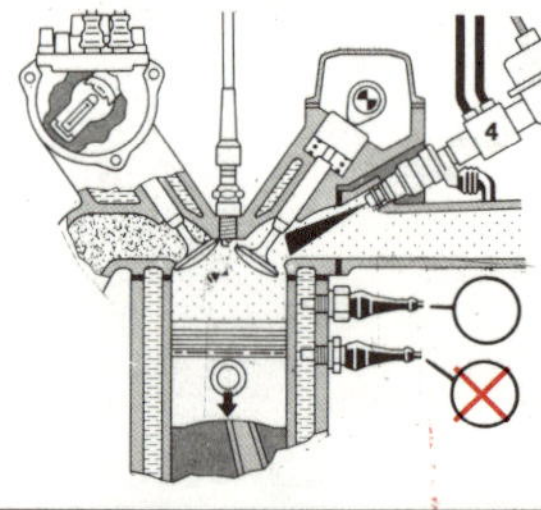

2. Kreuzen Sie in der Prinzipskizze die Lage des Motortemperaturfühlers an.
3. Wie heißt in der Skizze der andere Fühler? Welche Aufgabe hat er?

Thermozeitschalter. Er bestimmt die Einschaltdauer des Kaltstartventils.

Motor springt schlecht an und unrunder Motorlauf
Arbeitsablaufplan: Auswechseln des Motortemperaturfühlers

Eine Weiterentwicklung elektronischer Einspritzsysteme erfolgte durch die Verknüpfung des Zündsystems und des Benzineinspritzsystems zum **Gesamtsystem Motronic**. Teilsystem Zündung und Teilsystem Einspritzung werden durch ein **Steuergerät** elektronisch geregelt. Die erforderliche Signalverarbeitung erfolgt digital durch einen **Microcomputer**. Eine Systemerweiterung auf weitere Steuer- und Regelfunktionen ist grundsätzlich möglich. Die erweiterten Funktionen sind entweder in das Steuergerät integriert oder über Schnittstellen mit der Motronic verbunden:

- Klopfregelung,
- Regelung der Leerlaufdrehzahl,
- Tankentlüftung,
- Nockenwellensteuerung,
- Abgasrückführung.

Die Erweiterung erstreckt sich auch auf Funktionen, die nur einen begrenzten Datenaustausch benötigen, z.B.:

- Getriebesteuerung,
- Motorleistungssteuerung,
- Antriebsschlupfregelung (ASR).

Microcomputergesteuerte Systeme, wie das Gesamtsystem Motronic, sind in der Lage, für das Steuergerät und bis zu einem gewissen Grad auch für das Gesamtsystem eine *Eigendiagnose* zu erstellen. Dieser Diagnoseteil gehört immer mehr zum festen Bestandteil des Gesamtsystems. Mit Hilfe einer *Variantencodierung* können im Steuergerät verschiedene fahrzeugspezifische Daten abgerufen werden. Der Gesamtumfang aller Funktionen kann als *Motor-Management-System* bezeichnet werden.

Aufgaben:

In der schematischen Übersicht des Motronic-Systems sind Bauteile und Baugruppen bildlich dargestellt.

1. Ergänzen Sie in der Zusammenstellung die fehlenden Benennungen.

1	Kraftstoff-behälter	9	Zündkerze	18	Klopfsensor
2	Elektrokraftstoff-pumpe	10	Einspritzventil	19	Leerlaufdrehsteller
		11	Kraftstoffverteiler	20	Geberrad
3	Kraftstoffilter	12	Druckregler	21	Drehzahl- und Bezugs-markengeber
4	Tankentlüftungs-ventil	13	Drosselklappenschalter		
		14	Luftmengenmesser	22	Batterie
5	Aktivkohlefilter	15	Ansauglufttemperatur-fühler	23	Zünd-Start-Schalter
6	Steuergerät			24	Hauptrelais
7	Zündspule	16	Lambda-Sonde	25	Pumpenrelais
8	Hochspannungsverteiler	17	Motortemperatur-fühler	26	Saugrohr

2. Kennzeichnen Sie im folgenden Schema farbig:

- Atmosphärischer Druck (blau)
- Druck im Saugrohr und im Zylinderraum (grün)
- Abgase (braun oder grau)
- Kraftstoff, einschließlich Zuleitung (rot)
- Kraftstoffrückleitung (schwach rot)

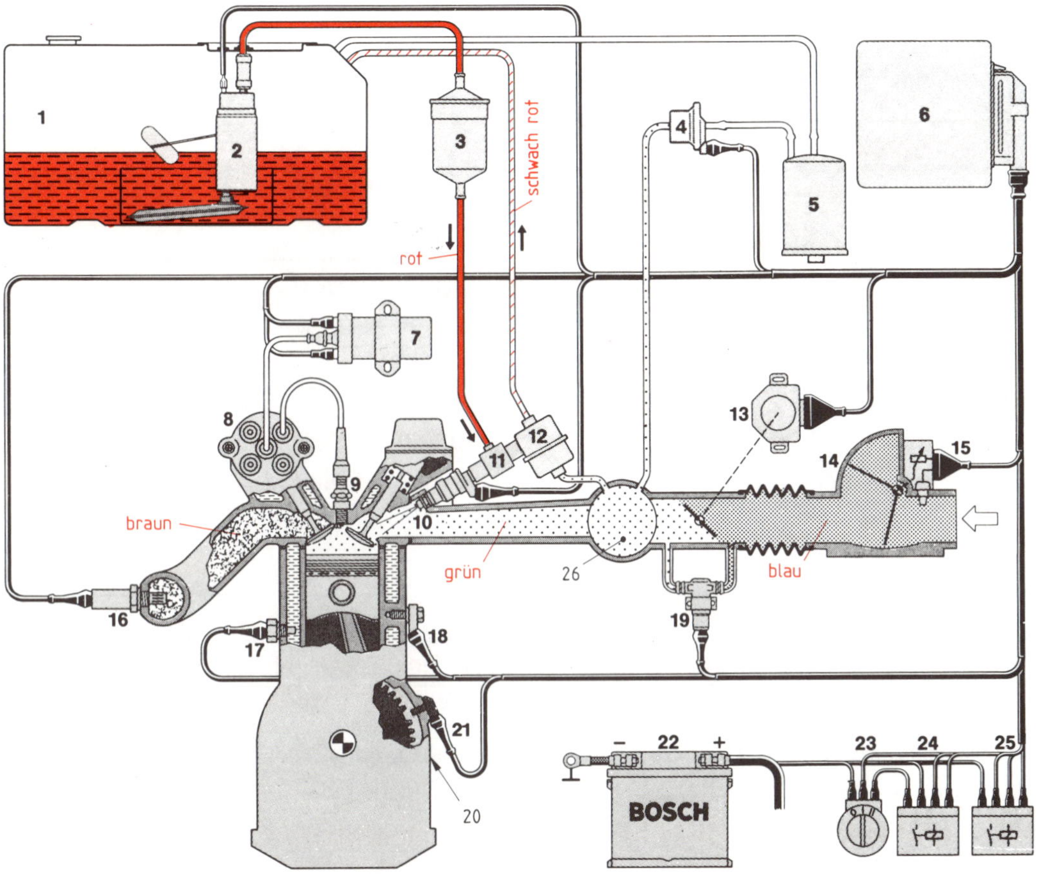

Motronic-System

© Copyright: Verlag H. Stam GmbH · Köln

46

1. Beschreiben Sie kurz die Aufgaben der Bauteile:

   a) Lambda-Sonde: Die Lambda-Sonde mißt den Restsauerstoff im Abgas. Bei einer Abweichung vom festgelegten Wert ergibt sich ein Spannungssprung. Diese Sondenspannung ist ein Maß für die Korrektur der Gemischbildung.

   b) Druckregler: Der Druckregler hält die Druckdifferenz zwischen Kraftstoff- und Saugrohrdruck konstant. Bei Drucküberschreitung gibt der membrangesteuerte Druckregler für den überschüssigen Kraftstoff eine Rücklaufleitung frei.

   c) Klopfsensor: Der Klopfsensor wandelt die bei klopfender Verbrennung auftretenden Schwingungen in elektrische Signale um. In Zusammenhang mit auftretenden Meßgrößen wird daraufhin der Zündwinkel sofort auf „spät" verstellt.

   d) Drosselklappenschalter: Der Drosselklappenschalter wird durch die Drosselklappenwelle betätigt. In den Endstellungen „Leerlauf" und „Vollast" werden Kontakte geschlossen. Mit der als elektrisches Signal übermittelten Drosselklappenstellung steht dem Steuergerät eine weitere Korrekturgröße für Zündung und Einspritzung zur Verfügung.

2. Die Motronic hat anstelle einer mechanischen Fliehkraft- oder Unterdruckstellung im Zündverteiler eine elektronische Zündungssteuerung, die von der Zündcharakteristik des gespeicherten Zündkennfeldes abhängt. Der jeweils richtige Zündzeitpunkt bzw. Zündwinkel wird vom Microcomputer ermittelt. Geben sie mindestens fünf Einflußgrößen an, von denen der Zündwinkel abhängt.

   Klopfgrenze, Motordrehzahl, Belastungszustand (Leerlauf, Teillast, Vollast, Schiebebetrieb), Ansaugtemperatur, Motortemperatur, Drosselklappenstellung, Kraftstoffqualität, Beschleunigungsanreicherung, Kalt- und Warmstart.

3. Nennen sie mindestens drei Vorteile der Motronic gegenüber Ottomotoren mit Vergaser oder mit einfacher Einspritzung.

   Kraftstoffeinsparung über den gesamten Drehzahlbereich durch ständige Anpassung des Zündwinkels an alle Betriebszustände des Motors, Einhaltung der vorgeschriebenen Abgaswerte, weitgehend wartungsfrei, erhöhte Laufruhe, erhöhte Leistung.

4. Eine Abgasrückführung wird im Leerlauf, in der Warmlaufphase und bei Vollastbetrieb in der Regel abgeschaltet. Was kann durch eine mindestens teilweise Abgasrückführung erreicht werden?

   Stickoxidemissionen (NO_x-Emissionen) können bis zu 60 % vermindert werden.

5. Wie unterscheiden sich Bezugsmarkengeber und Drehzahlgeber? Beide Geber können in einem Bauteil vereint sein. Der Bezugsmarkengeber liefert dem Steuergerät von einer umlaufenden Bezugsmarke induktive Impulse zur Messung der Kurbelwinkelstellung. Der Drehzahlgeber liefert induktive Impulse zur Erfassung der Motordrehzahl (Hauptsteuergröße). Beide Impulse werden im Steuergerät durch einen Impulsumformer für den Mikrocomputer aufbereitet. Dieser ermittelt durch Vergleichen mit den entsprechenden Kennfeldern den jeweils richtigen Zündwinkel in bezug auf die erfaßte Drehzahl.

6. Welche Unfallverhütungsmaßnahmen sind bei Reparaturarbeiten an der Motronic anzuwenden? Die Zündung muß abgeschaltet werden, wenn Sie für Messungen nicht benötigt wird. Nach Möglichkeit sollte die Batterie zusätzlich abgeklemmt werden.

7. Welche Vorsichtsempfehlungen sind bei Reparaturarbeiten zu beachten, um Schäden an der Motronic bzw. an der Elektronik zu verhindern?

   Es muß peinlichst sauber gearbeitet werden. Der Monteur sollte ein Masseband am Handgelenk tragen, um Überschläge von Reibungselektrizität zu verhindern.

Fragen zur Motronic

Informationsunterlage: Motronic-System auf Seite 46.

1. Nennen Sie die zwei Teilsysteme der Motronic. Zündung und Einspritzung.

2. Wodurch werden die beiden Teilsysteme gesteuert? Durch ein gemeinsames elektronisches Steuergerät mit digital arbeitendem Microcomputer.

3. Von welchen zwei Hauptmeßgrößen (Grundmeßgrößen) ist die Einspritzung abhängig? Von der angesaugten Luftmenge und von der augenblicklichen Motordrehzahl.

4. Welche drei Korrekturgrößen werden vom Steuergerät bei der Berechnung der Einspritzzeit berücksichtigt?

   a) Drosselklappenstellungen für den Lastbereich Leerlauf und Vollast,
   b) Motortemperatur,   c) Ansauglufttemperatur.

5. Durch welches Ausgangssignal wird die Einspritzung gesteuert? Einspritzende.

6. Nennen Sie zwei zusätzliche, mögliche Sensoren, die durch Abstimmung mit programmierten Kennfeldern für eine Feinabstimmung eingesetzt werden können. Lambda-Sonde, Klopfsensor.

7. Welche Teile der Motronic kann man dem System Kraftstoffversorgung zurechnen? Kraftstoffbehälter, Elektrokraftstoffpumpe, Kraftstoffilter, Druckregler, Saugrohr, Einspritzventile.

8. Vervollständigen Sie das folgende Systembild des Teilsystems Einspritzung durch Beschriftung der Felder und ergänzen Sie die Signallinien. Stellen Sie die Umrandungen der Felder und die zugehörenden Signallinien farbig dar.

   – **Hauptmeßgrößen:** rot,   – **Feinkorrekturgrößen:** schwarz,   – **Kraftstoffversorgung:** grün,
   – **Korrekturgrößen:** blau,   – **Ausgangssignallinien:** braun,   – **Bordnetzspannung:** grau.

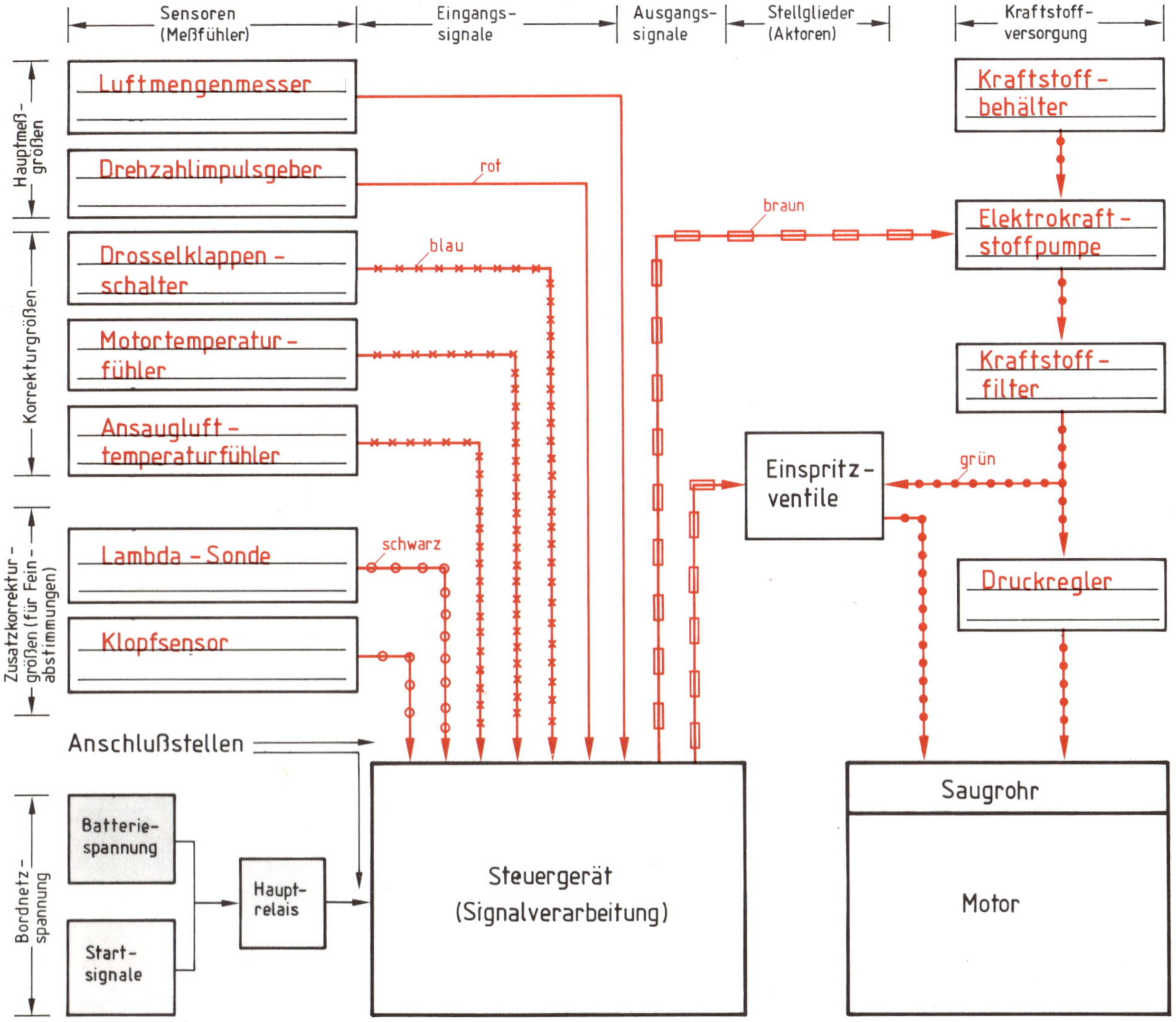

© Copyright: Verlag H. Stam GmbH · Köln

Motronic: Systembild des Teilsystems Einspritzung

Ein Kunde kommt mit seinem Pkw in die Werkstatt, um den Motor überprüfen zu lassen. Nach seiner Meinung läuft der Motor unruhig und „stottert" bei bestimmten Betriebszuständen. In der Werkstatt wird entschieden, daß die kontaktgesteuerte Spulenzündanlage (SZ) überprüft werden soll. Eine erste Prüfung ergibt: Schließwinkel und Zündzeitpunkt stimmen.

1. Vervollständigen Sie den Fehlersuchplan für eine Zündanlage als Arbeitsablaufplan.
   Vergleichen Sie im Info-Band: Programmablaufplan.

2. In dem zusätzlich abgebildeten Ausschnitt einer SZ-Anlage in aufgelöster Darstellung sind die fehlenden Leitungen und Klemmenbezeichnungen zu ergänzen. Verwenden Sie für den Niederspannungsteil schmale rote Linien und für den Hochspannungsteil breite rote Linien.

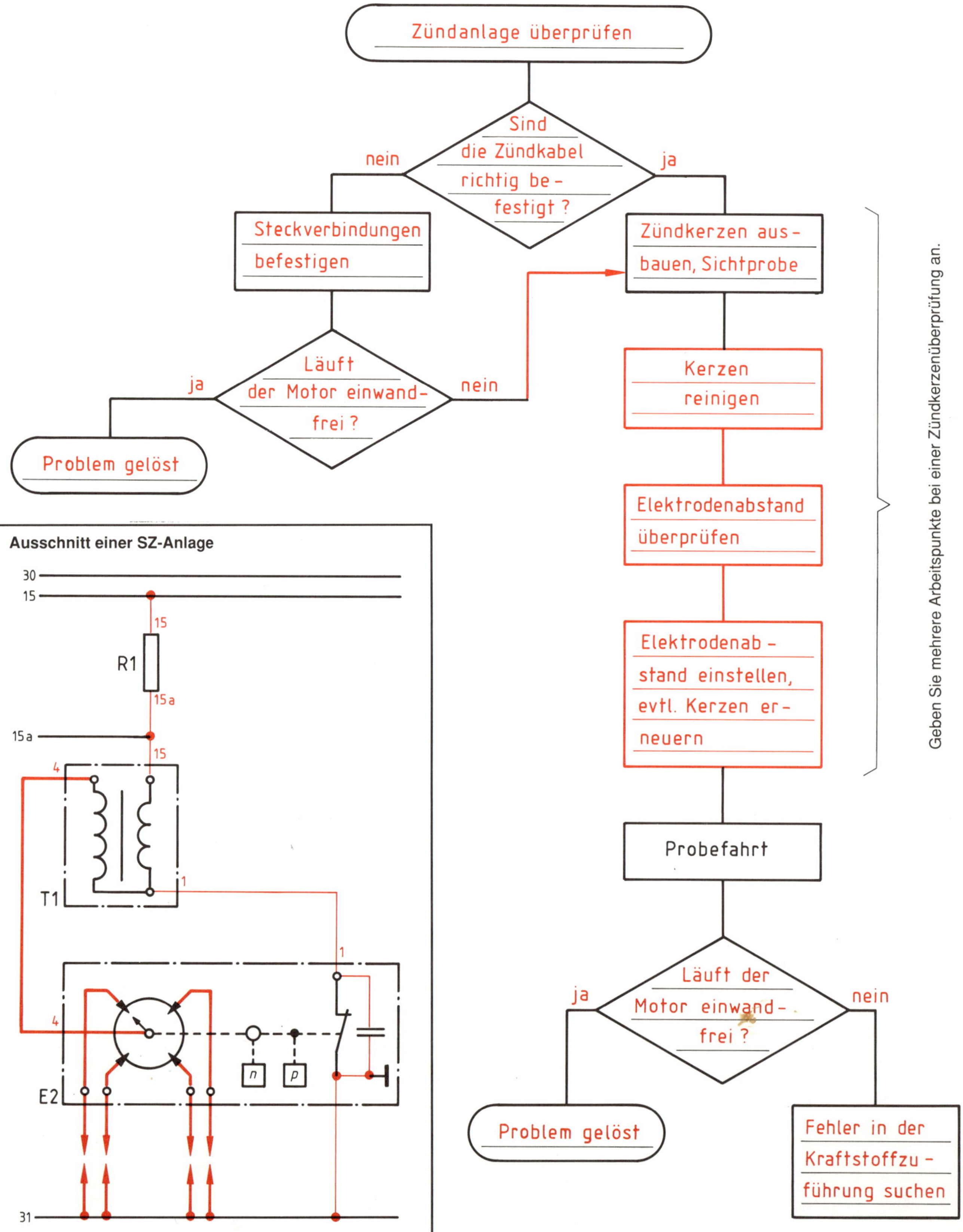

© Copyright: Verlag H. Stam GmbH · Köln

Arbeitsablaufplan: Zündaussetzer
Schaltplan: Ausschnitt einer SZ-Anlage

49

1. Was bedeuten im Schaltplanausschnitt auf der Vorderseite (S. 49) folgende Bezeichnungen?

   a) E1 bedeutet: Zündverteiler.   **b)** T1 bedeutet: Zündspule.   **c)** R1 bedeutet: Vorwiderstand.

2. Erläutern Sie folgende Klemmenbezeichnungen:

   a) Klemme 30:   Eingangsklemme, Strom kommt direkt von Batterie-Plus.

   b) Klemme 31:   Ausgangsklemme, Rückleitung an Masse (Batterie-Minus).

   c) Klemme 15:   Wird als geschaltetes Plus bezeichnet, Ausgangsklemme am Zündschalter, Eingangsklemme an der Zündspule.

   d) Klemme 15a: Klemme am Ausgang des Vorwiderstands, Ausgangsklemme am Startermotor (Überbrückung bzw. Umgehung des Vorwiderstands).

3. Wie nennt man die direkte Verbindung der Primär- und Sekundärwicklung in der Zündspule?   Sparschaltung.

4. Womit ist Klemme 1 am Ausgang der Zündspule verbunden?   Mit dem Unterbrecher am Verteiler.

5. Beschreiben Sie den Stromfluß im Primärstromkreis (Ausgang: Batterie-Plus):   Batterie-Pluspol, Zündschalter, Vorwiderstand, Primärwicklung (Zündspule) mit Eingangsklemme 15 und Ausgangsklemme 1, Unterbrecher, Masse, Batterie-Minuspol.

6. Geben sie den Stromfluß im Sekundärstromkreis an: Sekundärwicklung (Zündspule) mit Ausgangsklemme 4, Verteiler (Läuferelektrode) mit Eingangsklemme 4, Zündkerzen, Masse, Batterie-Minuspol.

7. Erklären Sie die Bedeutung folgender Symbole im Schaltbild des Zündverteilers:

   a) $\boxed{n}$:   drehzahlabhängig, Drehzahl als Einflußgröße,

   b) $\boxed{p}$:   druckabhängig, Unterdruck als Einflußgröße.

8. Welche Aufgabe hat der Unterbrecher?   Beim geschlossenen Unterbrecher baut sich in der Primärwicklung der Zündspule das Magnetfeld auf. Beim Öffnen des Unterbrecherkontaktes bricht das Magnetfeld zusammen. Durch das Zusammenbrechen des Magnetfeldes wird in der Sekundärwicklung eine hohe Spannung induziert.

9. Beschreiben Sie die Wirkungsweise des Kondensators: Beim Öffnen der Unterbrecherkontakte lädt sich der Kondensator auf. Er nimmt den in der Primärwicklung entstandenen Induktionsstrom auf und speichert diese elektrische Energie. Der Primärstrom wird dadurch schneller unterbrochen und das Ansteigen der Sekundärspannung beschleunigt. Die Funkenbildung an den Unterbrecherkontakten wird unterdrückt, ein Kontaktbrand weitgehend verhindert.

10. Wodurch entsteht in der Sekundärwicklung eine Induktionsspannung?   Durch das Zusammenbrechen des Magnetfeldes beim Öffnen des Unterbrechers schneiden die magnetischen Feldlinien die Windungen der Spulen und erzeugen dadurch eine Induktionsspannung. Die 70 bis 100mal höhere Windungszahl der Sekundärwicklung ergibt die induktive Zündspannung. Die Zündspule wirkt als Transformator.

11. Wie hoch ist etwa die Induktionsspannung bzw. Zündspannung?   20 000 V bis 30 000 V.

12. Warum wird bei einer Hochleistungszündspule ein Ohmscher Widerstand vorgeschaltet?   Hochleistungszündspulen werden durch starke Erwärmung übermäßig stark belastet. Deshalb verwendet man für die Primärwicklung einen dickeren Kupferdraht. Dadurch wird jedoch der Gesamtwiderstand kleiner. Damit die Strombegrenzung (Ruhestrom) von 3A bis 4A nicht überschritten wird, muß ein zusätzlicher Widerstand von 1Ω bis 2Ω vorgeschaltet werden. In diesem Vorwiderstand entsteht ebenfalls Stromwärme, die aber leichter abgeführt werden kann.

© Copyright: Verlag H. Stam GmbH · Köln

Fragen zum Zündvorgang (SZ-Anlage)

1. Vervollständigen Sie die vereinfachten Stromlaufpläne der beiden Transistorzündungen durch die fehlenden Leitungen. Unterscheiden Sie durch verschiedene Farben.
   - **Primärstrom**: *rot (schmal)*   **Steuerstrom**: *grün*
   - **Sekundärstrom**: *rot (breit)*   **Spannungssignal** (Hall-Spannung): *blau*

   Berücksichtigen Sie bei den Zündverteilern die übungshalber angegebenen, unterschiedlichen Zündfolgen.

2. Tragen Sie fehlende Klemmenbezeichnungen ein.

TZ-i   **Zündfolge:**   1   3   4   2

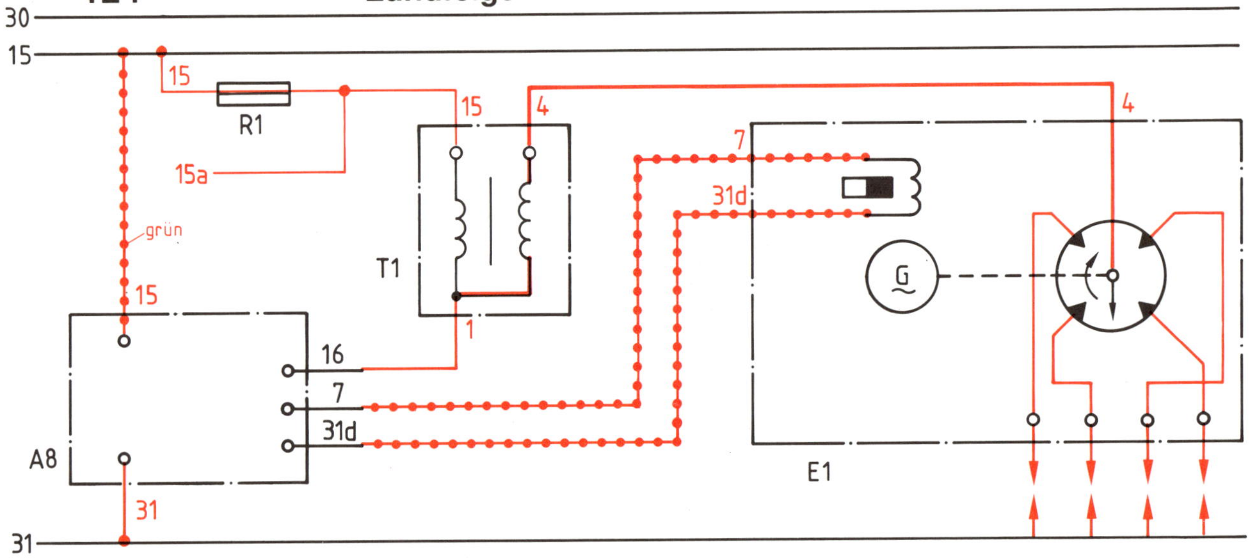

TZ-h   **Zündfolge:**   1   4   3   2

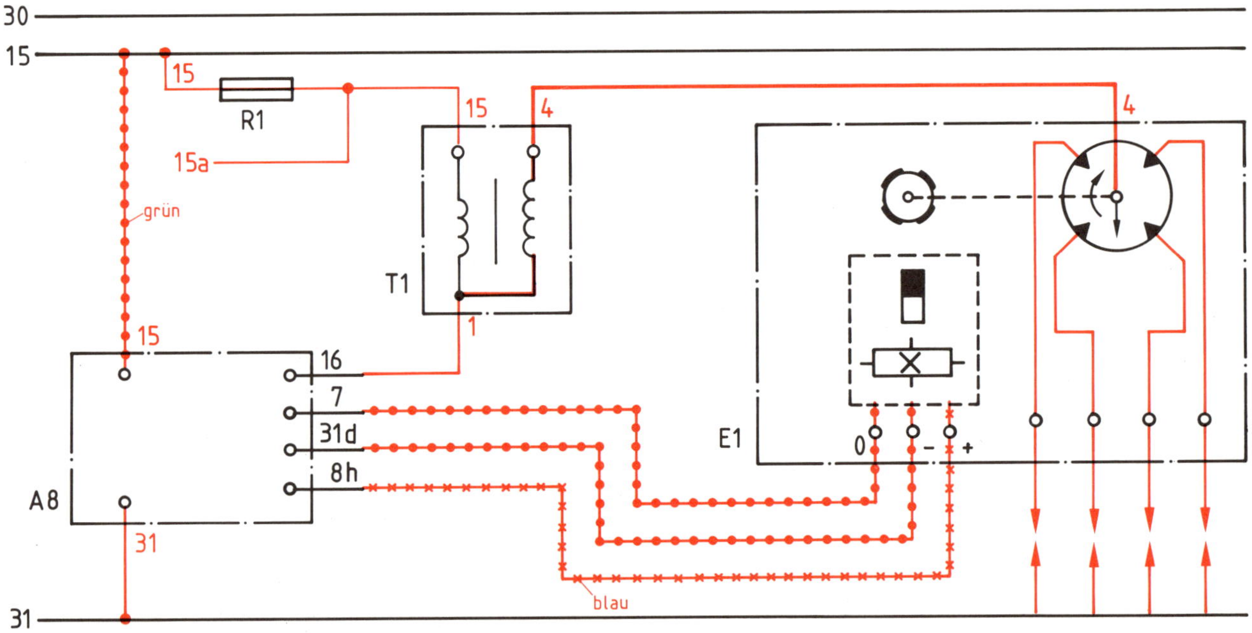

3. Benennen Sie die Betriebsmittelkennzeichnungen.
   Vergleichen sie Info-Band: Betriebsmittelkennzeichnung und Stromlaufplan (Pkw).

   A 8 Steuergerät (Schaltgerät)   **R 1** Vorwiderstand
   E 1 Zündverteiler (in der TZ-i oder TZ-h)   **T 1** Zündspule

4. Welche Bedeutung hat die großflächige Strich-Punkt-Umrahmung bei beiden Zündverteilern? Alle Aggregate
   sind zu einem Gesamt-Aggregat zusammengefaßt. Die Bauteile der Zündimpulsgeber
   (bei TZ-i und TZ-h) sind im Verteiler eingebaut.

5. Woran erkennt man äußerlich an der Zündanlage, ob es sich um eine TZ-i oder TZ-h handelt?
   TZ-i: zwei Leitungen vom Verteiler zum Steuergerät.
   TZ-h: drei Leitungen vom Verteiler zum Steuergerät.

Transistor-Zündanlagen: TZ-i und TZ-h

© Copyright: Verlag H. Stam GmbH · Köln

Ausgehend von der konventionellen Spulenzündung ermöglicht die technischen Entwicklung vor allem im Bereich der Elektronik, daß neue Ottomotoren heute mit einer elektronischen Zündung ausgerüstet werden. Die wichtigsten Zündsysteme können nach folgender Übersicht geordnet werden:

Übersicht über Zündsysteme

Bezeichnung	Unterscheidungsmerkmal	Hinweis
Konventionelle Spulenzündanlage **SZ**	nockenbetätigter Unterbrecher und Zündkondensator	veraltet (nur noch bei Gebrauchtfahrzeugen)
Transistor-Spulenzündanlage ● Transistorisierte Spulenzündanlage **TSZ** ● Transistor-Zündanlage **TZ**	Zündschaltgerät	
Im einzelnen werden unterschieden: a) Kontaktgesteuerte Transistorisierte Spulenzündanlage **TSZ-k**	nockenbetätigter Unterbrecher steuert den Transistor, geringer Steuerstrom erfordert keinen Zündkondensator	weitgehend überholt
b) Kontaktlos gesteuerte Transistorisierte Spulenzündanlage **TSZ** ● Transistorisierte SZ mit Induktionsgeber TSZ-i und ● Transistorisierte SZ mit Hallgeber TSZ-h	Zündimpulsgeber (zwei Arten gebräuchlich)	ältere Bauart, wird nur noch selten angewendet
c) Kontaktlos gesteuerte Transistor-Zündanlage in Hybridtechnik **TZ** Übliche Ausführung als ● Transistorzündung mit Induktionsgeber **TZ-i** und ● Transistorzündung mit Hallgeber **TZ-h**	Impulse zur Steuerung des Steuergerätes erfolgen durch Zündimpulsgeber (im Zündverteiler). Primärstrombegrenzung und Schließwinkelregelung, fast immer ist dann das Steuergerät in Hybridtechnik (Dickfilmtechnik) aufgebaut, Zusammenfassung von integrierten Schaltkreisen (IC) und Mikroprozessoren zu einer untrennbaren Baueinheit.	häufigste Bauart
Hochspannungs-Kondensator-Zündung **HKZ** ● kontaktgesteuert und ● kontaktlos gesteuert mit induktivem Impulsgeber im Zündverteiler	Thyristorzündung mit Speicherkondensator und Zündtransformator	für hochdrehende und leistungsstarke Sport- und Rennmotoren entwickelt
Elektronische Zündung **EZ**	Steuergerät mit Mikrocomputer und Zündkennfeld berechnet Zündzeitpunkt, Hochspannungsverteiler. Mechanische Zündzeitpunktverstellung in einem Zündverteiler entfällt.	Grundausführung des Motronic-Systems
Vollelektronische Zündung **VZ**	keine rotierende Hochspannungsverteilung durch einen Zündverteiler, dafür Zweifunken-Zündspulen (evtl. Einzelfunken- und Vierfunken-Zündspulen). Zündzeitpunkt wird durch Mikrocomputer und Kennfeld gesteuert	Weiterentwicklung der EZ

Vorsichtsmaßnahmen bei Arbeiten an elektronischen Anlagen

1. Warum wird bei Arbeiten an elektronischen Zündanlagen immer wieder zur Vorsicht ermahnt? Elektronische Zündanlagen haben gegenüber herkömmlichen Spulenzündungen höhere Zündleistungen mit lebensgefährlichen Hochspannungen bis 35 kV.

2. Gibt es bei elektronischen Zündanlagen Bereiche, die zu einem besonderen Gefahrenbereich gehören?

   Der Gefahrenbereich erstreckt sich auf die gesamte Anlage, d.h. primärseitig und sekundärseitig. Dazu gehören z.B. bei Mess- und Prüfarbeiten auch die Anschlüsse der Testgeräte wie Diagnosestecker, Schließwinkel-Drehzahltester, Zündlichtpistole usw.

3. Welche Vorsichtsmaßnahmen sind grundsätzlich durchzuführen, um Unfallgefahren zu vermeiden und um die Anlage vor Beschädigung zu schützen?

   Die Zündung ist in jedem Fall abzuschalten oder die Spannungsquelle (Batterie) ist abzuklemmen.

4. Was ist beim Abklemmen der Batterie zu beachten? Nicht bei laufendem Motor abklemmen.

5. Warum darf an Klemme 1 (Zündspule) keine Batteriespannung angelegt und kein Entstörkondensator angeschlossen werden?

   Klemme 1 ist negativ gepolt.

Zündsysteme von Ottomotoren (Pkw)

© Copyright: Verlag H. Stam GmbH · Köln

1. Zeichnen sie in den vereinfachten Stromlaufplan der Zündanlage die fehlenden Strompfade ein. Vergleichen Sie zur Lösung dieser Aufgabe die Seite 51 und die Vorgabe im Info-Band: Teilschaltpläne für Pkw. Kennzeichnen Sie die Pfade farbig:
   - **Oktansteller**: *gelb*
   - **Kontrolleuchte**: *gelb*
   - **Unterdruckgeber**: *grün*
   - **Temperaturgeber** (Motoröl): *braun*
   - **Spannungssignal** (Klemmen 8h, +): *blau*
   - **übrige Stromwege**: *schwarz*
   - **Primärstrom**: *rot (schmal)*
   - **Sekundärstrom**: *rot (breit)*

2. Tragen Sie in den Stromlaufplan folgende Klemmenbezeichnungen ein: 1, 4, 7, 8h, 15, und 16.
   Hinweis: Die Klemmenbezeichnungen an Steuergeräten werden häufig mit laufender Numerierung angegeben (herstellerbedingt).

3. Stellen Sie die im Stromlaufplan angegebenen Betriebsmittel mit ihren Benennungen zusammen.
   Hinweis: In Stromlaufplänen von Serien-Pkw entsprechen die eingesetzten Buchstaben zur Betriebsmittelkennzeichnung nicht immer der Norm.

Betriebsmittel

E1 Zündverteiler mit Hallgeber-System	K 84 Steuergerät (Zündanlage)	T1 Zündspule
		X13 Diagnosestecker
H30 Kontrolleuchte	P23 Unterdruckgeber	X15 Oktansteller
K20 Zündungsmodul	P24 Temperaturgeber	

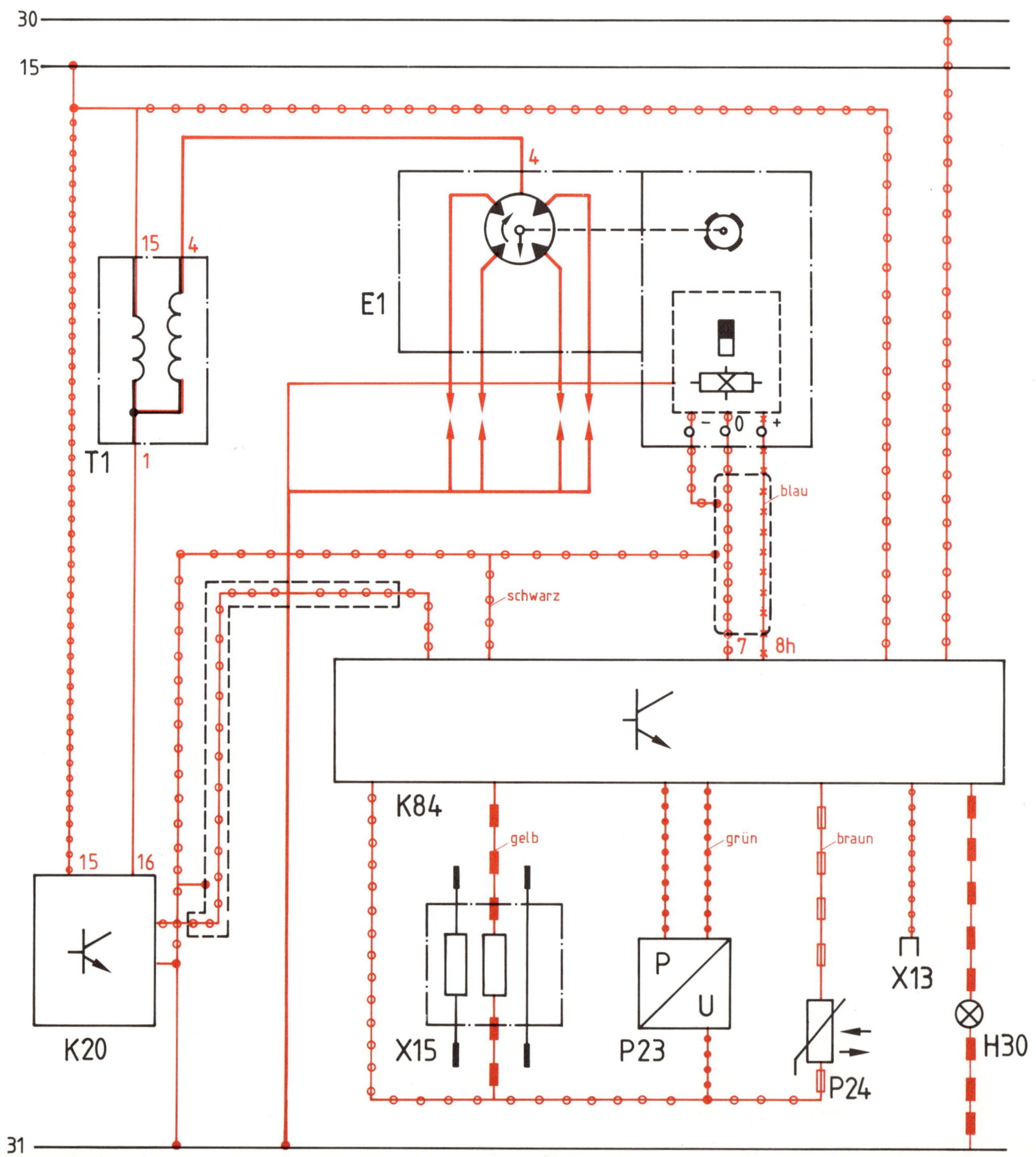

Stromlaufplanausschnitt eines Serien-Pkw (mit TZ-h)

Vervollständigen Sie den angedeuteten **Anschlußplan einer Spulenzündung mit Startanlage** in zusammenhängender Darstellung. Die Anschlußleitungen und die Klemmenbezeichnungen sind einzutragen. Bei der zusammenhängenden Darstellung werden die Anschlußleitungen als geradlinige Verbindungen zwischen den Geräten (Quadrate, Rechtecke oder Kreise) gezeichnet. Die Berührungspunkte mit den geometrischen Flächen sind als Klemmenanschlüsse zu verstehen. Innenliegende Leitungen werden in der Regel nicht gezeichnet.

Vorgegeben sind der Anschlußplan in aufgelöster Darstellung (in Form einer Zusammenstellung) und die Betriebsmittelkennzeichnung. Vergleichen Sie Info-Band: Anschlußplan, Betriebsmittelkennzeichnung. Stromlaufplan für Pkw.

Hinweis: In der aufgelösten Darstellung entfallen die von Gerät zu Gerät durchgehenden Verbindungslinien. Jedes Gerät erhält jedoch einen Zielhinweis (siehe Info-Band: Anschlußplan).

Anschlußplan in aufgelöster Darstellung

G1
+ S1 : 30
  M1 : 30
  G2 : B+
–

M1
30 G1 : +
   G2 : B+
50 S1 : 50
31

N1
DF G2 : DF
D– G2 : D–
D+ G2 : D+

G2
B+ G1 : +
   M1 : 30
DF N1 : DF
D– N1 : D–
D+ N1 : D+
31

S1
30 G1 : 30
50 M1 : 50
15 T1 : 15

T1
15 S1 : 15
1 E1 : 1
4 E1 : 4

E1
4 T1 : 4
1 T1 : 1

E2
31

Betriebsmittelkennzeichnung

E1   Zündverteiler
E2   Zündkerzen
G1   Batterie
G2   Generator
M1   Startermotor
N1   Generatorregler (nicht eingebaut)
S1   Zündstartschalter
T1   Zündspule

Anschlußplan: Spulenzündung mit Startanlage

© Copyright: Verlag H. Stam GmbH · Köln

Ein Pkw kann nicht in Betrieb gesetzt werden, weil der Starter nicht dreht.

Erarbeiten Sie einen Lösungsvorschlag als Arbeitsablaufplan in Form eines Programmablaufplans, um die Fehlerstelle zu finden und gegebenenfalls zu beheben. Vervollständigen Sie dazu den angedeuteten Programmablaufplan.

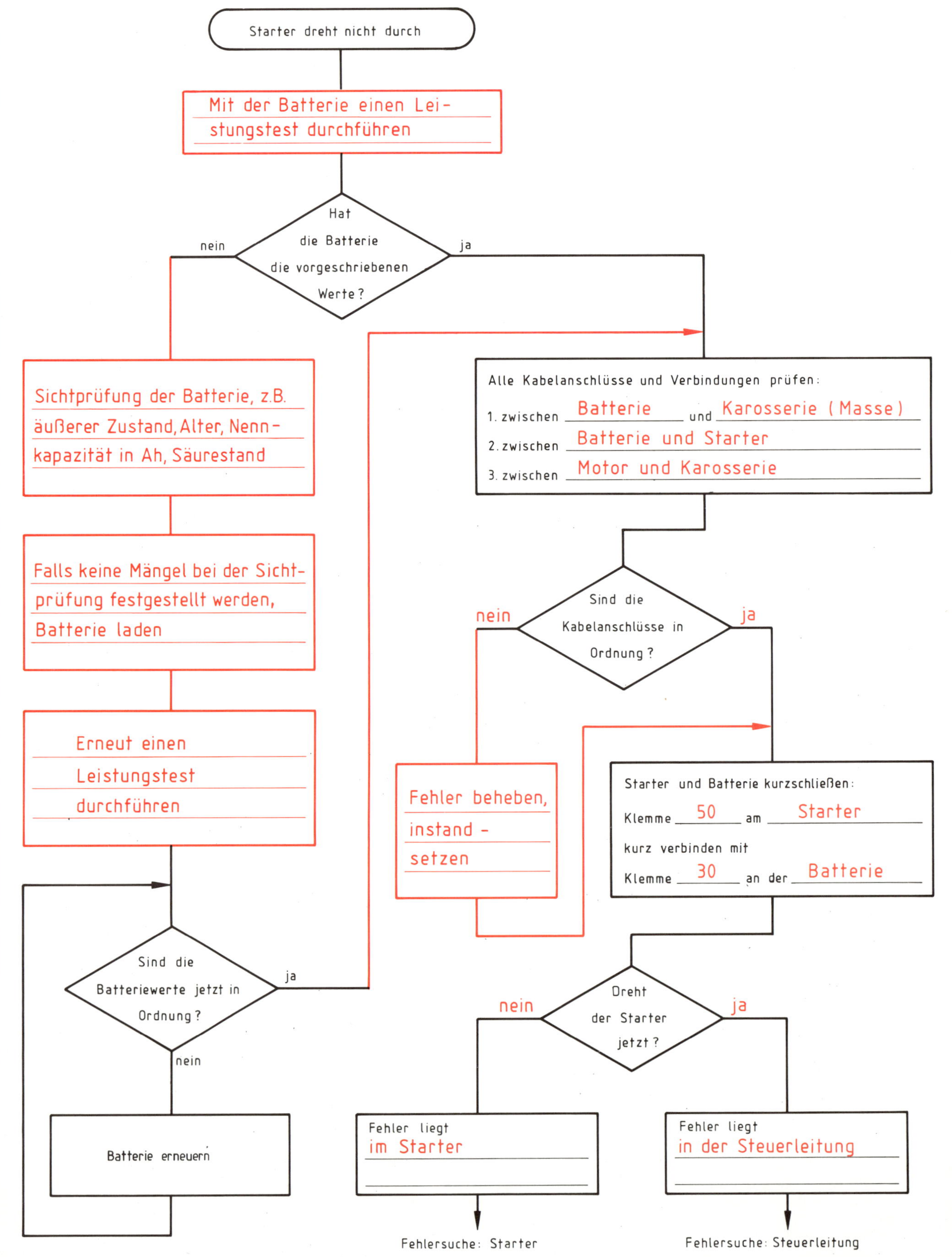

(Starter dreht nicht durch)

Mit der Batterie einen Leistungstest durchführen

Hat die Batterie die vorgeschriebenen Werte?
— nein
— ja

nein-Zweig:

Sichtprüfung der Batterie, z.B. äußerer Zustand, Alter, Nennkapazität in Ah, Säurestand

Falls keine Mängel bei der Sichtprüfung festgestellt werden, Batterie laden

Erneut einen Leistungstest durchführen

Sind die Batteriewerte jetzt in Ordnung?
— ja
— nein

nein: **Batterie erneuern**

ja-Zweig (von erster Entscheidung):

Alle Kabelanschlüsse und Verbindungen prüfen:
1. zwischen **Batterie** und **Karosserie (Masse)**
2. zwischen **Batterie und Starter**
3. zwischen **Motor und Karosserie**

Sind die Kabelanschlüsse in Ordnung?
— nein
— ja

nein: **Fehler beheben, instandsetzen**

ja:

Starter und Batterie kurzschließen:
Klemme **50** am **Starter**
kurz verbinden mit
Klemme **30** an der **Batterie**

Dreht der Starter jetzt?
— nein
— ja

nein: Fehler liegt **im Starter**

ja: Fehler liegt **in der Steuerleitung**

Fehlersuche: Starter

Fehlersuche: Steuerleitung

Arbeitsablaufplan: Starter dreht nicht

Das Starten eines Verbrennungsmotors stellt für die Batterie eine außerordentliche Belastung dar. Durch eine Stromaufnahme des Startermotors von etwa 250 A sinkt die Bordnetzspannung um 30 % bis 40 %. Die erforderliche Hochspannung im Sekundärkreis der Zündspule wird oft kaum erreicht, d.h. es entsteht ein schwacher Zündfunke. Hochleistungszündspulen haben daher eine Startspannungsanhebung. Dabei wird ein in Reihe geschalteter Vorwiderstand R_V beim Starten überbrückt bzw. umgangen, so daß sich der Gesamtwiderstand verringert und dadurch ein höherer Strom in die Primärspule einfließt.

Tragen Sie in allen drei Prinzipschaltungen die fehlenden Klemmenbezeichnungen und Betriebsmittelkennzeichnungen ein.

Betriebsmittelkennzeichnung

S1 Zündstartschalter
R1 Vorwiderstand R_V
T1 Zündspule

Woher kommt in Abb. 3 die Leitung mit der Klemmenbezeichnung 15 a?

<u>Vom Startermotor, Startspannungsanhebung</u>

Ohne Startspannungsanhebung	Mit Startspannungsanhebung	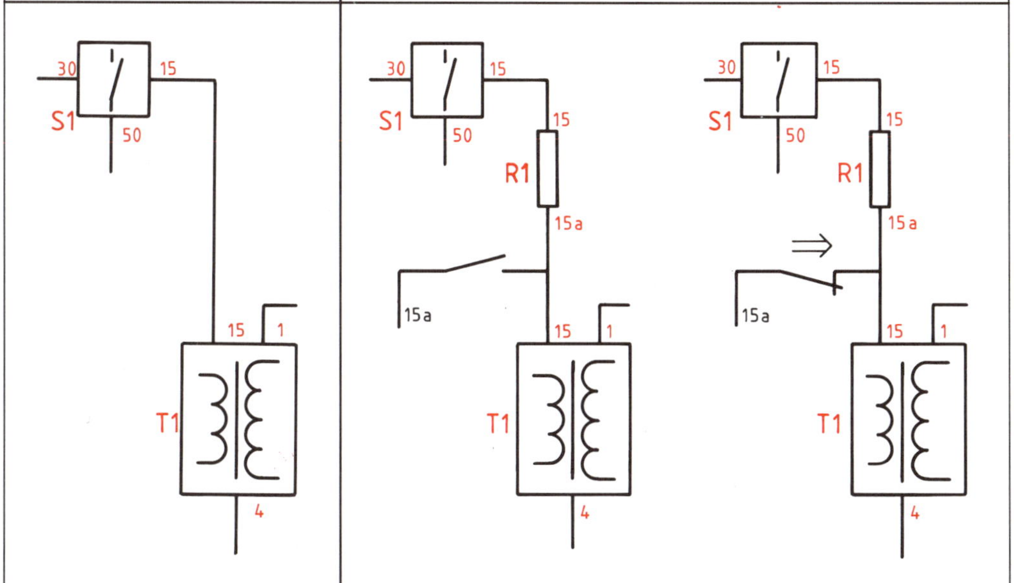
Abb. 1: Startvorgang	Abb. 2: Fahrbetrieb	Abb. 3: Startvorgang

Aufgaben:

Abb 1:

1. Wie groß ist die Bordnetzspannung einer 12 V Anlage, wenn sie beim Startvorgang um 28 % sinkt?

2. Welchen Stromdurchfluß hat dann die Primärwicklung bei einem Innenwiderstand $R_{i,\,PR} = 2{,}5\ \Omega$?

Abb. 2:

3. Bestimmen Sie den Vorwiderstand R_V, wenn der Innenwiderstand mit $R_{i,Pr} = 1{,}8\ \Omega$ und der Gesamtwiderstand mit $R = 2{,}5\ \Omega$ gegeben ist.

4. Ermitteln Sie den Stromfluß in der Primärwicklung I_{Pr} im Fahrbetrieb.

5. Berechnen Sie die Teilspannungen U_V und U_{PR} im Fahrbetrieb.

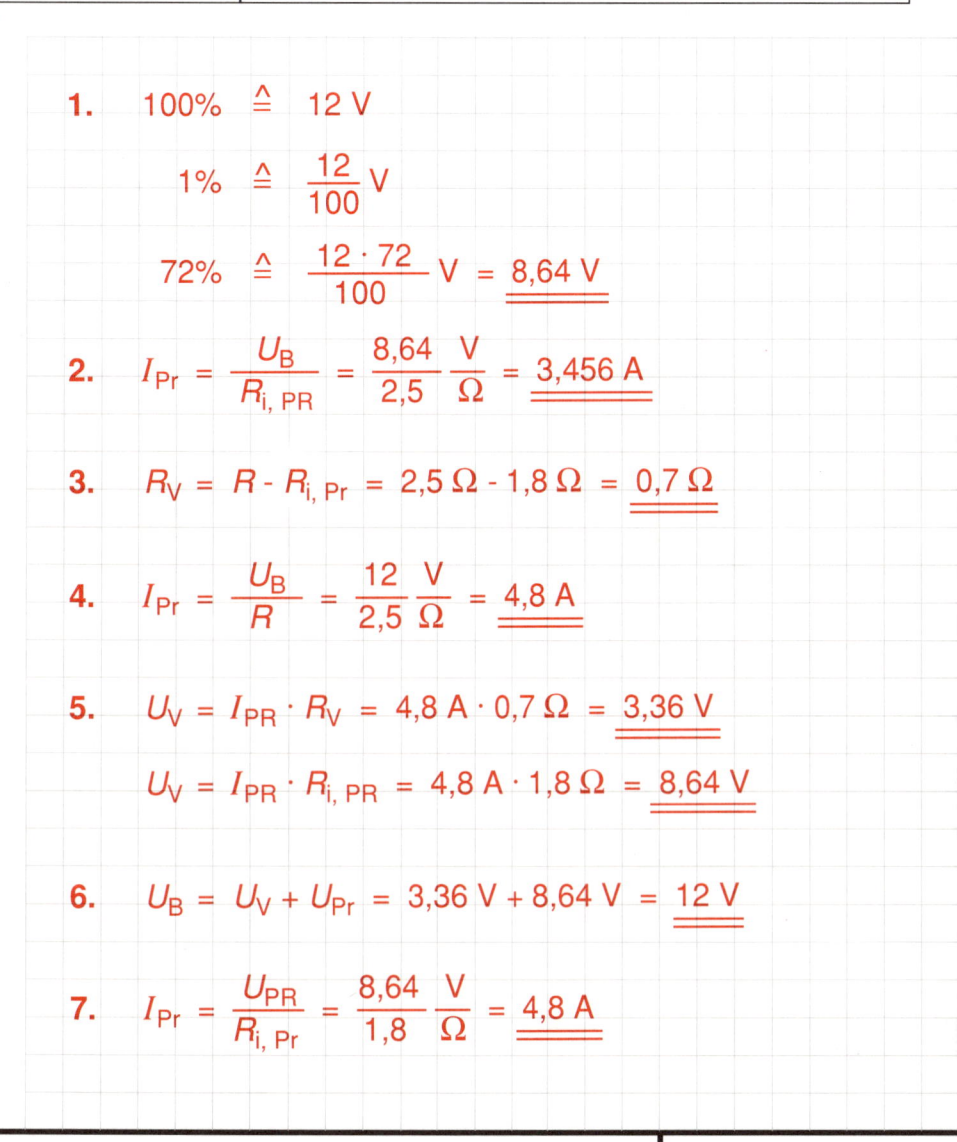

6. Berechnen Sie zur Kontrolle die Bordnetzspannung im Fahrbetrieb.

Abb. 3:

7. Wie groß ist der Stromdurchfluß beim Startvorgang, wenn eine Startspannungsanhebung vorliegt?

---

1. $100\% \mathrel{\hat=} 12\text{ V}$

$1\% \mathrel{\hat=} \dfrac{12}{100}\text{ V}$

$72\% \mathrel{\hat=} \dfrac{12 \cdot 72}{100}\text{ V} = \underline{\underline{8{,}64\text{ V}}}$

2. $I_{Pr} = \dfrac{U_B}{R_{i,\,PR}} = \dfrac{8{,}64}{2{,}5}\dfrac{\text{V}}{\Omega} = \underline{\underline{3{,}456\text{ A}}}$

3. $R_V = R - R_{i,\,Pr} = 2{,}5\ \Omega - 1{,}8\ \Omega = \underline{\underline{0{,}7\ \Omega}}$

4. $I_{Pr} = \dfrac{U_B}{R} = \dfrac{12}{2{,}5}\dfrac{\text{V}}{\Omega} = \underline{\underline{4{,}8\text{ A}}}$

5. $U_V = I_{PR} \cdot R_V = 4{,}8\text{ A} \cdot 0{,}7\ \Omega = \underline{\underline{3{,}36\text{ V}}}$

$U_V = I_{PR} \cdot R_{i,\,PR} = 4{,}8\text{ A} \cdot 1{,}8\ \Omega = \underline{\underline{8{,}64\text{ V}}}$

6. $U_B = U_V + U_{Pr} = 3{,}36\text{ V} + 8{,}64\text{ V} = \underline{\underline{12\text{ V}}}$

7. $I_{Pr} = \dfrac{U_{PR}}{R_{i,\,Pr}} = \dfrac{8{,}64}{1{,}8}\dfrac{\text{V}}{\Omega} = \underline{\underline{4{,}8\text{ A}}}$

Startspannungsanhebung

© Copyright: Verlag H. Stam GmbH · Köln

Zeichnen Sie eine Schaltung mit Logikbausteinen, die unter festgelegten Bedingungen den Steuerstromkreis für das Starter-Einrückrelais freigibt oder blockiert. Es liegen folgende, ungeordnete Bedingungen für eine Startfreigabe oder Startverhinderung vor:

Die Türen sind geschlossen. Die Alarmanlage ist eingeschaltet. Die Beifahrertür ist nicht geschlossen. Gurte sind nicht angelegt. Der richtige Zündschlüssel ist vorhanden. Die Kraftstoffmenge im Tank ist zu gering. Gurte sind angelegt.

a) Ordnen Sie zunächst die sehr unterschiedlichen Bedingungen nach den Gesichtspunkten einer Startfreigabe und einer Startverhinderung. Die angegebenen Bedingungen sind als *Eingangssignale* zu verstehen und bekommen die Kennbuchstaben E_1 ... E_7 zugewiesen. Vergleichen Sie Info-Band: Verknüpfungen.

	Kennbuch-staben	Text für die Bedingungen	Festgelegte Schaltsymbole der Logikbausteine
Start-Freigabe	E_1 E_2 E_3	Der richtige Zündschlüssel ist vorhanden. Die Türen sind geschlossen. Die Gurte sind angelegt.	UND – Funktion
Start-Verhinderung	E_4 E_5 E_6 E_7	Die Alarmanlage ist eingeschaltet. Die Gurte sind nicht angelegt. Die Beifahrertür ist nicht geschlossen. Die Kraftstoffmenge im Tank ist zu gering.	ODER – Funktion / NICHT – Funktion / NOR – Funktion

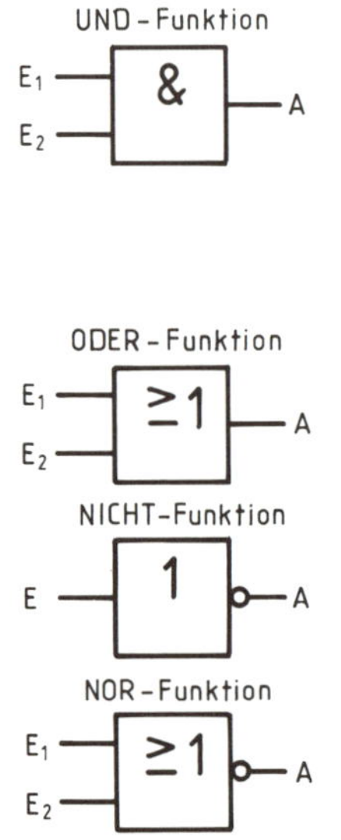

b) Zeichnen Sie den Schaltplan ausführlich mit Hilfe des UND-Schaltzeichens, des ODER-Schaltzeichens und des NICHT-Schaltzeichens. Wählen Sie für die Schaltzeichen ein Quadrat mit 20 mm Seitenlänge.

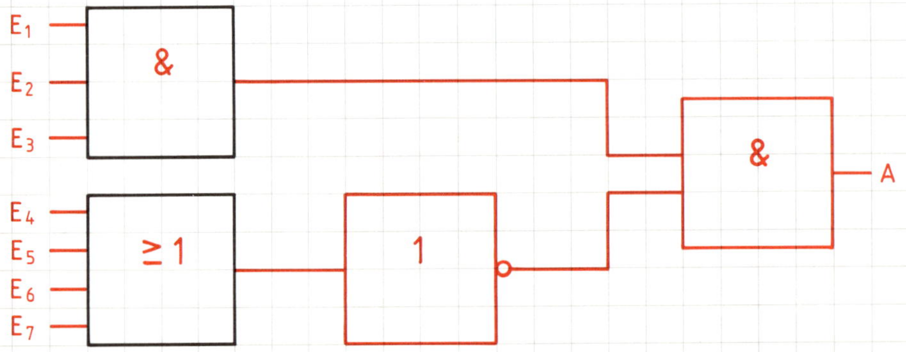

c) Zeichnen Sie den Schaltplan zusammengefaßt mit Hilfe des UND-Schaltzeichens und des NOR-Schaltzeichens.

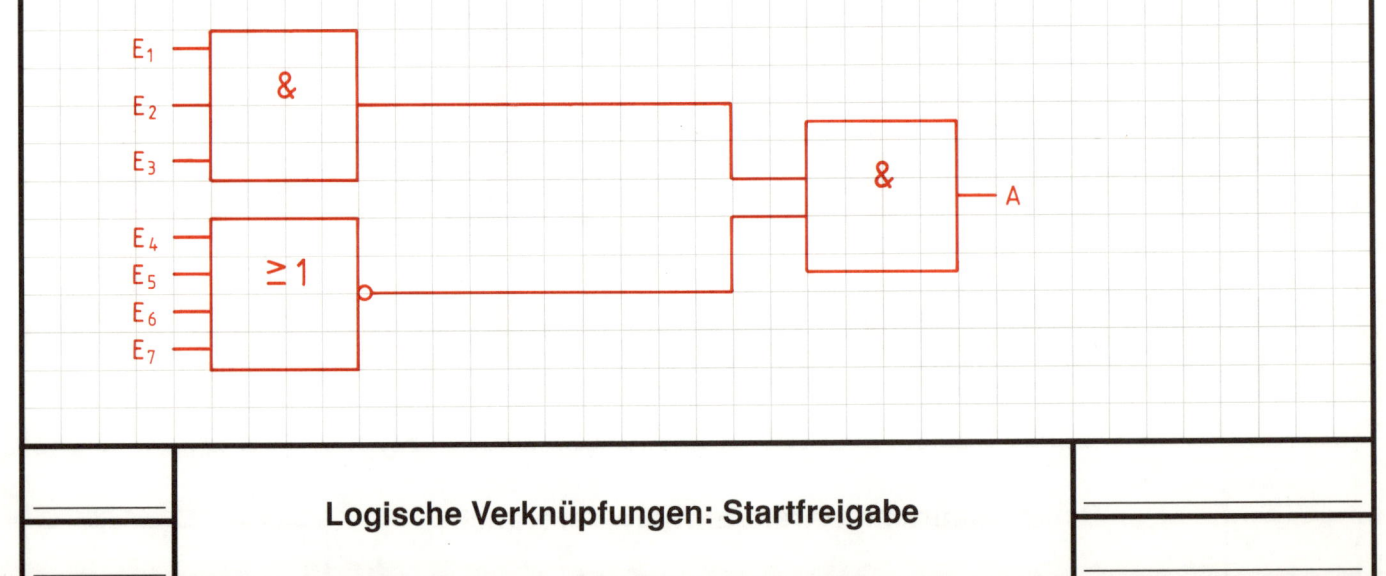

Logische Verknüpfungen: Startfreigabe

Der Kraftstoffnormverbrauch ist bei Einspritzmotoren in der Regel 10% bis 11% niedriger als bei Vergasermotoren, bei Einspritzmotoren mit Schubabschaltung bis zu 16% niedriger als bei Vergasermotoren. Erstellen Sie mit den angegebenen Werten das Balkendiagramm: Kraftstoffnormverbrauch (Balkenbreite 10 mm, Maßstab für den Kraftstoffnormverbrauch: 1 l/100 km ≙ 10 mm Balkenhöhe). Berechnen Sie zuerst die einzelnen Balkenhöhen in mm. Vergleichen Sie die perspektivische Balkendarstellung im Aufgabenband 1 (Seite 13).

Motorentyp	Kraftstoffnormverbrauch C bei:		
	80 km/h	120 km/h	160 km/h
Vergasermotor (V)	8,6 l/100 km	10,4 l/100 km	14,2 l/100km
Einspritzmotor (E)	91% vom V	93% vom V	89% vom V
Einspritzmotor mit Schubabschaltung (ES)	86% vom V	87% vom V	85% vom V

Berechnungen:

Einspritzmotor (E) bei **80 km/h**

100% ≙ 86 mm
 91% ≙ x mm

E: $x = \dfrac{86 \cdot 91}{100}$ mm = 78,26 mm ≈ **78 mm**

Es: $x = \dfrac{86 \cdot 86}{100}$ mm = 73,96 mm ≈ **74 mm**

120 km/h

E: $x = \dfrac{104 \cdot 93}{100}$ mm = 96,72 mm ≈ **97 mm**

Es: $x = \dfrac{104 \cdot 87}{100}$ mm = 90,48 mm ≈ **90,5 mm**

160 km/h

E: $x = \dfrac{142 \cdot 89}{100}$ mm = 126,38 mm ≈ **126 mm**

Es: $x = \dfrac{142 \cdot 85}{100}$ mm = 120,70 mm ≈ **121 mm**

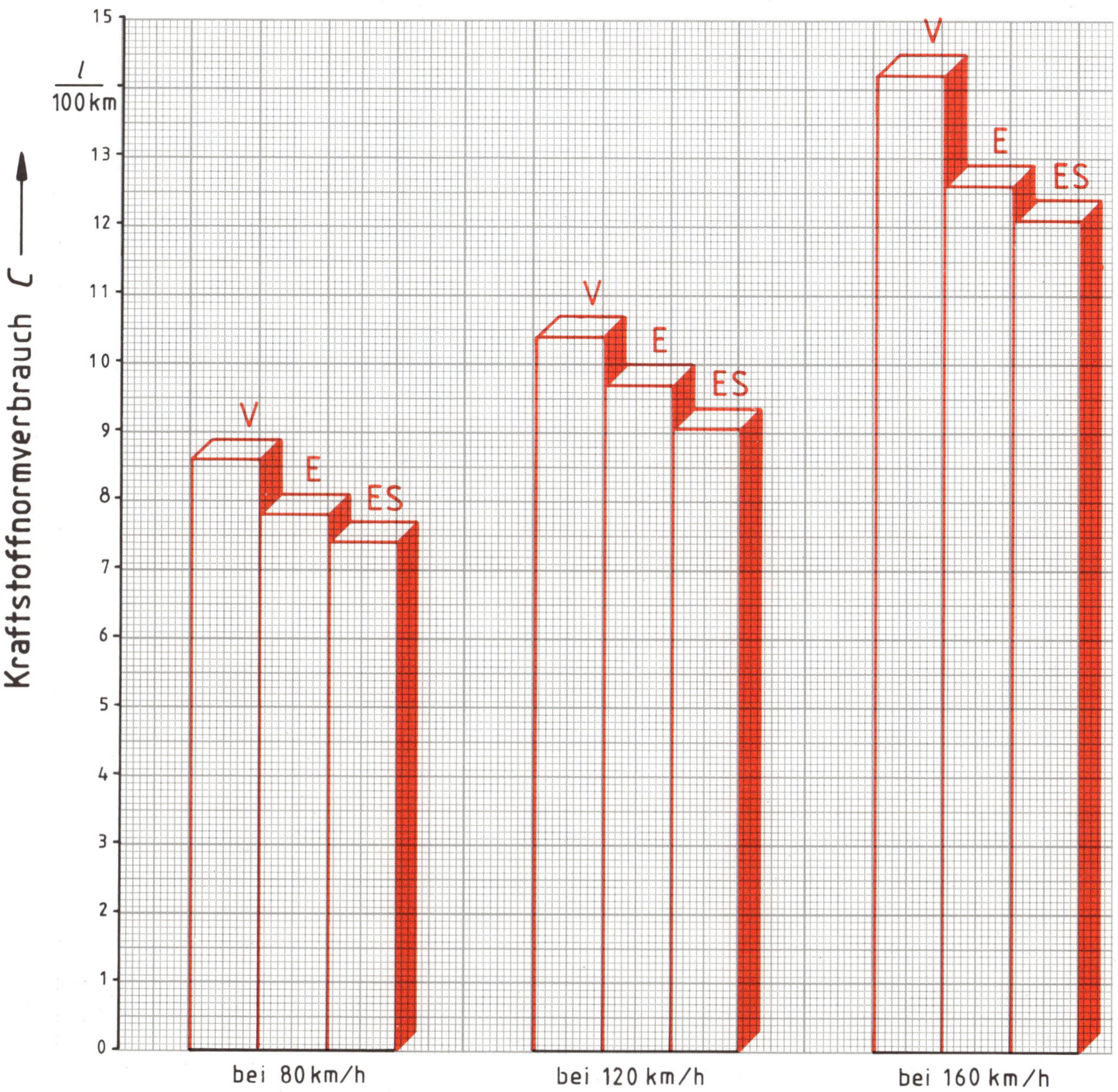

Balkendiagramm: Kraftstoffnormverbrauch

© Copyright: Verlag H. Stam GmbH · Köln

Durch den Siedeverlauf von Ottokraftstoffen (Kraftstoffe für Ottomotoren) lassen sich mehrere wichtige Eigenschaften von Kraftstoffen in Bezug auf das Betriebsverhalten des Motors bestimmen. Die verschiedenen Bestandteile eines Ottokraftstoffes (Kohlenwasserstoffe) haben unterschiedliche Siedetemperaturen (30°C bis 200°C). Die jeweils verdampfte Menge, gemessen in Vol.-% (Volumenprozente) sind von der Siedetemperatur abhängig. Bestimmte Temperaturen, bei denen 10%, 50% oder 90% des Kraftstoffs verdampft sind, erhalten die Bezeichnung 10%-Punkt, 50%-Punkt oder 90%-Punkt. Dadurch lassen sich bestimmte Eigenschaften verschiedener Kraftstoffe bezüglich ihrer Eignung miteinander vergleichen, da sie für die festgelegten Vol.-%-Anteile an verdampften Bestandteilen unterschiedliche Temperaturen benötigen.

Wegen immer wieder auftretender Motorschäden bei neuen Pkw wurde im Zuge der Ursachenforschung eine Tankstelle ermittelt, bei der fast ausschließlich der Kraftstoff für die betreffenden Fahrzeuge getankt wurde. Dieser Kraftstoff wurde überprüft.

Die Siedekurven im dargestellten Diagramm gelten für Normalbenzin, das der Jahreszeit entsprechend als leichtflüchtiger Winterkraftstoff oder als schwerflüchtigerer Sommerkraftstoff ausgeliefert wird.

1. Kennzeichnen Sie bei den vorgegebenen Siedekurven durch schmale Linien die 10%-, 50%- und 90%-Punkte als Schnittpunkte von Koordinaten.

2. Tragen Sie die Werte des überprüften Kraftstoffs als Koordinatenschnittpunkte in das Diagramm ein. Zeichnen Sie die Siedekurve des überprüften Kraftstoffs farbig in das Diagramm ein (z.B. in rot).

Ergebnisse des überprüften Kraftstoffs

Siedetemperaturen	Verdampfte Kraftstoffmenge in Vol.%
bei 20°C	0 Vol.-%
bis 44°C	10 Vol.-%
bis 70°C	30 Vol.-%
bis 100°C	50 Vol.-%
bis 180°C	92 Vol.-%
Siedeende bis 294°C	95 Vol.-%

3. Tragen Sie in die untenstehende Tabelle die aus dem Diagramm abzulesenden Temperaturen für den Winter- und Sommerkraftstoff und für den überprüften Kraftstoff ein.

Die nicht verdampften Rest-Volumenprozente (siehe Diagramm) sind in der Spalte **Abdampfrückstände** einzutragen.

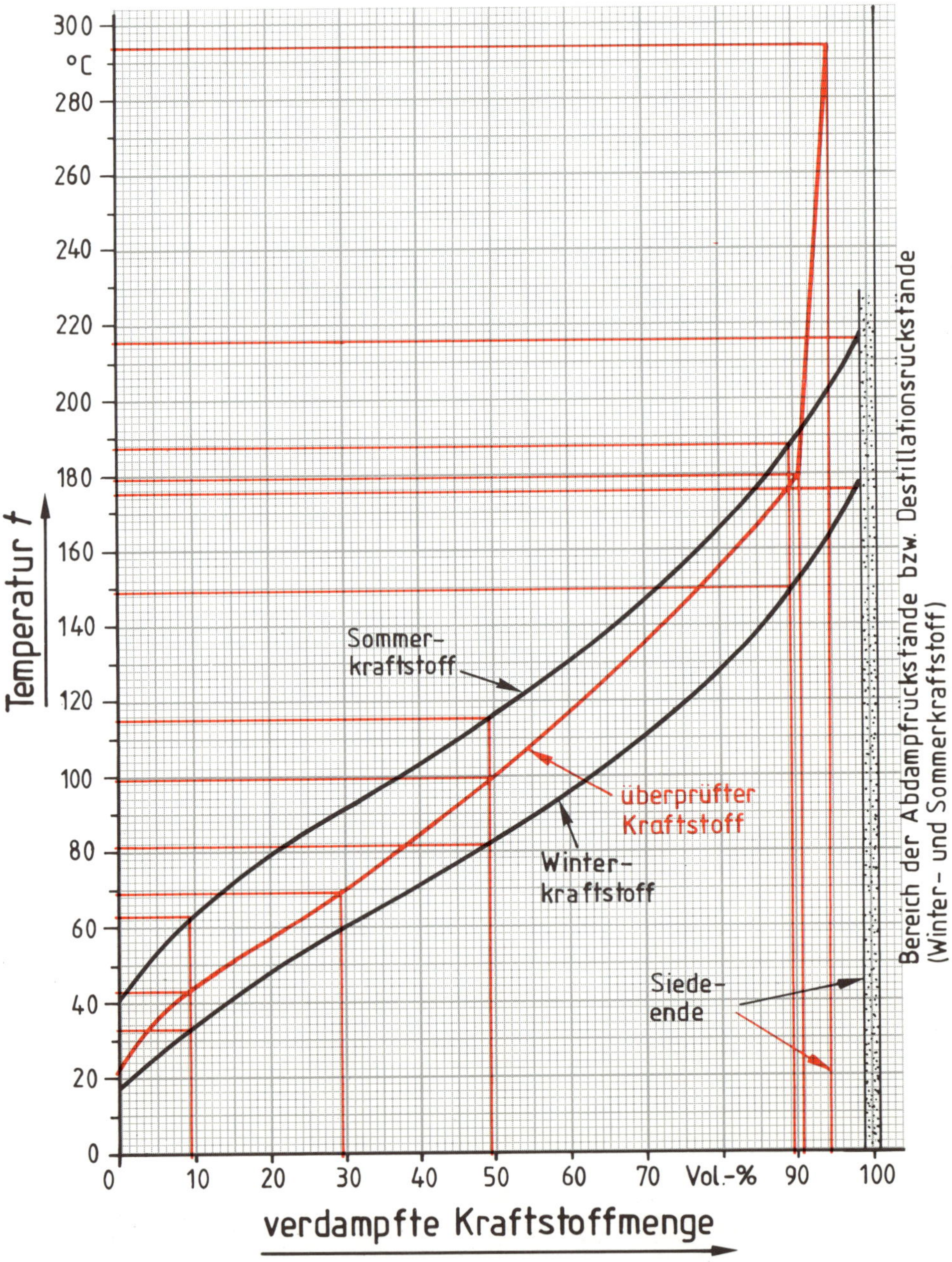

	10%-Punkt (in °C)	50%-Punkt (in °C)	90%-Punkt (in °C)	Siedeende SE (in °C)	Abdampfrückstände (in Vol.-%)
Winterkraftstoff	34	83	150	176	2
Sommerkraftstoff	64	116	188	216	2
Überprüfter Kraftstoff	44	100	174	294	5

Siedeverlauf von Ottokraftstoffen

© Copyright: Verlag H. Stam GmbH · Köln

Die wesentlichen qualitativen Mindestanforderungen an Ottokraftstoffe sind festgelegt. Dazu gehören nicht nur die Angaben zum charakteristischen Siedeverlauf, sondern z.B. auch die Dichte ϱ, gemessen in g/cm^3 bzw. in g/ml, und Angaben über die Klopffestigkeit. Die Klopffestigkeit eines Ottokraftstoffes wird in der Regel gekennzeichnet durch die ROZ (Oktanzahl nach der Research-Methode) und durch die MOZ (Oktanzahl nach der Motormethode).
Bei Überprüfung von Kraftstoffeigenschaften werden häufig die verdampften Kraftstoffanteile bis 70˚C, bis 100˚C und bis 180˚C in Vol.-% ermittelt und dann mit den verbindlichen Standardwerten verglichen.

Mindestanforderungen an Ottokraftstoffe (Auszug)

| Art der Anforderungen | Unverbleite Ottokraftstoffe | | | | | | Verbleite Ottokraftstoffe Super | |
| | Normal | | Super | | Super Plus | | | |
	Sommer	Winter	Sommer	Winter	Sommer	Winter	Sommer	Winter
Insgesamt verdampfte Mengen (Siedeverlauf) bis 70˚C in Vol.-% bis 100˚C in Vol.-% bis 180˚C in Vol.-%	15 bis 40 42 bis 65 min. 90	20 bis 45 45 bis 70 min. 90	15 bis 40 42 bis 65 min. 90	20 bis 45 45 bis 70 min. 90	15 bis 40 42 bis 65 min. 90	20 bis 45 45 bis 70 min. 90	15 bis 40 42 bis 65 min. 90	20 bis 45 45 bis 70 min. 90
Destillationsrückstand in Vol.-%	max. 2		max. 2		max. 2		max. 2	
Siedeende SE in ˚C	max. 215		max. 215		max. 215		max. 215	
Dichte (15˚C) in g/ml	0,715 bis 0,765		0,730 bis 0,780		0,735 bis 0,785		0,730 bis 0,780	
Klopffestigkeit ROZ MOZ	min. 91 min. 82,7		min. 95 min. 85		min. 98 min. 88		min. 98 min. 88	

Aufgaben:

Beurteilen Sie den überprüften Kraftstoff im Vergleich mit den Siedekurven für Winter- und Sommerkraftstoffe auf der Vorderseite und der oben angegebenen Tabelle über Mindestanforderungen.

1. Bei welcher Endtemperatur ist die Verdampfung des überprüften Kraftstoffs praktisch abgeschlossen? Bei 294˚C.

2. Mit wieviel Vol.-% sind die Abdampfrückstände des überprüften Kraftstoffs anzusetzen? Mit 5 Vol.-%

3. Welche Folgen können sich durch die nicht verdampften Kraftstoffanteile bei hohen Abdampfrückständen ergeben?
Ölverdünnung ergibt evtl. Lagerschäden, Ölfilm wird zum Teil von den Zylinderwänden abgewaschen, dadurch Kolbenfresser möglich, Ablagerungen im Ansaugsystem, dadurch schlechtere Gemischbildung.

4. Welche Folgen für das Betriebsverhalten des Motors hat der Versuch, auch die nicht verdampften Kraftstoffe möglichst noch zur Vergasung zu bringen? Der bis 70˚C verdampfte Kraftstoffanteil darf nicht zu hoch sein, weil sich sonst bei betriebswarmem Motor im Kraftstoffzufuhrsystem Dampfblasen bilden.

5. Der überprüfte Kraftstoff wurde im Winter gekauft. Liegt die verdampfte Kraftstoffmenge bei 70˚C innerhalb der vorgeschriebenen Grenzen? Ja. Wieviel Vol.-% sind bei dieser Temperatur verdampft? 30 Vol.-%

6. Vergleichen Sie die Siedekurve des im Winter gekauften, jetzt überprüften Kraftstoffs mit dem vorgegebenen, zulässigen Bereich für den Siedeverlauf von Ottokraftstoffen.
Die zu prüfende Siedekurve liegt größtenteils im zulässigen Bereich und ist wahrscheinlich eine Mischung aus Sommer- und Winterkraftstoff. Die erforderliche verdampfte Kraftstoffmenge von mindestens 90 Vol.-% bei 180˚C wird zwar mit 92 Vol.-% knapp überschritten, das Siedeende ist jedoch mit 294˚C viel zu hoch. Bei solch hohen Siedetemperaturen können Kohlenwasserstoffe unverbrannt ins Kurbelgehäuse gelangen und hier das Motoröl verdünnen.

7. Der überprüfte Kraftstoff kann die verantwortliche Ursache für die wiederholt aufgetretenen Motorschäden sein, weil
vor allem der Siedeendpunkt SE mit 294˚C viel zu hoch liegt (Ölverdünnung). Zusätzlich ergeben sich zu hohe Abdampfrückstände von mindestens 5 Vol.-%. Festgelegt sind jedoch maximal nur 2 Vol.-% (siehe o.a. Mindestanforderungen). Wahrscheinlich ist in dem überprüften Kraftstoff auch Dieselkraftstoff enthalten.

Auswerten von Siedekurven

© Copyright: Verlag H. Stam GmbH · Köln

Die Motorleistung und der Kraftstoffverbrauch sind zwei wichtige Unterscheidungsmerkmale für die Beurteilung von Motoren. Beide Daten sind u.a. von einer entsprechend günstigen Zusammensetzung des Kraftstoff-Luft-Gemisches abhängig. Die übliche Kenngröße für die Gemischzusammensetzung ist das Luftverhältnis λ (auch vereinfacht Luftzahl genannt). Die Formel für das Luftverhältnis λ ist auf der folgenden Seite angegeben.

Zur vollkommenen, chemisch einwandfreien Verbrennung von 1 kg Kraftstoff sind 14,8 kg Luft erforderlich. Diese in den meisten Fällen wünschenswerte Gemischzusammensetzung wird als Mischungsverhältnis 1 : 14,8 angegeben und wird auch als **stöchiometrisches Verhältnis** bezeichnet. Es hat das *ideale Luftverhältnis* λ = 1.

Aufgaben:

1. Berechnen Sie zu den auf der Skala vorgegebenen Luftverhältnissen den jeweils für 1 kg Benzin erforderlichen Luftbedarf in kg (durch Dreisatzrechnung). Tragen Sie die errechneten Werte oberhalb der Skaleneinteilung ein (siehe vorgegebener Wert 14,8).

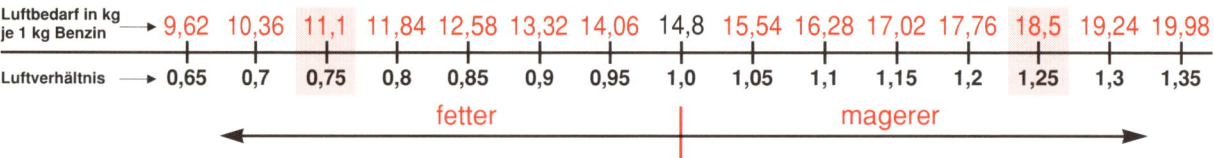

Luftbedarf in kg je 1 kg Benzin →	9,62	10,36	11,1	11,84	12,58	13,32	14,06	14,8	15,54	16,28	17,02	17,76	18,5	19,24	19,98
Luftverhältnis →	0,65	0,7	0,75	0,8	0,85	0,9	0,95	1,0	1,05	1,1	1,15	1,2	1,25	1,3	1,35

fetter ← | → magerer

2. Die Zündgrenzen für Benzin liegen zwischen den Mischungsverhältnissen 1 : 11 (untere Grenze) und 1 : 18,5 (obere Grenze). Markieren Sie diese Mischungsverhältnisse und die zugehörenden Luftverhältnisse auf der obenstehenden Skala farbig.

3. Kennzeichnen Sie auf dem vorgegebenen Pfeil unterhalb der Skala die Stelle für das stöchiometrische Gemisch durch einen senkrechten Querstrich und die Bereiche für **magerer** und **fetter** werdende Gemische durch Worte.

4. Kennzeichnen Sie im nebenstehenden Diagramm (Abb. 1) die Höchstleistung mit $P_{eff,max}$ und den niedrigsten Kraftstoffverbrauch mit $b_{e,min}$. Wie groß ist bei diesen beiden Extremdaten das Luftverhältnis und die Art des Gemisches (mager oder fett)?

Bei $P_{eff,max}$ ist λ = 0,9 (fettes Gemisch),

bei $b_{e,min}$ ist λ = 1,05 (mageres Gemisch).

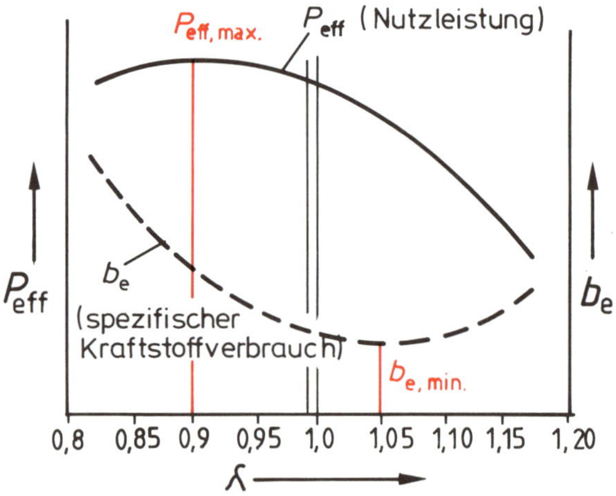

Abb. 1: Einfluß des Luftverhältnisses λ auf die Leistung P_{eff} und den spezifischen Kraftstoffverbrauch b_e

5. Wie wirkt sich bei fehlendem Katalysator ein Fahren mit Höchstgeschwindigkeit und ein Fahren mit niedrigstem Kraftstoffverbrauch auf die Konzentration der Schadstoffe aus (hoch oder niedrig)?

	bei Höchstleistung	bei niedrigstem Kraftstoffverbrauch
CO-Gehalt	sehr hoch	sehr niedrig
CH-Gehalt	sehr hoch	hoch
NO_x-Gehalt	hoch	sehr hoch

6. Welche Forderungen ergeben sich aus dem Einfluß des Luftverhältnisses auf die Schadstoffemissionen?

Der starke Einfluß des Luftverhältnisses (d.h. mageres oder fettes Gemisch) auf die einzelnen Schadstoffanteile ist in den verschiedenen Bereichen recht unterschiedlich. Eine gleichzeitige Verringerung aller Schadstoffkomponenten in einem größeren Bereich ist durch die Änderung des Luftverhältnisses allein nicht zu erreichen. Nur im λ-Regelbereich (0,99 bis 1,0) sind bei katalysatischer Behandlung die Anteile aller Schadstoffe niedrig.

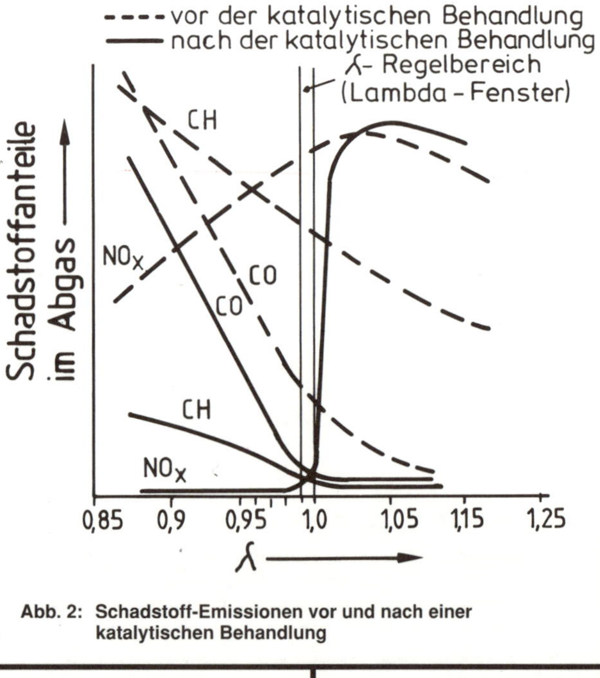

Abb. 2: Schadstoff-Emissionen vor und nach einer katalytischen Behandlung

Schadstoffemissionen und Luftverhältnis λ

© Copyright: Verlag H. Stam GmbH · Köln

Konvertierungsgrad

Die **Wirksamkeit** der Abgasumwandlung (Konvertierung) wird als Konvertierungsgrad k angegeben. Andere Bezeichnungen sind Konvertierungsrate oder Umwandlungsrate. Der Konvertierungsgrad ermöglicht einen Vergleich der Wirksamkeit einer Abgasentgiftung bei unterschiedlichen Luftverhältnissen. Je größer der Konvertierungsgrad ist, desto weniger Schadstoffmengen sind nach der katalytischen Behandlung vorhanden.

$$k = \frac{\text{Schadstoffmenge vor dem Katalysator} - \text{Schadstoffmenge nach dem Katalysator}}{\text{Schadstoffmenge vor dem Katalysator}}$$

Wird die Verhältniszahl k (Dezimalzahl ≤ 1) mit 100 multipliziert, erhält man den Konvertierungsgrad in Prozent.

Aufgaben:

1. Tragen Sie für die angegebenen Schadstoffe in der Tabelle die Konvertierungsgrade k in % aus dem Diagramm ein.

Konvertierungsgrad bei verschiedenen λ-Werten

Luftverhältnis λ		0,975	1,0	1,025
k in % für	CO	28	84	95
	CH	38	82	90
	NO_x	91	84	12,5

2. Ergänzen Sie folgende Erkenntnisse:

Die gemeinsame Konvertierung aller Schadstoffe ist am größten im Regelbereich $\lambda \approx$ 0,99 bis $\lambda \approx$ 1

Diesen Bereich nennt man Lambda-Fenster

Konvertierungsgrade in % bei geregelter Schadstoffumwandlung

Luftbedarf

Wird die zur Verbrennung zugeführte Luftmenge L in kg auf 1 kg Kraftstoff bezogen, erhält man den tatsächlichen Luftbedarf L_{zu} mit der Einheit kg/kg.
Die erforderliche Mindestluftmenge L_{min}, die zur vollkommenen, chemisch einwandfreien Verbrennung von 1 kg Kraftstoff benötigt wird, bezeichnet man als theoretischen Luftbedarf L_{th} mit der Einheit kg/kg.

Tatsächlicher Luftbedarf:
$$L_{zu} = \frac{L}{K} = \frac{\text{zugeführte Luftmenge in kg}}{\text{Kraftstoffmenge in kg}}$$

Theoretischer Luftbedarf:
$$L_{th} = \frac{L_{min}}{K} = \frac{\text{erforderliche Mindestluftmenge in kg}}{\text{Kraftstoffmenge in kg}}$$

gemessen in kg Luft je 1 kg Kraftstoff

Luftverhältnis λ

Der λ-Wert charakterisiert die Zusammensetzung des Kraftstoff-Luft-Verhältnisses, ob z.B. das Gemisch fett oder mager ist. λ wird als Verhältniszahl (also ohne Einheit) angegeben und stellt das Ergebnis aus dem Verhältnis vom tatsächlichen Luftbedarf L_{zu} zum theoretischen Luftbedarf L_{th} dar.

Luftverhältnis λ:
$$\lambda = \frac{L_{zu}}{L_{th}} = \frac{\text{tatsächlicher Luftbedarf in kg/kg}}{\text{theoretischer Luftbedarf in kg/kg}}$$

Einheit für λ: keine

Aufgaben:

Die Dichte der Luft wird bei allen Aufgaben mit $\varrho_L = 1,29$ kg/m³ vorgegeben.

3. Ein Motor benötigt zur Verbrennung einer bestimmten Kraftstoffmenge eine Luftmenge von $L = 79,92$ kg. Bestimmen Sie die zugeführte Luftmenge L in m³.

4. Das Mischverhältnis eines Kraftstoff-Luft-Gemisches wird mit 1 : 15 angegeben. Berechnen Sie die Kraftstoff- und Luftanteile in l. Die Kraftstoffdichte beträgt $\varrho_K = 0,72$ kg/dm³.

5. Bei einem Motor wird für die Verbrennung von 12,5 kg Kraftstoff eine zugeführte Luftmenge von $L = 170,2$ kg angegeben. Wie groß ist das Luftverhältnis λ bei einem theoretischen Luftbedarf von $L_{th} = 14,8$ kg/kg?

6. Ermitteln Sie den tatsächlichen Luftbedarf in kg/kg, wenn bei einem Kraftstoffverbrauch $K = 15,2$ kg die angesaugte Luftmenge mit $L = 220,4$ kg angegeben wird.

7. Für die Verbrennung von 60 l Superbenzin ist eine Luftmenge von $L = 553,814$ m³ erforderlich. Der theoretische Luftbedarf beträgt $L_{th} = 14,7$ kg/kg.
   a) Berechnen Sie die erforderliche Luftmenge L in kg.
   b) Wieviel kg Superbenzin wurden verbraucht (Kraftstoffdichte $\varrho_K = 0,75$ kg/dm³)?
   c) Ermitteln Sie den tatsächlichen Luftbedarf L_{zu}.
   d) Wie groß ist das Luftverhältnis λ?
   e) Ist das Gemisch mager oder fett?

Konvertierungsgrad und Luftverhältnis, Berechnungen zum Luftbedarf und Luftverhältnis

Lösungen zu 3.-7. auf Seite 36

© Copyright: Verlag H. Stam GmbH · Köln

Katalysatoren sind in der Position des Vorschalldämpfers als fester Bestandteil der Abgasanlage zwischen Krümmer und Mittelschalldämpfer integriert. Sie können z.B. nach ihrer Arbeitsweise unterschieden werden.

- **Oxidations-Katalysatoren:** Kohlenwasserstoffe (CH-Verbindungen) oxidieren zu Kohlendioxid (CO_2) und Wasser (H_2O). Kohlenmonoxid (CO) oxidiert zu Kohlendioxid (CO_2).
- **Reduktions-Katalysatoren:** Stickoxide (NO_x) werden durch Reduktion umgewandelt in Stickstoff (N_2) und in Kohlendioxid (CO_2).
- **Drei-Wege-Katalysatoren:** Alle drei Schadstoffe (CH, CO und NO_x) werden in nebeneinanderlaufenden chemischen Prozessen umgewandelt.

1. Ergänzen Sie in der Abb. 1 an den Hinweislinien die Bezeichnungen. Informieren Sie sich durch Fachbücher, Fachzeitschriften, Tabellenbücher oder Produktbeschreibungen.

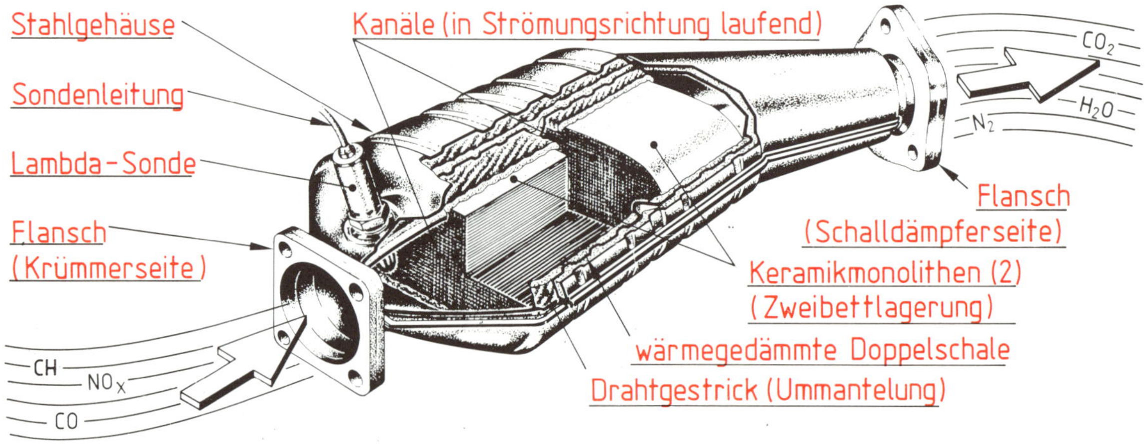

Stahlgehäuse

Sondenleitung

Lambda–Sonde

Flansch (Krümmerseite)

Kanäle (in Strömungsrichtung laufend)

CO_2

N_2

H_2O

Flansch (Schalldämpferseite)

Keramikmonolithen (2) (Zweibettlagerung)

wärmegedämmte Doppelschale

Drahtgestrick (Ummantelung)

CH NO_x CO

Abb. 1: Zweibett-Drei-Wege-Katalysator

Einzelheiten eines Keramikmonolithen:

Katalytisch aktive Schicht mit Katalysatoren – Einlagerungen

Edelmetall

Zwischenschicht

Keramikträger

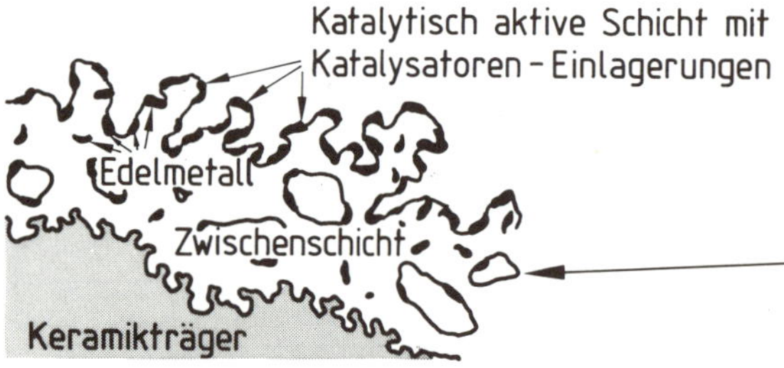

Abb. 2: Beschichtung der Kanaloberflächen

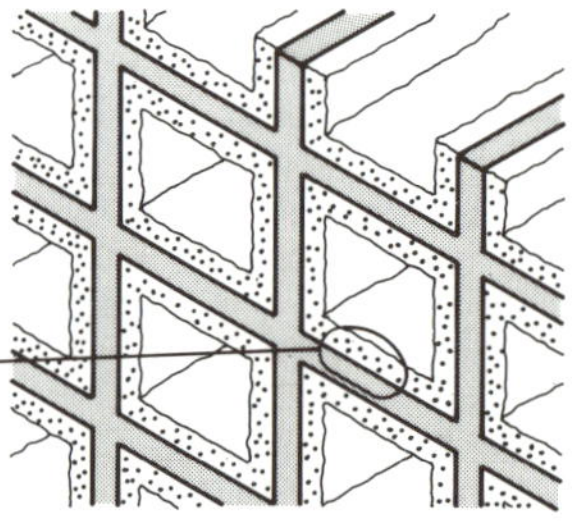

Abb. 3: Wabenförmiger Aufbau der Kanäle (Querschnitt)

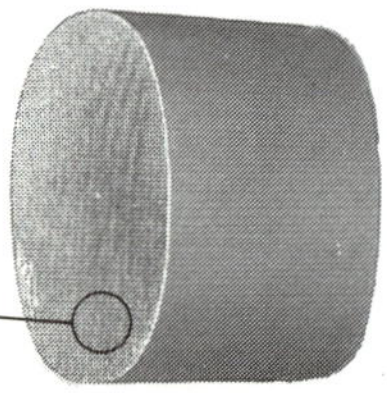

Abb. 4: Zylinderform eines Keramikmonolithen

2. Welche drei Voraussetzungen müssen gegeben sein, wenn man von einem *geregelten Katalysator* bzw. von einem *Drei-Wege-Katalysator* spricht?

a) Der Restsauerstoff im Abgas wird ständig durch eine Lambda-Sonde (vor dem Katalysator) gemessen. Die Meßwerte werden dem Steuergerät als elektrische Eingangssignale zugeführt.

b) Das Steuergerät regelt die Gemischzusammensetzung so, daß ein Luftverhältnis von nahezu $\lambda = 1$ entsteht.

c) Es erfolgt eine gleichzeitige Verringerung der wichtigsten drei Schadstoffe: CH-Verbindungen, CO und NO_x.

3. Warum darf bei Katalysatoren kein verbleiter Kraftstoff verwendet werden?

Die Bleiverbindungen lagern sich auf der katalytisch wirksamen Oberfläche des Keramikkörpers ab und dringen auch in die Zwischenschicht ein. Dadurch ist der erforderliche Kontakt der Abgase mit den eingelagerten Katalysatoren (Edelmetalle, z.B. Platin) nicht mehr gegeben, d.h. die katalytische Nachbehandlung der Abgase ist bereits nach wenigen 100 km nicht mehr möglich.

Drei-Wege-Katalysator

Bei einem Pkw der Mittelklasse in Standardausführung soll die Abgasanlage (Auspuffanlage) erneuert werden. Es handelt sich um eine 2-Topfanlage mit integriertem Katalysator, Mittel- und Nachschalldämpfer.

1. Tragen Sie zunächst an den Hinweislinien die Bezeichnung der Einzelteile ein.

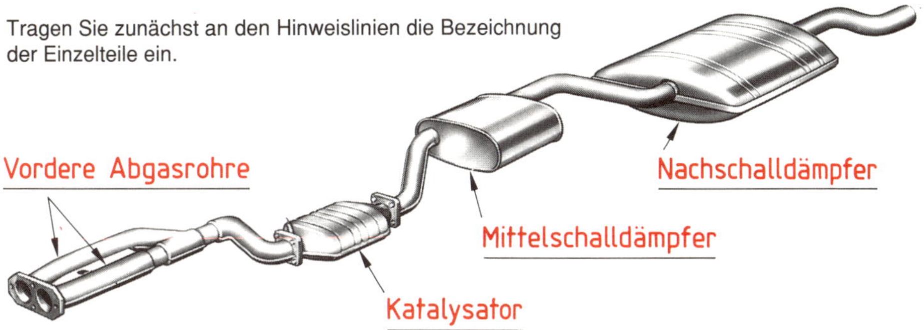

Vordere Abgasrohre
Nachschalldämpfer
Mittelschalldämpfer
Katalysator

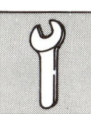

2. Erstellen Sie einen Arbeitsablaufplan. Unterteilen Sie durch die Überschriften: *Ausbau ... Einbau.*

Arbeitsablaufplan

Arbeitsschritte	Werkzeuge, Hilfsmittel, Material
Ausbau	
1. Fahrzeug auf die Hebebühne fahren.	Hebebühne
2. Schrauben und Muttern der Abgasanlage mit Rostlöser. einsprühen und einwirken lassen.	Rostlöser
3. Vorhandene Hitzeschilde demontieren.	
4. Steckverbindung für die Lambda-Sonde lösen und herausschrauben. Sondenleitung von Hand mitdrehen, um ein Verdrehen oder Ausreißen zu verhindern.	Maulschlüssel
5. Anlage abstützen. Abgasrohr am Krümmer abschrauben. Abgasrohre, Schalldämpfer, Schellen und Halterungen, Seitenabstützungen lösen. Abgasanlage vorsichtig abnehmen (mit Helfer).	Knarre mit Nuß (evtl. mit Gelenkstück und Verlängerung), Ring- und Steckschlüssel
Einbau	
6. Krümmerflansch auf Verzug prüfen. Die Planflächigkeit kann mit einem Lineal kontrolliert werden.	Lineal
7. Lambda-Sonde mit Gleitmittel bestreichen und montieren.	Gleitmittel
8. Gewindebolzen am Krümmer mit Kupferpaste bestreichen.	Kupferpaste
9. Hitzeschilde am Katalysator montieren (wenn vorhanden).	
10. Steckverbindung für die Lambda-Sonde einschrauben.	
11. Vorderes Abgasrohr (mit Katalysator) mit neuer Dichtung und neuen selbstsichernden Muttern einbauen.	
12. Schalldämpfer mit den zugehörenden Abgasrohren einbauen. Halteringe und Gummipuffer evtl. erneuern.	
13. Abgasanlage ausrichten.	
14. Alle Verschraubungen fest anziehen. Anzugsdrehmomente beachten, falls sie vorgeschrieben sind.	Drehmomentschlüssel
15. Fahrzeug von der Hebebühne fahren.	
16. Bei laufendem Motor die Ausrichtung, die Dichtigkeit und unerwünschte Vibrationsschwingungen überprüfen.	Montagegrube

Arbeitsablaufplan: Abgasanlage erneuern

1. Erklären Sie den chemischen Prozeß einer Oxidation und einer Reduktion. Bei der Oxidation verbindet sich ein Stoff mit Sauerstoff (O_2). Die entstandene Sauerstoffverbindung ist ein Oxid. Bei der Reduktion wird einem Oxid (Sauerstoffverbindung) wieder Sauerstoff durch eine „Zurückführung" entzogen.

2. Nennen Sie die Bezeichnungen und Kurzzeichen der wichtigsten Schadstoffe in den Abgasen von Ottomotoren.
Kohlenwasserstoffe in CH-Verbindungen, Kohlenmonoxid CO und Stickoxide NO_x.

3. Kohlenmonoxid (CO) ist gesundheitsschädlich und lebensgefährlich. Nennen Sie zwei wichtige Vorsichtsmaßnahmen.
Der Motor darf nie in geschlossenen Räumen ohne Absaugvorrichtung für die Abgase laufen. Undichtigkeiten in der Abgasanlage sollten sofort repariert werden.

4. Welche Aufgabe hat der Katalysator? Er soll die Schadstoffe der Abgase in umweltverträgliche Bestandteile durch eine katalytische Nachbehandlung umwandeln.
Chemische Umsetzungen: CH in CO_2 und H_2O, CO in CO_2, NO_x in N_2.

5. Mit welchen Bezeichnungen können Katalysatoren nach ihrer Arbeitsweise unterschieden werden?
Oxidations-Katalysatoren, Reduktions-Katalysatoren, Drei-Wege-Katalysatoren.

6. Nennen Sie die wichtigsten Bauteile bzw. Funktionsbereiche des Katalysators. Träger (als Systembezeichnung für den Ablauf der Umwandlung), Stahlgehäuse (als äußerer Schutz), Trägerummantelung, Zwischenschicht, katalytisch aktive Schicht mit eingelagerten Edelmetallen (als eigentliche Katalysatoren).

7. Der Trägerkörper eines Katalysators wird als Monolith bezeichnet. Was bedeutet hier die Bezeichnung Monolith?
Der Träger besteht aus einem einzigen Körper.

8. Bauweise und Aufbau eines Trägerkörpers wird als Trägersystem bezeichnet. Nennen Sie unterteilt in a) und b) die zwei vorkommenden Trägersysteme. Beschreiben Sie ihren Aufbau.

a) Trägersystem Keramikmonolith: Der Träger besteht aus einer geeigneten Keramikzusammensetzung. Dieser Monolith besteht aus einer Vielzahl von feinen, bevorzugt quadratischen Keramikkanälen, die ihn in Strömungsrichtung der Abgase durchziehen.

b) Trägersystem Metallmonolith: Der Trägerkörper besteht aus einer Wicklung von fein gewellten, außerordentlich dünnen Metallfolien. Beide Trägersysteme sind durch ein Stahlgehäuse geschützt.

9. Wodurch entsteht der chemische Umwandlungsprozeß? Die Oberfläche der Keramikkanäle bzw. die Folienoberfläche beim Metallmonolith ist mit einer Zwischenschicht überzogen. Darauf befindet sich die katalytisch wirksame Schicht mit Spuren von Edelmetallen, die als die eigentlichen Katalysatoren zu bezeichnen sind. Beim Durchströmen der Abgase wird durch die Kontaktberührung der umzuwandelnden Schadstoffe mit den Edelmetalleinlagerungen (z.B. Platin) bei einer Arbeitstemperatur von 250°C bis 900°C der chemische Prozeß ausgelöst und vor allem beschleunigt. 300°C wird als „Anspringtemperatur" bezeichnet.

10. Wie hoch sind die durchschnittlichen Konvertierungsraten in % (Umwandlungsraten) bei einem geregelten und bei einem ungeregelten Katalysator? Bei geregeltem Katalysator werden mindestens 90 % der Schadstoffe in umweltverträgliche Stoffe umgewandelt, bei ungeregeltem nur 50 %.

11. Welche Bedingung ist an die Wirksamkeit eines geregelten Drei-Wege-Katalysators geknüpft? Die Gemischzusammensetzung muß ständig in einem Regelkreis durch eine Lambda-Sonde überwacht werden. Dabei muß so geregelt werden, daß das ideale Luftverhältnis von $\lambda = 1$ fast erreicht wird.

Katalysator I:
Fragen, Erläuterungen, Vorsichtsmaßnahmen

12. Beschreiben Sie die Arbeitsweise eines ungeregelten Katalysators im Unterschied zum geregelten Katalysator.

Die Gemischzusammensetzung wird nicht geregelt, da zur Überwachung keine Lambda-Sonde eingebaut ist. Die Gemischzusammensetzung, damit auch die Abgaszusammensetzung, wird nur durch die verschiedenen Betriebszustände des Motors gesteuert.

13. Warum ist die Verwendung von verbleitem Kraftstoff für Katalysatoren nachteilig? Bleiverbindungen im Abgas setzen sich auf der katalytisch wirksamen Schicht ab, gehen mit dem Platin Verbindungen ein und dringen auch in die Zwischenschicht ein. Dadurch ist der erforderliche direkte Kontakt der schädlichen Bestandteile mit den als Katalysator wirkenden Edelmetallen erschwert oder sogar wirkunglos. Die Abgase werden nicht mehr entgiftet.

14. Warum müssen bei Katalysatorfahrzeugen häufige, direkt aufeinanderfolgende Kaltstarts vermieden werden? Der unverbrannte Kraftstoff (aus überfettetem Kraftstoff-Luft-Gemisch) setzt sich im Monolithen ab. Bei der dadurch möglichen Temperaturerhöhung auf über 1200˚C setzt bei der katalytisch aktiven Schicht eine thermische Alterung ein. Solch hohe Temperaturen können auch das Keramikmaterial sintern. In beiden Fällen führen Wiederholungen zur Zerstörung des Katalysators.

15. Welche Folgen können schadhafte Zündkerzen im Dauerbetrieb für den Katalysator haben? Durch die dann auftretenden Fehlzündungen können zu hohe Temperaturen entstehen. Die katalytische Nachbehandlung der Abgase wird dadurch nach kurzer Zeit wirkungslos.

16. Warum sollen Bergabfahrten mit eingelegtem Gang und ausgeschalteter Zündung vermieden werden? Unverbrannter Kraftstoff gelangt in den Katalysatormonolithen und führt hier wie bei häufigen Kaltstarts zu Schädigungen. Im Katalysator, in den Schalldämpfern oder in den Abgasrohren kann es durch die hohen Temperaturen der Anlage zu explosionsartigen Verbrennungvorgängen und zur Zerstörung des Katalysators kommen.

17. Warum soll bei Katalysatorfahrzeugen ein Motor nicht durch Anschieben gestartet werden? Entstehende Fehlzündungen können bis zum Katalysator durchschlagen und durch zu hohe Temperaturen die weitere Wirksamkeit des Katalysators stark mindern. Bei Ausfall des Starters soll das Starten nur mit Hilfe eines Starthilfekabels erfolgen.

18. Warum soll ein Katalysatorfahrzeug (in betriebswarmem Zustand) nicht über brennbarem Material (z.B. trockenes Gras) halten oder parken? Durch die wesentlich höheren Temperaturen der Abgasanlage gegenüber den Fahrzeugen ohne Katalysator – bedingt also durch den Katalysator – kann das brennbare Material entzündet werden.

19. Warum dürfen Wartungs- und Reparaturarbeiten besonders bei Katalysator-Fahrzeugen nur an einer abgekühlten Anlage vorgenommen werden? Besonders im Bereich des Katalysators ist Vorsicht geboten. Bereits nach kurzer Fahrzeit wird der Katalysator und dadurch auch die gesamte Anlage auf eine hohe, systembedingte Temperatur gebracht.

20. Beschreiben Sie den Unterschied zwischen einem Einbett- und einem Zweibett-Katalysator. Bei einem Einbett-Katalysator ist das erforderliche Volumen für die katalytische Abgasreinigung in 1 Monolithen untergebracht (d.h. in 1 Bett gelagert). Bei einem Zweibett-Katalysator sind die 2 Monolithen in der Regel hintereinander in einem Stahlgehäuse untergebracht (siehe Seite 63, Abb. 1).

21. Welche Messungen werden bei der Abgassonderuntersuchung (ASU) durchgeführt? Gemessen werden: Zündzeitpunkt, Schließwinkel, Leerlaufdrehzahl und CO-Gehalt in Vol.-%.

Katalysator II:
Fragen, Erläuterungen, Vorsichtsmaßnahmen

1. Geben Sie in der Prinzipskizze an, wo sich die Druckseite und die Saugseite befinden.

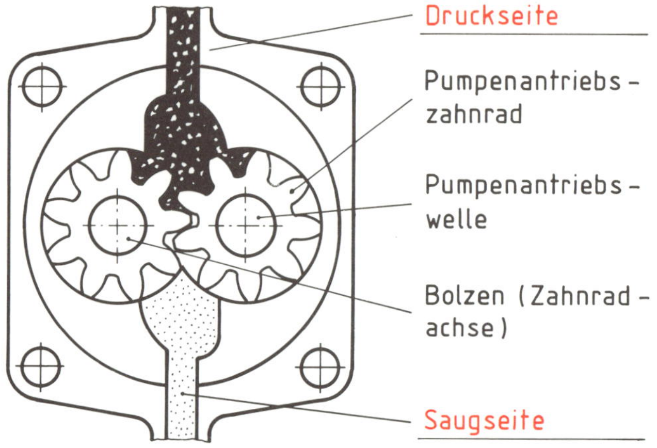

Druckseite

Pumpenantriebs-zahnrad

Pumpenantriebs-welle

Bolzen (Zahnrad-achse)

Saugseite

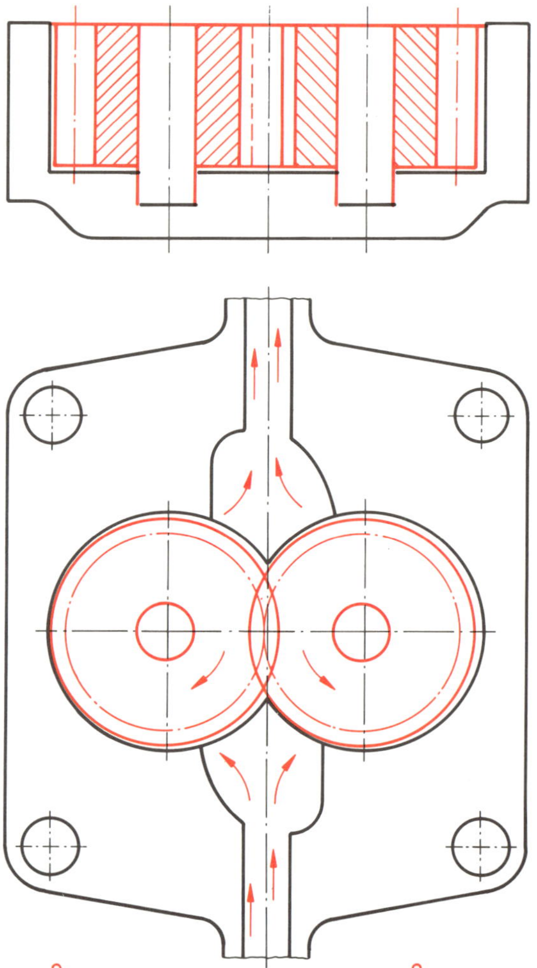

2. Vervollständigen Sie die nebenstehende, stark vereinfachte Zusammenbauzeichnung einer Zahnradölpumpe. Zeichnen Sie die im Eingriff befindlichen Zahnräder, den Bolzen (oben bündig) und die Antriebswelle.
Stellen Sie die Vorderansicht als Schnitt dar.

   Maßangaben: Antriebswelle und Bolzen: ⌀ 8 mm
   Kopfkreisdurchmesser: 33 mm
   Teilkreisdurchmesser: 27 mm
   Zahnraddicke: 20 mm

3. Kennzeichnen Sie in der Draufsicht den Ölfluß und die Drehrichtung der Zahnräder durch Pfeile.

4. Markieren Sie in den Abb. 1-3 den folgenden Angaben entsprechend den Ölkreislauf rot.

   Abb. 1: Das Hauptstromfilter ist verstopft.
   Abb. 2: Die Nebenstromfilterung ist in Ordnung.
   Abb. 3: Das Nebenstromfilter ist verstopft.

5. Tragen Sie an den Hinweislinien die Teilenummern ein.

   1 Hauptstromfilter,
   2 Nebenstromfilter,
   3 Umgehungs- oder Überströmventil,
   4 Überdruckventil,
   5 Hauptstromöl-leitung,
   6 Zahnradölpumpe,
   7 Ölwanne,
   8 Ölsieb,
   9 Öldruckmanometer,
   10 Symbol für Schmierstellen (z.B. Lager).

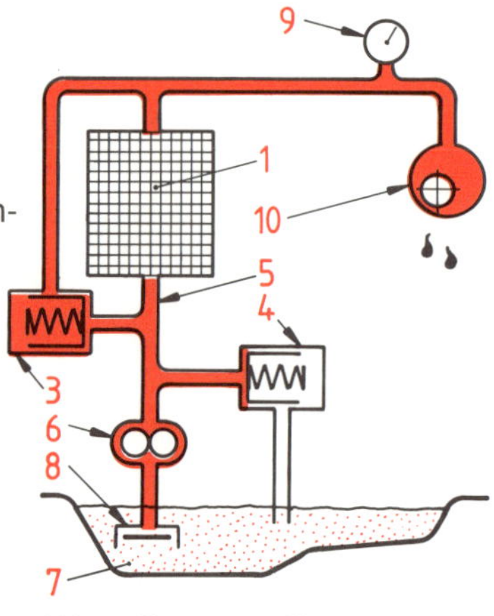

Abb. 1: Hauptstromfilter

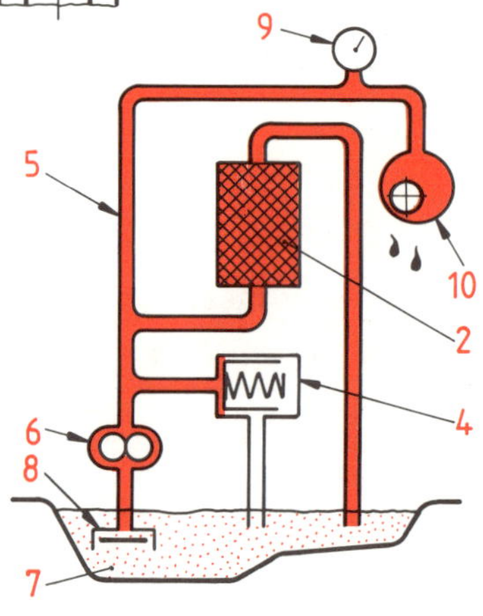

Abb. 2: Nebenstromfilter

Aufgaben:

Übernehmen Sie auf ein gesondertes Blatt folgende Fragen zur Beantwortung.

6. Welchen Vorteil und welchen Nachteil hat eine Hauptstromfilterung?
7. Welche Aufgabe hat das Umgehungsventil (Überströmventil)?
8. An welcher Stelle kann ein Überströmventil auch eingebaut sein?
9. Wie nennt man die Anordnung des Nebenstromfilters?
10. Warum ist bei einem Nebenstromfilter kein Umgehungsventil erforderlich?
11. Wie kann man in der Regel die Verstopfung eines Nebenstromfilters feststellen?
12. Welche Motoren haben überwiegend eine Haupt- und Nebenstromfilterung?
13. Unterscheiden Sie Haupt- und Nebenstromfilter nach ihrer Filterungsqualität.
14. Welche Ölfilterarten werden als Haupt- bzw. als Nebenstromfilter eingesetzt?
15. Beschreiben Sie kurz ein Wechselfilter mit eingebautem Umgehungsventil.
16. Welche drei Arten von Ölpumpen unterscheidet man meistens?
17. In welcher Weise wird die Luft zur Ölkühlung herangezogen?
18. Wie arbeitet ein flüssigkeitsgekühlter Ölkühler (Wärmetauscher)
    a) bei kaltem Motor und **b)** bei betriebswarmem Motor?

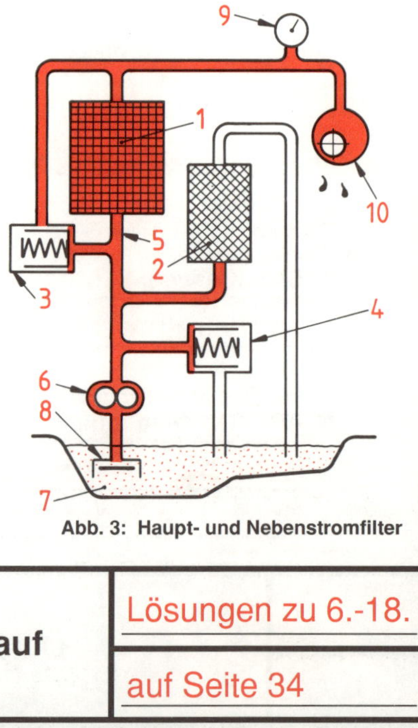

Abb. 3: Haupt- und Nebenstromfilter

© Copyright: Verlag H. Stam GmbH · Köln

Zahnradölpumpe (vereinfacht), Filter im Ölkreislauf

Lösungen zu 6.-18.

auf Seite 34

67

Ein Kunde bringt seinen Pkw in die Werkstatt, weil er einen erheblichen Ölverlust festgestellt hat. Zunächst wird eine Laufleistung des Fahrzeugs von 180000 km abgelesen. Der Motor wurde bisher noch nicht ausgetauscht. Da wahrscheinlich mehrere Ölaustrittsstellen vorhanden sind, ist der Motor systematisch auf alle in Frage kommenden Leckstellen zu überprüfen.

1. Benennen Sie in der unten angegebenen Zusammenstellung die in der Darstellung mit a bis i gekennzeichneten möglichen Ölaustrittsstellen.

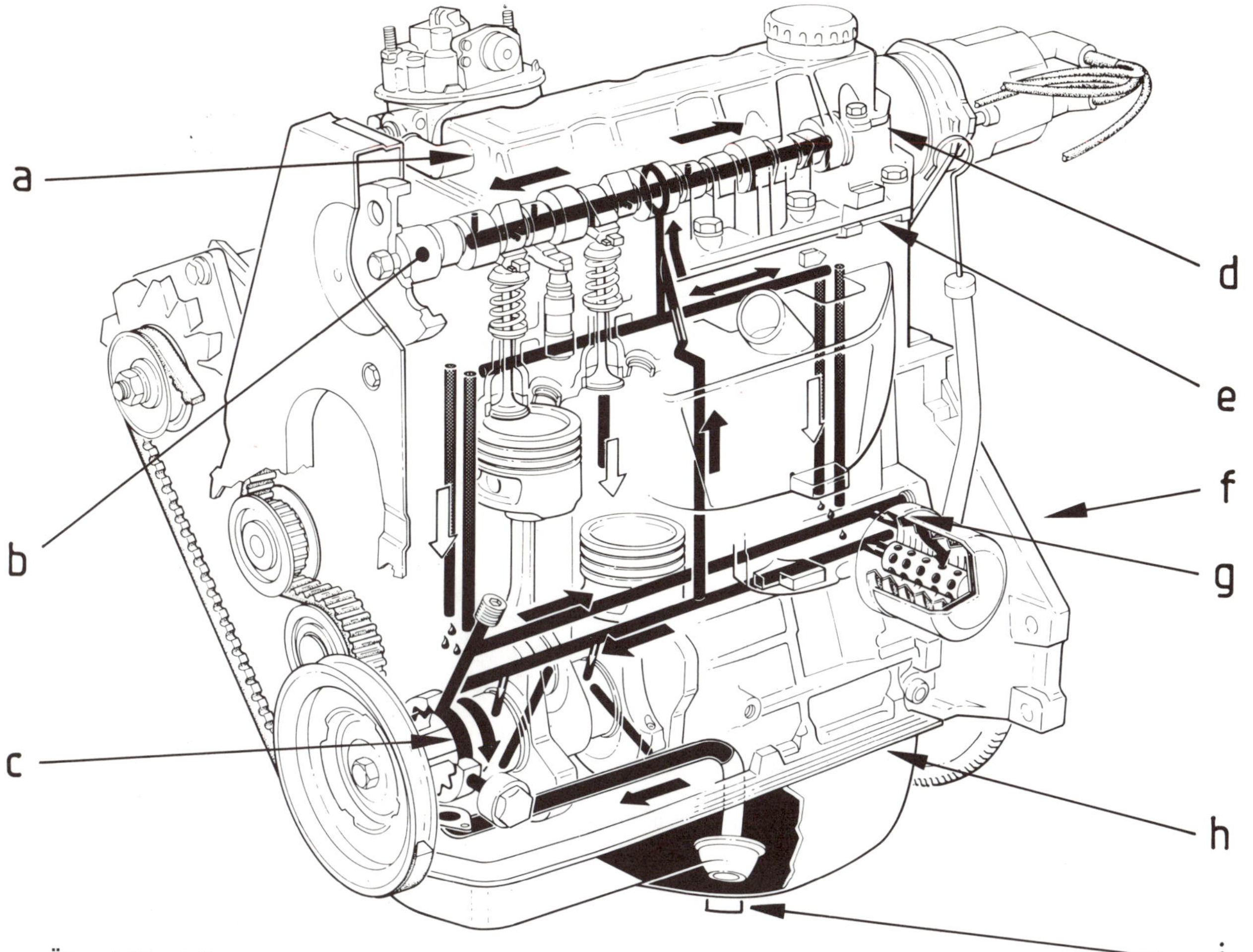

Ölaustrittsstellen:

a Anschluß für die Kurbelgehäuse-
   entlüftung (Öldämpfe)

b Nockenwellenlagerdichtung

c Kurbelwellenlagerdichtung

d Zylinderkopfhaubendichtung

e Zylinderkopfdichtung

f Kurbelwellenlager

g Ölfilterdichtung

h Ölwannendichtung

i Ölablaßschraube

2. Nennen Sie mehrere angewendete Verfahren der Motorschmierung. Druckumlaufschmierung, Trockensumpfschmierung, Mischungsschmierung.

3. Was bedeutet *Viskosität* des Öls? Zähflüssigkeit des Öls (temperaturabhängig).

4. Erklären und beurteilen Sie eine Einteilung der Öle nach:

● **SAE-Klassen:** Einteilung in Viskositätsklassen, leichtere Auswahl für bestimmte Temperaturbereiche, keine Aussagen über Qualitäten.

● **API-Klassifikationen:** Einteilung nach Qualitäten in Bezug auf Motorart, Betriebsbedingung und Leistungsvermögen (nach amerikanischen Maßstäben). Entspricht in der Regel nicht den europäischen Anforderungen.

Ölaustritt beim Viertakt-Ottomotor

© Copyright: Verlag H. Stam GmbH · Köln

Nach einer vorangegangenen Motorwäsche wird der Motor auf Ölaustrittstellen untersucht. Dabei wird festgestellt, daß die Dichtung der Zylinderkopfhaube undicht ist.

1. Stellen Sie zur Erneuerung der Dichtung einen Arbeitsablaufplan auf. Benennen Sie Ersatzteile, notwendige Werkzeuge und erforderliches Verbrauchsmaterial. Es handelt sich um eine Korkdichtung.

Arbeitsablaufplan

1. Luftfilter abbauen (Schraubendreher),
2. Schrauben der Zylinderkopfhaube lösen (z.B. Steckschlüssel).
3. Zylinderkopfhaube abnehmen.
4. Dichtung lösen und entfernen (Rest evtl. mit Schaber entfernen).
5. Dichtfläche leicht mit Dichtmasse (z.B. Bostik) einstreichen, neue Dichtung exakt auflegen (neue Dichtung, Dichtmasse, Pinsel).
6. Zylinderkopfhaube aufsetzen, Schrauben einsetzen, von Hand andrehen.
7. Schrauben mit vorgeschriebenem Drehmoment anziehen (Drehmomentschlüssel).
8. Motor warmlaufen lassen, auf Dichtheit prüfen.

2. Erstellen Sie in Stichworten einen Diagnoseverlauf: **Störungen im Ölkreislauf.**

Störung	Mögliche Ursachen	Abhilfe
Nach Einschalten der Zündung leuchtet die Ölkontrollampe nicht auf.	Lampe defekt, korrodierte Anschlüsse	Lampe erneuern Anschlüsse säubern
Nach dem Starten verlöscht die Ölkontrollampe nicht.	kein Öldruck, Ölmangel Öl zu dünnflüssig, Öldruckschalter defekt,	Ölpumpe überprüfen und evtl. erneuern, vorgeschriebenes Öl einfüllen, Öldruckschalter erneuern,
Ölkontrollampe flackert während der Fahrt.	Öl zu dünnflüssig (überhitzt), ungeeignete Ölviskosität,	Kühlsystem überprüfen, vorgeschriebenes Öl einfüllen,
Bei Kurvenfahrten leuchtet die Ölkontrollampe auf.	Ölmangel (Öl wird auf eine Seite geschleudert).	Öl bis zum vorgeschriebenen Ölstand auffüllen.

3. Ergänzen Sie den folgenden *Lückentext*.

Ist der Motor eines Kraftfahrzeugs durch ausgetretenes Öl stark verschmutzt, die Leckstellen aber nicht zu lokalisieren, muß eine Motorwäsche vorgenommen werden. Diese darf nur in einem dafür geeigneten Raum mit Öl- und Benzinabscheider durchgeführt werden. Vorher müssen die empfindlichen elektrischen bzw. elektronischen Bauteile abgedeckt werden. Nachdem der Motor abgetrocknet ist, wird fehlendes Öl nachgefüllt und der Motor warmgefahren. In der Regel lassen sich danach die Ölaustrittstellen feststellen. Die Reparatur kann beginnen.

Motorschmierung:
Arbeitsablaufplan und Störungsdiagnose

1. Geben Sie mindestens vier grundsätzliche Aufgaben des Motoröls an. Verschleiß mindern, abdichten, kühlen, vor Korrosion schützen, Ablagerungen und Verbrennungsrückstände chemisch binden und in der Schwebe halten.

2. Was bedeutet auf einer Öldose die Bezeichnung: *SAE 15 W-40*? Mehrbereichsöl der SAE-Viskositätsklassen, überdeckt den Einsatztemperatur-Bereich SAE 15 W bis SAE 40 (ca. -20° C bis 160° C), W kennzeichnet Winteröl.

3. Was bedeutet auf einer Öldose der Zusatz: *API SF-CD*? Für Otto- und Dieselmotoren.

   API: Das Öl ist entsprechend der API-Klassifikation nach Qualitätsmerkmalen amerikanischer Normvorgaben eingestuft, festgelegte Merkmale.

   S: Service Klasse, Kleinverkauf an Tankstellen, für Ottomotoren.

   C: Commercial Klasse, Großverbraucher, für Diesel- und Ottomotoren.

   SF: Service Klasse für Ottomotoren in Pkw und Lkw, ab 1980.

   F in Verbindung mit *SF*: F kennzeichnet eine Qualitätssteigerung (ab 1980) gegenüber Ölen mit Buchstaben, die im Alphabet vor F liegen, entspricht den heute üblichen, längeren Ölwechselintervallen, hoher Oxidationsschutz.

   CD: Commercial Klasse für aufgeladene Dieselmotoren mit großer Leistung.

4. Warum legen die Motorhersteller die Ölwechselfristen
   a) nach der Laufleistung (z.B. 15 000 km) und   b) nach der Laufdauer (z.B. 6 Monate) fest?
   a) Öl unterliegt einem Verschleiß, nach der vorgeschriebenen Laufleistung können die Additive des Öls bereits verbraucht und damit wirkungslos sein, das Öl kann die gestellten Anforderungen nicht mehr erfüllen.
   b) Bereits nach 6 Monaten (auch bei geringer Laufleistung) kann das Öl altern, d.h. oxidieren (chemische Reaktion mit dem Sauerstoff der Verbrennungsluft), kann verharzen, verschlammen oder zu stark verdünnt sein.

5. Warum soll beim Ölwechsel grundsätzlich nur Öl nach den Angaben der Motorhersteller Verwendung finden?
   Gewährleistung und Garantien können hinfällig werden.

6. Neben den Reibungsarten (z.B. Gleitreibung, Wälzreibung) unterscheidet man häufig drei verschiedene Reibungszustände.
   a) Welcher Reibungszustand kommt beim KFZ kaum vor? Ausnahme: Es liegt ein fehlerhafter Zustand vor.
   Trockenreibung.

   b) Durch welchen Reibungszustand entsteht ein starker Verschleiß? Nennen Sie Beispiele.
   Mischreibung; ungenügender Ölfilm beim Starten, kalter Motor, zu starkes Gasgeben vor Erreichen der Betriebstemperatur.

   c) Welcher Reibungszustand wird möglichst angestrebt, damit praktisch kaum noch Verschleiß auftritt?
   Flüssigkeitsreibung bei betriebswarmem Motor: Reibflächen sind vollständig durch intakten Ölfilm getrennt.

Motorschmierung (Fragen)

Bei einem Pkw muß die Kühlmittelpumpe (Wasserpumpe) erneuert werden.

1. Vervollständigen Sie die Prinzipskizzen einer Pumpenumlaufkühlung durch Schlauchverbindungen zwischen den angedeuteten Stutzen. Kennzeichnen Sie die Ventilstellungen im Thermostat durch das nebenstehende Symbol. Geben Sie in beiden Darstellungen die Fließrichtung des Kühlmittels durch farbige Pfeile an.

Symbol für das Ventil (im Thermostat)

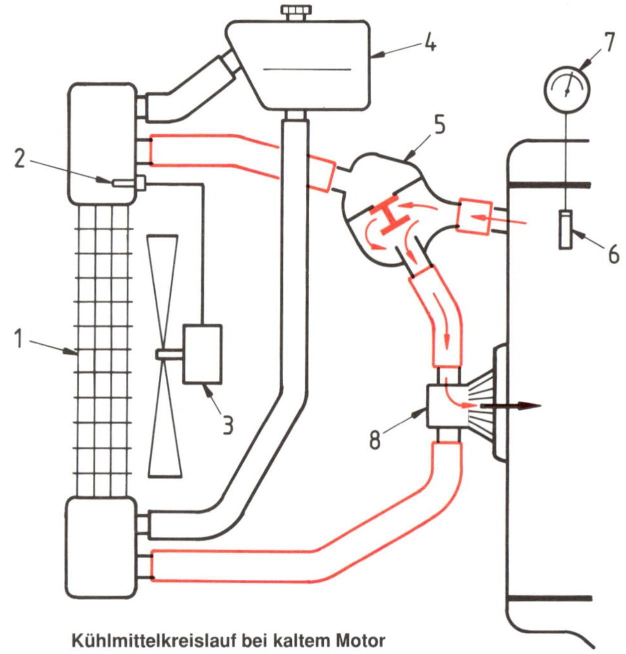

Kühlmittelkreislauf bei kaltem Motor

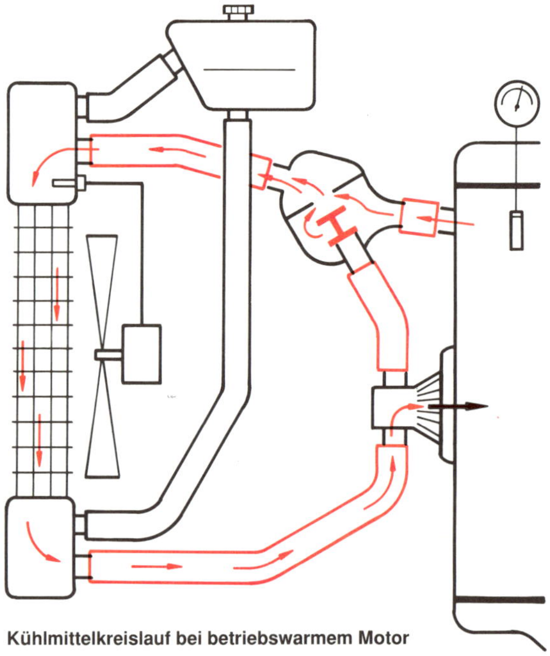

Kühlmittelkreislauf bei betriebswarmem Motor

2. Ergänzen Sie die Benennung der Bauteile 1 bis 8.

1 Lamellenkühler

2 Thermoschalter

3 Elektrolüfter

4 Ausgleichsbehälter

5 Thermostatgehäuse

6 Temperaturfühler

7 Temperaturanzeiger

8 Kühlmittelpumpe

3. Geben Sie in Stichworten mögliche Ursachen der angegebenen Störungen im Kühlsystem an (evtl. zweites Blatt verwenden).

● **Betriebstemperatur des Motors ist zu hoch**

a) Kühlmittelverlust: undichte Schläuche, Zylinderkopfdichtung defekt, Zylinderblock bzw. Zylinderkopf gerissen, Korrosions- oder Frostschäden an Froststopfen.

b) Kühlmittelpumpe fördert zu wenig oder überhaupt nicht: Keilriemenspannung zu gering oder Keilriemen gerissen.

c) Lüfter dreht sich nicht: Keilriemen rutscht durch oder ist gerissen.

d) E-Lüfter dreht sich nicht: Fehler im Schalter, in der Leitung oder im E-Motor.

e) Kühlleistung zu gering: Kühlrippen beschädigt, verschmutzt oder verkalkt.

f) Kühlmittelverlust an der Pumpe: Lagerschaden oder verschlissene Dichtungen.

● **Betriebstemperatur wird zu spät erreicht**

g) Kühlmittel strömt von Anfang an durch den Kühler: Thermostat schließt nicht mehr (ist nicht funktionsfähig), kein kleiner Kühlmittel-Kreislauf.

● **Kühlmitteltemperatur laut Anzeige zu hoch**

h) Kühlmittel durchläuft nur den Kurzschlußkreis: Thermostat öffnet nicht und ist defekt, Thermofühler ist nicht in Ordnung.

● **Kühlmittelpumpe fällt aus**

i) Antrieb defekt: Keilriemen rutscht durch oder ist gerissen.

Kühlmittelkreislauf des Motors

© Copyright: Verlag H. Stam GmbH · Köln

Die **Luft-Wasser-Umlaufkühlung** in einem geschlossenen Kreislauf wird bei Fahrzeugmotoren am häufigsten angewandt. Dem Wasser (Kühlmedium) werden Zusätze gegen Korrosion und vor allem gegen das Gefrieren hinzugefügt. Die Frostschutzmittel sind in der Regel Glykol-Verbindungen (zweiwertiger Alkohol). In Vermischung mit Wasser setzt das Frostschutzmittel den Gefrierpunkt der Kühlflüssigkeit entsprechend dem Mischungsverhältnis stark herab.

Für die verschiedenen Wasser-Frostschutzmittel-Mischungen kann der erreichbare Gefrierschutz aus Tabellen ermittelt werden. Die Mischungsanteile werden in % angegeben und ergeben zusammen 100%.

Werte aus einer Gefrierschutztabelle

Frostschutzmittel in %	0	10	20	30	40	50	60	70	80	90	100
Gefrierschutz in °C	0	-4	-10	-17	-27	-40	-56	-51	-42	-32	-14

Aufgaben:

1. Stellen Sie im nebenstehenden Koordinatensystem mit den Angaben der Gefrierschutztabelle den erreichbaren Gefrierschutz in Abhängigkeit von den Frostschutzmittelanteilen als Kurve dar.

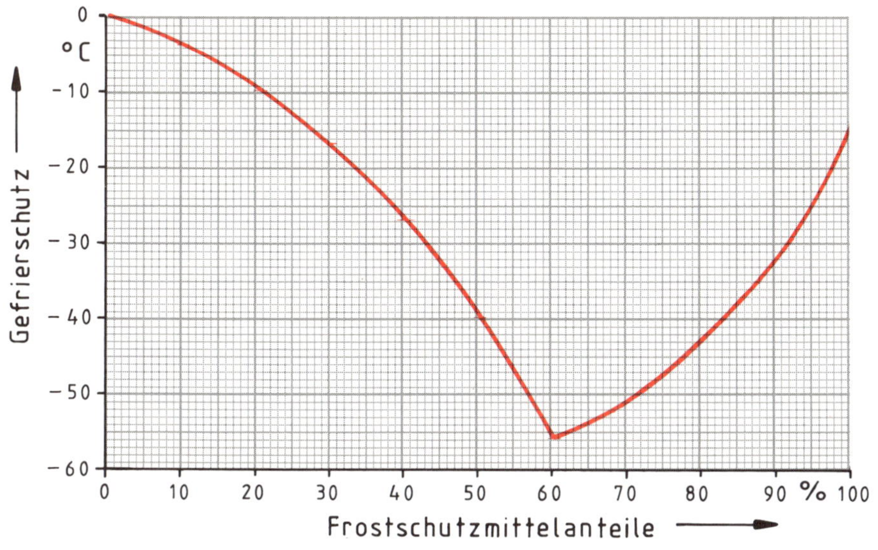

2. a) Geben Sie in °C den tiefsten Gefrierpunkt an, der mit Zusätzen von Frostschutzmitteln erreichbar ist.

   - 56 °C

   b) Wie hoch ist dann der prozentuale Anteil des Frostschutzmittels?

   60 %

3. Ermitteln Sie den Gefrierpunkt von reinem Frostschutzmittel (ohne Wasser).

   - 14 °C

4. Entnehmen Sie aus dem nebenstehenden Diagramm den Frostschutzmittelanteil in % bei einem Gefrierschutz bis -25°C.

   38 %

5. Ein Pkw-Kühler enthält 9,5 l Kühlflüssigkeit. Mit wieviel l Frostschutzmittel erreicht man dann einen Gefrierschutz bis -30°C?

6. Eine Kühlflüssigkeit soll einen Gefrierschutz bis -20°C erhalten. Der Kühler hat ein Gesamtvolumen von 12 l. Ermitteln Sie die Anteile von Frostschutzmittel und Wasser in Prozent und in l.

7. Eine Kühlflüssigkeit mit 7,7 l Frostschutzmittel erreicht einen Gefrierschutz bis -50°C. Berechnen Sie das Gesamtfassungsvermögen des Kühlers in l.

8. Für 18 l Kühlflüssigkeit ist das Mischungsverhältnis Frostschutzmittel zu Wasser mit 3:8 angegeben. Berechnen Sie den Frostschutzmittel- und den Wasseranteil in l.

Zu 5: - 30°C ≙ 43% Frostschutzmittel (laut Diagramm)

$$43\% \triangleq \frac{9{,}5 \cdot 43}{100}\,l = 4{,}085\,l \approx \underline{\underline{4\,l}}$$

Zu 6: - 20°C ≙ 33% Frostschutzmittel (laut Diagramm)

$$33\% \triangleq \frac{12 \cdot 33}{100}\,l = 3{,}96\,l \text{ Frostschutzmittel}$$

67% ≙ 8,04 l Wasser

100% ≙ 12,0 l Kühlflüssigkeit

Zu 7: - 50°C ≙ 57% Frostschutzmittel (laut Diagramm)

$$100\% \triangleq \frac{7{,}7 \cdot 100}{57}\,l = \underline{\underline{13{,}5\,l}}$$

Zu 8: $\dfrac{18}{11} = \dfrac{x}{3} \rightarrow x = \dfrac{18 \cdot 3}{11} = 4{,}91 \triangleq \underline{\underline{4{,}91\,l\,F.}}$

$\dfrac{18}{11} = \dfrac{x}{8} \rightarrow x = \dfrac{18 \cdot 8}{11} = 13{,}09 \triangleq \underline{\underline{13{,}09\,l\,W.}}$

4,91 l + 13,09 l = 18 l

Kühlwasser- und Frostschutzmittelanteile

Bei einem Pkw mit Ottomotor steht der Kühlmittel-Temperaturanzeiger nach kurzer Fahrt im roten Bereich.

Erstellen Sie einen Arbeitsablaufplan in Form eines Programmablaufplans. Überlegen Sie, welche Grundvoraussetzungen für die Motorkühlung vorhanden sein müssen.

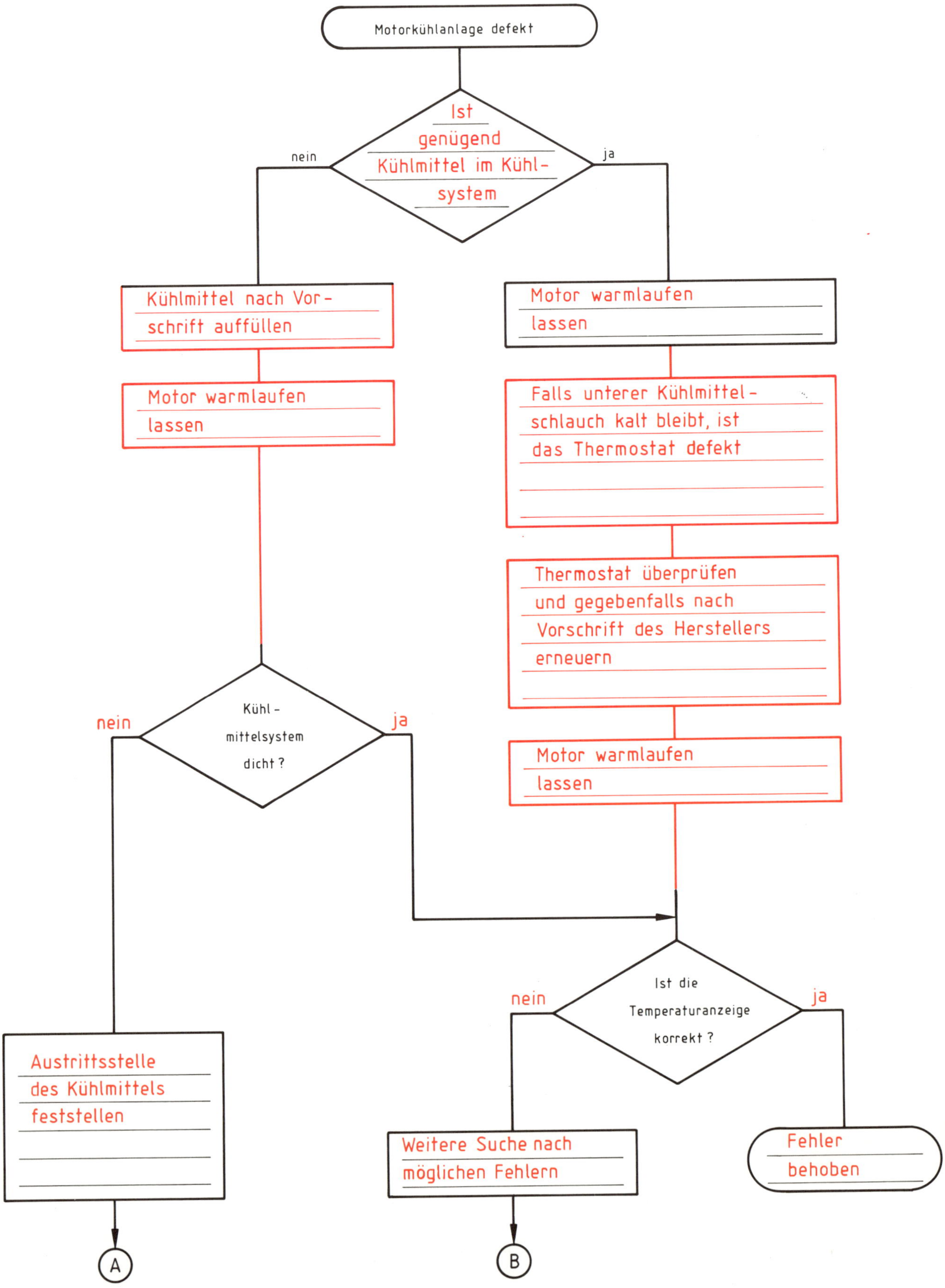

Motorkühlanlage defekt

Ist genügend Kühlmittel im Kühlsystem

nein → Kühlmittel nach Vorschrift auffüllen → Motor warmlaufen lassen → Kühlmittelsystem dicht?

ja → Motor warmlaufen lassen → Falls unterer Kühlmittelschlauch kalt bleibt, ist das Thermostat defekt → Thermostat überprüfen und gegebenenfalls nach Vorschrift des Herstellers erneuern → Motor warmlaufen lassen

Kühlmittelsystem dicht?
nein → Austrittsstelle des Kühlmittels feststellen → **A**

Ist die Temperaturanzeige korrekt?
nein → Weitere Suche nach möglichen Fehlern → **B**
ja → Fehler behoben

Fortsetzung für **A** und **B** auf der folgenden Seite.

Arbeitsablaufplan: Motorkühlanlage defekt

© Copyright: Verlag H. Stam GmbH · Köln

Mit einem Kühlerabdrückgerät wird überprüft, ob das Kühlsystem dicht ist. Beschreiben Sie die Anwendung.

1. Der Motor muß betriebswarm sein.
2. Statt des Kühlerverschlußdeckels das Prüfgerät aufsetzen.
3. Mit der Handpumpe einen Überdruck von ca. 1 bar erzeugen.
4. Prüfen, ob der Druck 1 min bis 2 min hält.
5. Fällt der Druck ab, muß das Kühlsystem auf Undichtheit überprüft werden.

A An welchen Stellen kann das Kühlmittel sichtbar austreten?

Abhilfe

1. Kühlmittelpumpe (Wasserpumpe) undicht
2. Schlauchanschlüsse undicht
3. Schläuche defekt (porös)
4. Kühler undicht
5. Riß im Motorblock
6. Zylinderkopf undicht
7. Zylinderkopfdichtung defekt
8. Froststopfen defekt

1. Kühlmittelpumpe erneuern
2. Schlauchanschlüsse anziehen,
3. Erneuern
4. Kühler ausbauen, löten oder erneuern
5. Erneuern
6. Erneuern
7. Erneuern
8. Erneuern

B Welche Fehler können im Kühlsystem auftreten?

Abhilfe

1. Temperaturfühler defekt
2. Temperaturanzeigegerät defekt
3. Kühlerlamellen innen verstopft
4. Kühlerlamellen außen verschmutzt (Fliegen, Insekten, Schmutz usw.)
5. Lüfter läuft nicht bzw. bei vorgegebener Kühlmitteltemperatur zu langsam
6. Wärmetauscher (Heizung) undicht
7. Kühlerverschlußdeckel defekt (Kühlmittel verdampft)
8. Ausgleichsbehälter undicht
9. Kühlmittelkreislauf verschmutzt (verstopft)
10. Luftblasen im Kühlmittelkreislauf
11. Kühlmittelpumpe fördert zu wenig

1. Erneuern
2. Erneuern
3. Kühler ersetzen
4. Von innen nach außen mit Druckluft ausblasen
5. Je nach Lüfterart den Fehler suchen und beheben, evtl. Austauschlüfter einbauen
6. Erneuern
7. Erneuern, Kühlmittel nachfüllen
8. Erneuern
9. Reinigen, spülen, evtl. Kühler und Schläuche ersetzen
10. Entlüften, Kühlmittel nachfüllen
11. Keilriemen bzw. Keilriemenspannung überprüfen.

Fehler im Kühlsystem

Vervollständigen Sie von einem kolbengesteuerten Zweitakter mit Umkehrspülung die Beschreibung in Stichworten. Zeichnen Sie in den Abb. 2, 3 und 4 den Kurbeltrieb nach den angegebenen Kurbelwinkelgraden ein. Kennzeichnen Sie das Kraftstoffluftgemisch durch farbige Pfeile z.B.
– **Überströmen:** grün (Abb. 1), – **Ausströmen:** grau (Abb. 1 und 4), – **Einströmen:** blau (Abb. 2 und 3).

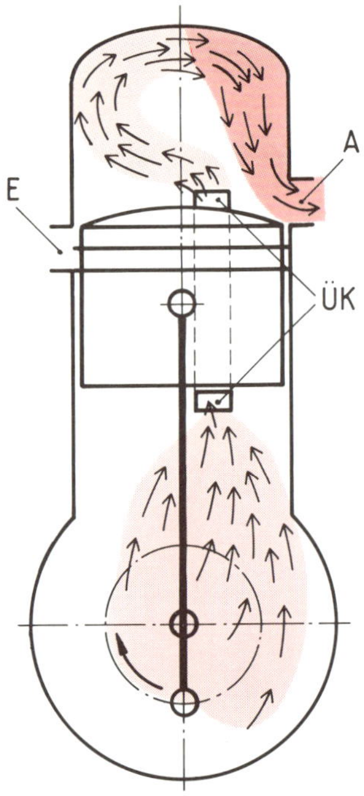

| Abb. 1 Kolben in UT | Abb. 2 Eö = 45° v.OT | Abb. 3 Zz = 20° v.OT | Abb. 4 Aö = 60° v.UT |

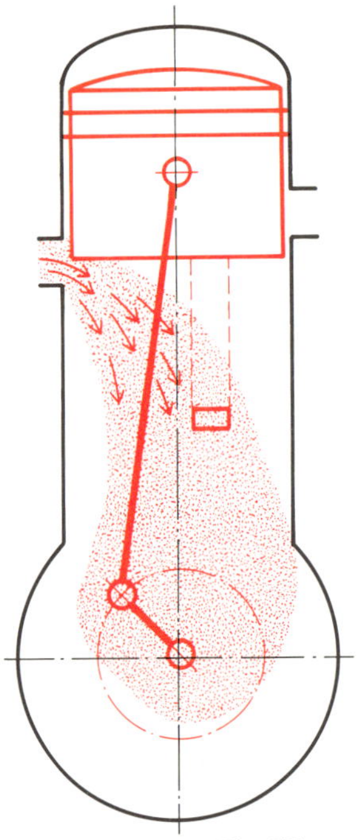

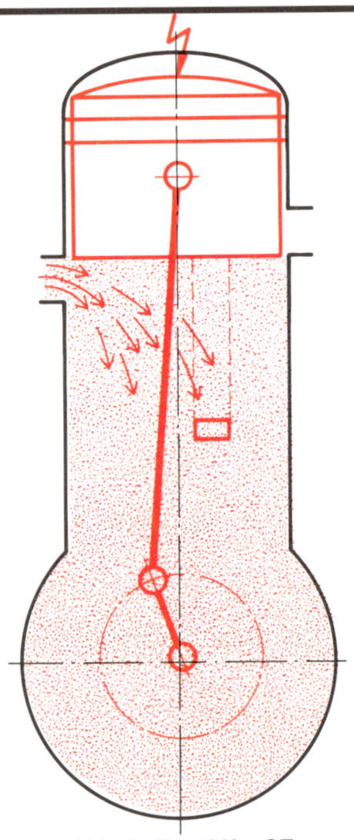

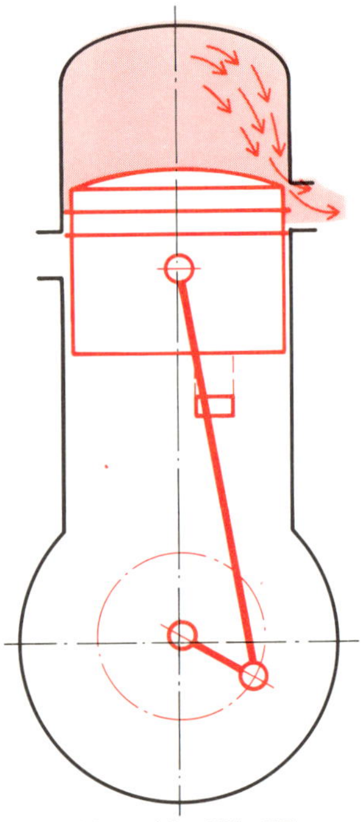

1. Takt: Kolben von UT nach OT (Abb. 1 und Abb. 2)

	Vorgang	Beschreibung der ablaufenden Vorgänge
Zylinder-raum	*Überströmen Spülen*	Überströmkanal ÜK geöffnet, in der Kurbelkammer vorverdichtete Frischgase strömen in den Zylinderraum, richten sich an der Zylinderwand gegenüber dem Auslaßschlitz A auf, kehren ihre Strömungsrichtung um und drücken die bereits ausströmenden Altgase durch einen Spülvorgang noch zusätzlich hinaus.
Kurbel-kammer	*Voransaugen*	Einlaßschlitz E geschlossen, Kolbenoberkante schließt ÜK, dadurch entsteht in der Kurbelkammer ein Unterdruck von ca. 0,5 bar. Diesen Vorgang in der Kurbelkammer nennt man Voransaugen.
Zylinder-raum	Verdichten	Auslaßschlitz A und Überströmkanal ÜK durch Kolben geschlossen, Gemisch wird verdichtet (bis Zz).
Kurbel-kammer	Ansaugen	Kolbenunterkante öffnet Einlaßschlitz E, durch Druck-gefälle strömen Frischgase in die Kurbelkammer.

2. Takt: Kolben von OT nach UT (Abb. 4; Abb. 3: Kolben steht kurz vor Beginn des 2. Taktes)

	Vorgang	Beschreibung der ablaufenden Vorgänge
Zylinder-raum	Zünden / Arbeiten	Mit Zündung (20° v.OT) beginnt die Verbrennung, Verbrennungskraft treibt Kolben nach UT.
Kurbel-kammer	Ansaugen, Vorverdichten	Zunächst strömen noch Frischgase ein, Kolbenunterkante schließt Einlaßschlitz E, danach wird in der Kurbelkammer vorverdichtet.
Zylinder-raum	Ausstoßen / Überströmen / Spülen	Kolbenoberkante gibt Auslaßschlitz A frei, durch Über-druck stoßen Altgase ruckartig aus (Gasschwingungen), dann wird ÜK geöffnet (Überströmen und Spülvorgang).
Kurbel-kammer	Vorverdichten / Überströmen	Frischgas wird zunächst noch weiter vorverdichtet bis ÜK im Zylinderraum frei wird, dann setzt der Gaswechsel von der Kurbelkammer in den Zylinderraum ein.

© Copyright: Verlag H. Stam GmbH · Köln

Funktionsablauf eines Zweitaktmotors (Umkehrspülung)

Unterscheidungsmerkmale zwischen Viertakt- und Zweitakt-Ottomotoren

Unterscheiden Sie bei in Großserien gebauten Motoren zwischen Viertakt- und Zweitakt-Ottomotoren. Tragen Sie bei den vorgegebenen Kriterien die Merkmale in Stichworten ein. Geben Sie möglichst auch exakte Werte an, soweit sie zur Unterscheidung beitragen.

Kriterien	Viertaktmotor	Zweitaktmotor
1. Aufbau (Vor- oder Nachteile)	Aufwendiger Aufbau, durch Ventilsteuerung wesentlich mehr bewegte Bauteile, mehr Störungsanfälligkeiten, teurer	Einfacher Aufbau, billiger in der Anschaffung, weniger bewegliche Bauteile, geringerer Verschleiß, Reparaturanfälligkeit nicht so groß
2. Überwiegende Verwendung	Pkw, leichte Lkw, schwere Motorräder	Mopeds, Leichtmotorräder, Rasenmäher
3. Ort des Arbeitsablaufs (Arbeitsspiel)	Oberhalb des Kolbens (im Zylinder)	Oberhalb und unterhalb des Kolbens
4. Steuerung des Gaswechsels	Ventilsteuerung	Kolben-, Membran- oder Drehschiebersteuerung
5. Art des Gaswechsels	Geschlossener Gaswechsel	Offener Gaswechsel
6. Sicherung der Kolbenringe	Keine Sicherung, Kolbenringe frei drehbar	Durch Stifte gegen Verdrehen gesichert
7. Verdichtungsverhältnis ε	$\varepsilon = 7:1$ bis $\varepsilon = 12:1$	$\varepsilon = 5:1$ bis $\varepsilon = 11:1$
8. Hubvolumengröße je Zylinder V_h	Bis $V_h = 1,5$ l	Bis $V_h = 0,35$ l
9. Oktanzahlbedarf des Motors	Relativ hoch, 91 bis 98 Oktan	Relativ niedrig, 86 bis 91 Oktan
10. Spezifischer Kraftstoffverbrauch b_e	Relativ niedrig, 250 g/kWh bis 400 g/kWh	Relativ hoch, 310 g/kWh bis 600 g/kWh
11. Motorschmierung	Druckölumlaufschmierung (überwiegend)	Gemischschmierung
12. Spezifischer Schmierölverbrauch b_s	Relativ niedrig, 0,025 l/100 km bis 0,1 l/100 km	Relativ hoch, 0,15 l/100 km bis 0,25 l/100 km
13. Hubraumleistung P_H	25 kW/l bis 55 kW/l	20 kW/l bis 65 kW/l
14. Motor-Leistungsgewicht $m_{P,M}$	1,5 kg/kW bis 6 kg/kW	2 kg/kW bis 6 kg/kW
15. Abgasentgiftung	Schadstoffminderung durch Katalysator	noch nicht möglich (Ölanteil zu groß)
16. Laufleistung des Motors (km)	ca. 120 000 km bis 180 000 km	geringere Laufleistung (häufiger Lagerschäden)

© Copyright: Verlag H. Stam GmbH · Köln

Beispiel:
Eintragung der Steuerdaten

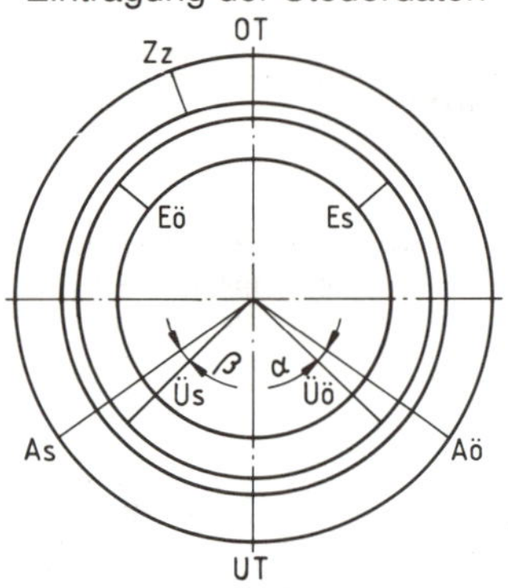

α Vorauslaßwinkel
(günstiger Vorauslaß)
β Nachauslaßwinkel
(schädlicher Nachauslaß)

Zweitaktmotoren mit Kolbensteuerung haben eine Umkehrspülung mit symmetrischem Steuerdiagramm. Bei der Diagrammdarstellung kennzeichnet der äußere Ring die Vorgänge im Zylinderraum, also oberhalb des Kolbens. Der innere Ring zeigt die Vorgänge in der Kurbelkammer, also unterhalb des Kolbens. Häufig werden dabei folgende Kurzzeichen verwendet:

Zz Zündzeitpunkt
Eö Einlaßschlitz öffnet   Aö Auslaßschlitz öffnet   Üö Überströmkanal öffnet
Es Einlaßschlitz schließt   As Auslaßschlitz schließt   Üs Überströmkanal schließt

1. Vervollständigen Sie das unten angedeutete Diagramm nach folgenden Steuerdaten:
   Eö = 48° v.OT   Aö = 62° v.UT   Üö = 54° v.UT   Zz = 15° v.OT
   Es = 48° n.OT   As = 62° n.UT   Üs = 54° n.UT

2. Tragen Sie alle angegebenen Winkel ein.

3. Geben Sie in den Kreisringabschnitten die Bezeichnung der Vorgänge an.

4. Unterscheiden Sie die einzelnen Vorgänge durch farbige Kennzeichnung.
   – **Ansaugen**: blau   – **Verdichten**: grün   – **Ausstoßen**: grau
   – **Vorverdichten**: blau + grün   – **Arbeiten**: rot   – **Voransaugen**: gelb
   – **Überströmen**: grün

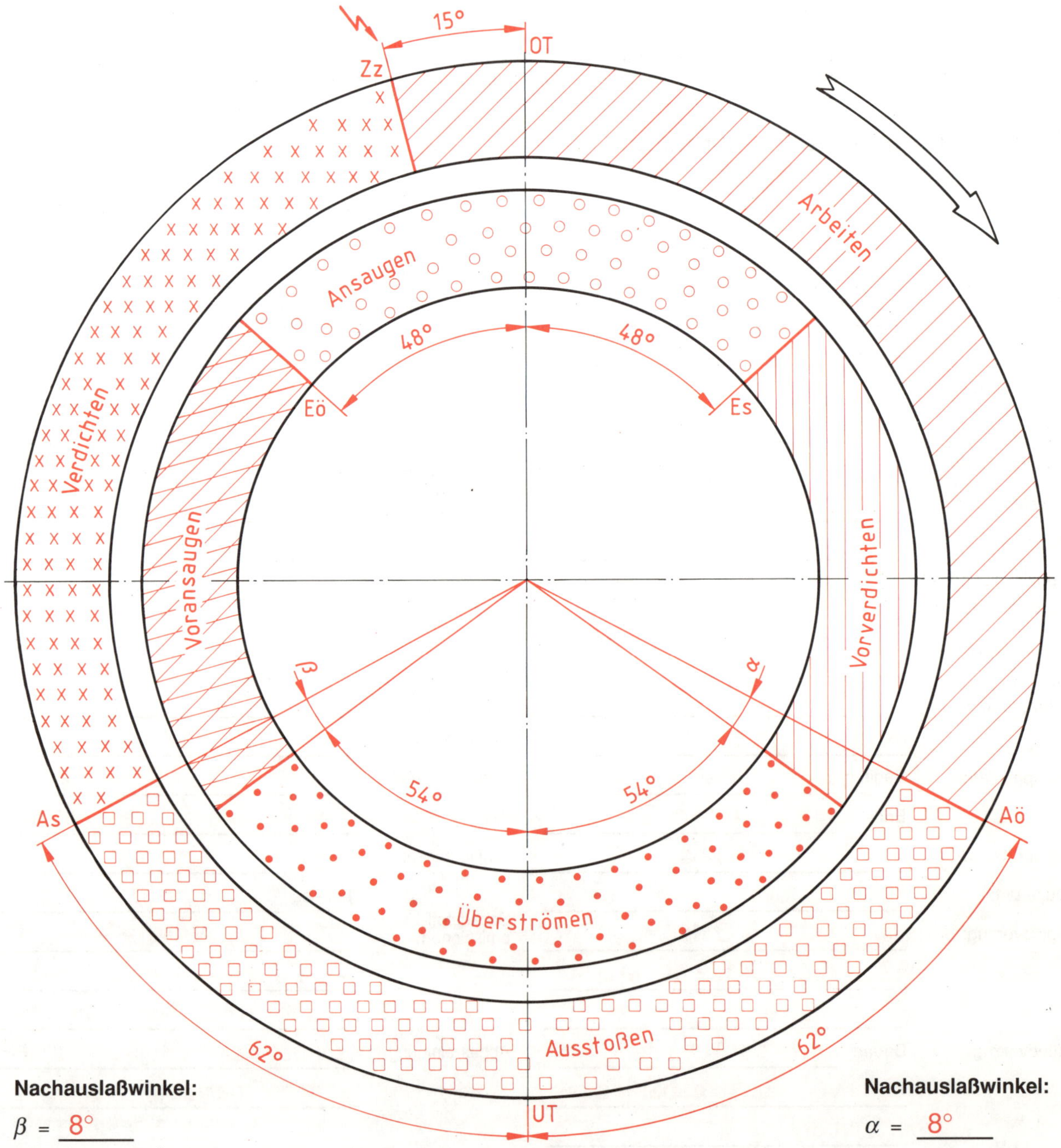

Nachauslaßwinkel:

$\beta = $ __8°__

Nachauslaßwinkel:

$\alpha = $ __8°__

Zweitaktmotor: Symmetrisches Steuerdiagramm

Einteilung der Dieselverfahren	

direkte Einspritzung (mit ungeteiltem Brennraum)	**indirekte Einspritzung** (mit geteiltem Brennraum)

Direkteinspritzung in Kolbenmulde (luftverteilende E.)	**M-Verfahren** (wandverteilende E.)	**Vorkammer-Verfahren** (luftverteilende E.)	**Wirbelkammer-Verfahren** (luftverteilende E.)

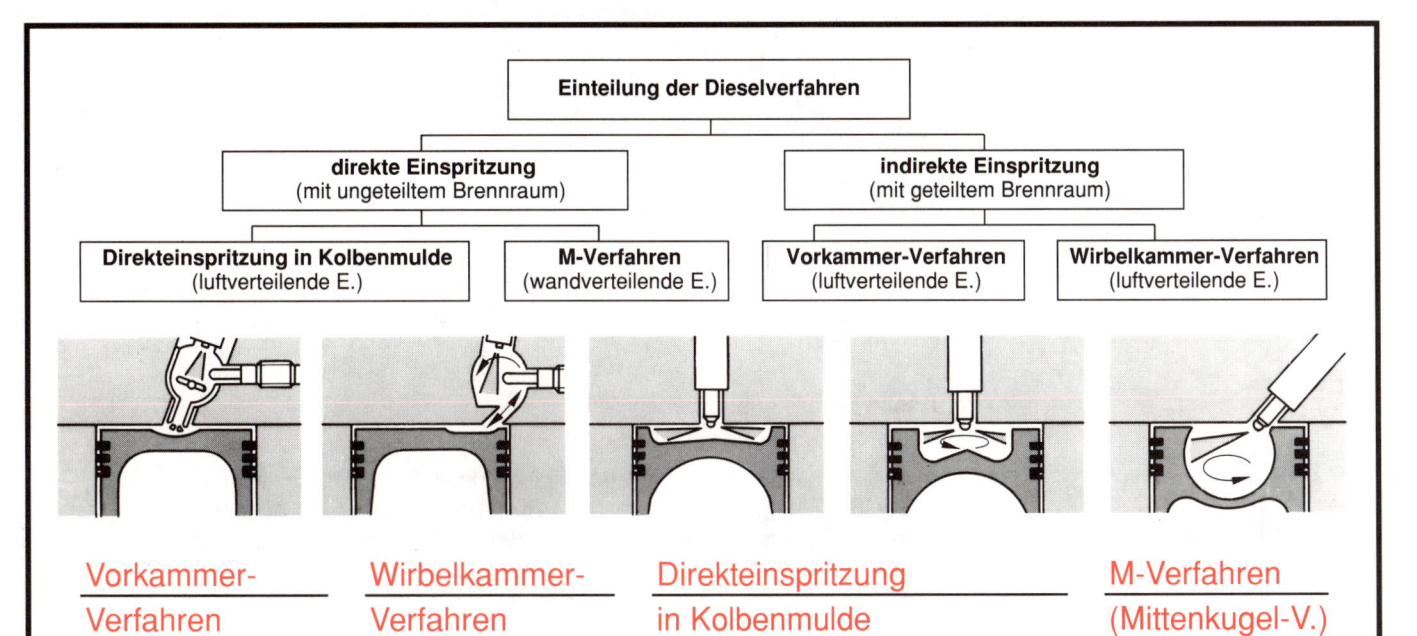

Vorkammer-Verfahren   Wirbelkammer-Verfahren   Direkteinspritzung in Kolbenmulde   M-Verfahren (Mittenkugel-V.)

1. Geben Sie unter den Abbildungen der Diesel-Verbrennungsverfahren die zutreffenden Benennungen an.

2. Vervollständigen Sie die Aussagen zu den einzelnen Takten durch Informationen aus Fachbüchern, Tabellenbüchern, Werkstatthandbüchern, Fachzeitschriften oder aus technischen Angaben spezifischer Produktprospekte.

Dieselmotor (mit Direkteinspritzung

1. Takt   **Ansaugen**

Kolbenweg: von OT nach UT

Ventilstellungen: EV offen, AV geschlossen

Ansaugluft: gefiltert, stets mit Luftüberschuß, ca. 20%

Ansaugdruck: p_e = - 0,2 bar
p_{abs} = 0,8 bar

Vorglühanlage: keine

2. Takt   **Verdichten**

Kolbenweg: von UT nach OT

Ventilstellungen: EV und AV geschlossen

Verdichtungsverhältnisse: ε = 14 : 1   bis ε = 24 : 1

Verdichtungsenddrücke: 30 bar bis 55 bar

Verdichtungstemperatur: 700°C bis 900°C (über Kraftstoffzündtemperatur)

Einspritzdaten: Beginn: 30° KW bis 15° KW v. OT
Ende: ca. 20° KW n. OT

Einspritzdruck: 150 bar bis 350 bar

Düsenart: Mehrlochdüse

Spritzverzug: ca. 3° KW bis 5° KW (Zeit vom Förderbeginn bis Einspritzbeginn)

Zündverzug: Dauer: etwa 0,001 s (Zeit vom Einspritzbeginn bis Zündbeginn)

3. Takt   **Verbrennen und Arbeiten**

Kolbenweg: von OT nach UT

Ventilstellungen: EV und AV geschlossen

Gemischbildung: im Verbrennungsraum beim Einspritzvorgang

Art der Zündung: Selbstzündung, statt Zündanlage eine Einspritzanlage

Verbrennungshöchstdrücke: 60 bar bis 90 bar

Verbrennungshöchsttemperatur: bis 2500°C

Verbrennungsbeginn: sofort nach Einspritzen des Kraftstoffs

Verbrennungsende: ca. 60°KW n. OT

4. Takt: **Ausstoßen**

Kolbenweg: von UT nach OT

Ventilstellungen: EV geschlossen, AV offen

Abgastemperatur: 550°C bis 750°C bei Volllast, niedriger als bei Otto-M.

Abgasdrücke: bei Aö: 4 bar bis 6 bar
bei As: 0,2 bar bis 0,4 bar

Schadstoffemissionen: CO_2, NO_x, geringe Mengen SO_2 und CO, jedoch erheblicher Rußpartikelanfall

Abgasreinigung: Einbau von Rußfiltern, auch durch Katalysator möglich

© Copyright: Verlag H. Stam GmbH · Köln

Diesel-Viertaktverfahren

1. Vervollständigen Sie das Schema einer **Diesel-Einspritzanlage mit einer Reiheneinspritzpumpe** durch das Einzeichnen der Kraftstoffleitungen. Verwenden Sie dazu die angegebenen Leitungssymbole.

2. Vervollständigen Sie die Stückliste durch Benennung der Teile.

Leitungssymbole

- Saugleitung (ungefilterter Kraftstoff mit Dampf- und Luftblasen)
- Druckleitung (ca. 1 bar, mit vorgereinigtem Kraftstoff)
- Zulaufleitung zur Einspritzpumpe (mit gefiltertem Kraftstoff)
- Einspritzleitung als Hochdruckleitung (Einspritzdruck bei Zapfendüse: ca. 100 bis 150 bar, Lochdüse: ca. 150 bis 350 bar)
- Rücklaufleitung (vom Kraftstofffilter, von den Einspritzdüsen, von der Einspritzpumpe)

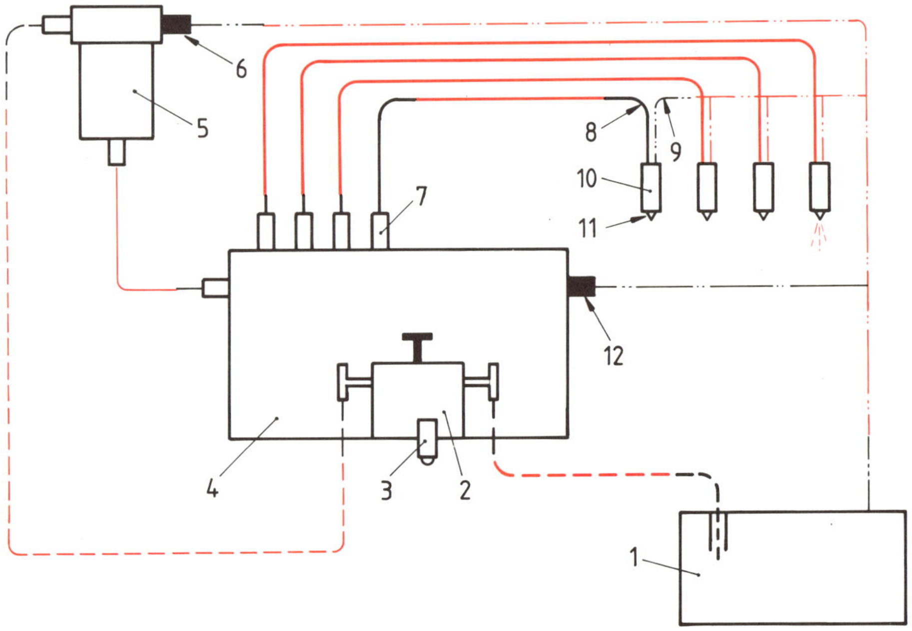

Teile	Benennung	Teile	Benennung	Teile	Benennung
4	Einspritzpumpe	8	Einspritzleitung	12	Drossel
3	Vorreiniger	7	Druckventilhalter	11	Einspritzdüse
2	Förderpumpe	6	Überströmventil	10	Düsenhalter
1	Kraftstoffbehälter	5	Feinfilter	9	Leckleitung

1. Die **Diesel-Einspritzanlage mit einer Verteilereinspritzpumpe** ist durch Einzeichnen der Kraftstoffleitungen zu ergänzen. Beachten Sie dazu die angegebenen Leitungssymbole.

2. Vervollständigen Sie die Stückliste durch Benennung der Teile.

Leitungssymbole

- Saugleitung (ungefilterter Kraftstoff)
- Zulaufleitung zur integrierten Flügelzellenpumpe (gefilterter Kraftstoff)
- Einspritzleitung als Hochdruckleitung (Einspritzdruck je nach Düsenart 100 bis 250 bar)
- Rücklaufleitung (drucklos, von der Einspritzpumpe oder als Leckleitung von den Einspritzdüsen)

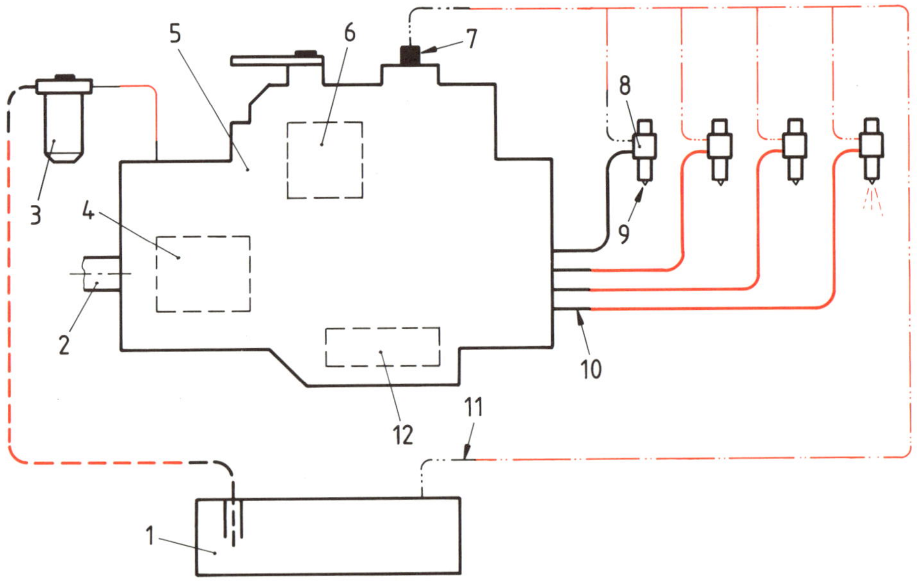

Teile	Benennung	Teile	Benennung	Teile	Benennung
4	Flügelzellenpumpe	8	Düsenhalter	12	Spritzversteller
3	Filter	7	Überströmventil	11	Rücklaufleitung
2	Antriebswelle	6	Fliehkraftregler	10	Einspritzleitung
1	Kraftstoffbehälter	5	Einspritzpumpe	9	Einspritzdüse

Reiheneinspritzpumpe, Verteilereinspritzpumpe

Die Verteilereinspritzpumpe soll den einzelnen Verbrennungsräumen des Motors zu einem ganz bestimmten Zeitpunkt den Diesel-kraftstoff in genau dosierter Menge und unter hohem Druck zuführen. In der Grundausführung unterscheidet man fünf Funktionsgruppen (in der Darstellung als Felder mit breiten Umrandungslinien gekennzeichnet).

Funktionsgruppen

1 Flügelzellenpumpe
2 mechanischer Drehzahlregler
3 hydraulischer Spritzversteller
4 Hochdruckpumpe mit Verteiler
5 elektromagnetische Abstellvorrichtung

Teilebezeichnungen

1 Antriebswelle
2 Flügelzellenpumpe (Kraftstofförderpumpe)
3 Reglerantrieb (Zahnrad)
4 Rollenring
5 Hubscheibe
6 Spritzversteller
7 Verteilerkolben
8 Regelschieber
9 Absteuerbohrung
10 Druckventil
11 Verteilernut
12 Regelhebelsystem
13 Überströmdrossel
14a mechanische Abstellvorrichtung
14b elektrische Abstellvorrichtung
15 Regelfeder
16 Drehzahl-Verstellhebel
17 Reglermuffe
18 Fliehgewicht
19 Reglerverband
20 Druckregelventil

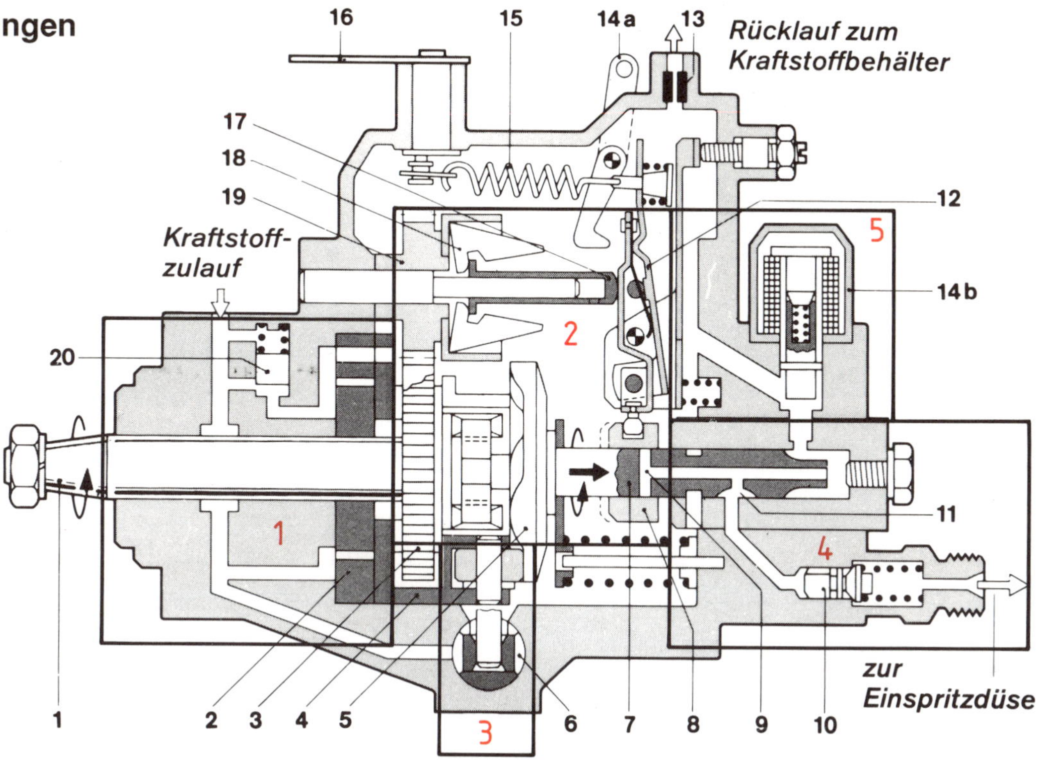

Abb. 1 Verteilereinspritzpumpe Typ VE

Aufgaben:

1. Tragen Sie die laufenden Nummern der Funktionsgruppen in Abb. 1 in die entsprechenden Felder mit großen Ziffern ein.
2. Legen Sie in Abb. 1 die mit Kraftstoff gefüllten Räume farbig an: **angesaugter bzw. geförderter Kraftstoff:** *gelb*
   Kraftstoff unter Pumpeninnenraumdruck: *grün*   **Kraftstoff unter Einspritzdruck:** *rot*

Übertragen Sie die Aufgaben 3 bis 10 auf ein gesondertes Blatt.

3. Wodurch erhält der Pumpeninnenraum stets eine genügende Menge Kraftstoff?
4. Wodurch wird ein Überschreiten des zulässigen Pumpeninnendruckes bei erhöhter Förderleistung bzw. bei steigender Drehzahl vermieden?
5. Welche Aufgabe hat die Überströmdrossel?
6. Welche Aufgaben hat die Hubscheibe in Verbindung mit dem Verteilerkolben?
7. Was versteht man unter Absteuerung?
8. Erklären Sie die Arbeitsweise der Drehzahlregelung.
9. Wodurch wird die Spritzverteilung wirksam?
10. Welche Vorteile hat die Verteilereinspritzpumpe gegenüber einer Reiheneinspritzpumpe?
11. Tragen Sie die Nummern der folgenden Hinweise mit Hinweislinien in Abb. 2 ein.

   1 Pumpengehäuse
   2 Rollenring
   3 Rollen
   4 Anlenkbolzen
   5 Spritzverstellergehäuse
   6 Bohrung im Spritzverstellerkolben
   7 Spritzverstellerkolben
   8 Gleitstein
   9 Kolbenfeder
   10 Kraftstoffzufluß von der Ansaugseite der Flügelzellenpumpe
   11 Kraftstoffzufluß aus dem Pumpeninnenraum

12. Tragen Sie unter die Abb. 2 ein, ob der Spritzversteller in *Ruhestellung* oder in *Betriebsstellung* dargestellt ist.
13. Geben Sie in Abb. 2 die Bewegungsrichtungen des Kolbens und des Rollenrings durch Pfeile an.
14. Legen Sie in Abb. 2 die mit Kraftstoff gefüllten Räume wie in Abb. 1 farbig an.

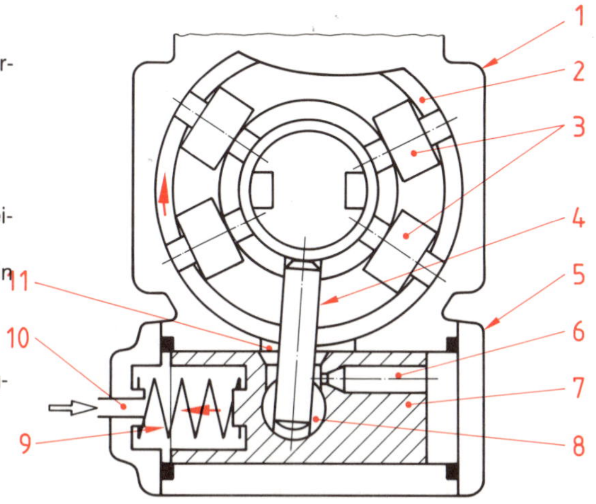

Abb. 2 Hydraulischer Spritzversteller mit Rollenring

in Betriebsstellung

(Darstellung gegenüber Abb. 1 um 90° nach vorne gedreht)

Arbeitsweise der Verteilereinspritzpumpe VE

Lösungen zu 3.-10.

auf Seite 34

© Copyright: Verlag H. Stam GmbH · Köln

Nach Reparaturarbeiten an einem Dieselmotor ist der Förderbeginn der Verteilereinspritzpumpe zu überprüfen und gegebenenfalls neu einzustellen.

Erstellen Sie einen Arbeitsablaufplan A für die Überprüfung des Förderbeginns und einen Arbeitsablaufplan B für die Korrektur des Förderbeginns.

Arbeitsablaufplan A: Überprüfen des Förderbeginns

1. Kaltstartbeschleuniger abstellen. (Entfällt, wenn durch eine temperaturabhängige Steuervorrichtung eine automatische Verstellung erfolgt.)

2. Zahnriemen überprüfen. Gegebenenfalls nach Herstellerangaben einstellen.

3. Zylinder 1 durch Drehen der Kurbelwelle auf OT stellen. Die Einstellmarkierungen an der Kurbelwelle (Schwungscheibe oder Riemenscheibe) und die Markierungen für die Einspritzpumpe müssen übereinstimmen.

4. Verschlußschraube (Verteilerkolben) aus dem Deckel der Einspritzpumpe herausschrauben.

5. In die Gewindebohrung einen passenden Adapter einschrauben und die Meßuhr einsetzen.

6. Die Meßuhr auf einen Wert vorspannen, der etwas größer ist, als der vorgeschriebene Wert für den Weg des Verteilerkolbens von der Stellung Nockengrundkreis (Hubscheibe) bis zur Stellung Förderbeginn (FB).

7. Kurbelwelle entgegen der Motordrehrichtung (d.h. der Kurbelwellendrehrichtung) solange verdrehen, bis an der Meßuhr keine Anzeigenänderung mehr erfolgt.

8. Zeiger der Meßuhr auf 0 stellen.

9. Die Kurbelwelle jetzt in Motordrehrichtung soweit verstellen, bis die entsprechenden Markierungen deckend sind. Bei richtiger Einstellung des Förderbeginns muß jetzt der angezeigte Wert der Meßuhr mit dem vorgeschriebenen Wert übereinstimmen. Bei Abweichung muß die Einstellung des FB korrigiert werden. Die vorgeschriebenen Werte liegen im Mittel zwischen 0,7 mm bis 1,2 mm.

Arbeitsablaufplan B: Korrektur des Förderbeginns

1. Die mechanischen Befestigungen der Einspritzpumpe zum Motor hin soweit lösen, daß das Pumpengehäuse in den Langlöchern gegenüber dem Motorblock verstellt werden kann.

2. Die Verteilereinspritzpumpe soweit verdrehen, bis auf der Meßuhr der vorgeschriebene Wert abgelesen werden kann.

3. Die Befestigungsschrauben mit den vorgeschriebenen Anzugsdrehmomenten anziehen.

4. Meßuhr und Adapter abbauen.

5. Die Verschlußschraube in den Deckel der Einspritzpumpe mit neuer Dichtung und vorgeschriebenem Drehmoment einschrauben.

**Arbeitsablaufplan:
Förderbeginn einer Verteilereinspritzpumpe,
Überprüfung und Korrektur**

Ein Lkw-Fahrer stellt an dem Dieselmotor seines Fahrzeugs mehrere Störungen fest. Der Motor springt schlecht an und stößt schwarzen Qualm aus. Bei laufendem Motor entsteht eine übermäßig starke Rauchentwicklung mit grauen bzw. schwarzen Abgasen.

Der Motor arbeitet nach dem Wirbelkammerverfahren und ist mit Zapfendüsen ausgerüstet (angegebener Öffnungsdruck p = 120 bar).

Die Funktionsüberprüfung der Zapfendüsen erfolgt durch eine *Strahlprüfung, Öffnungsdruckprüfung* und *Dichtprüfung*.

Stellen Sie einen Arbeitsablaufplan für eine Einspritzdüsenprüfung mit einem Düsenprüfgerät auf (mit Hinweis auf Unfallgefahren). Die einzelnen Arbeitsschritte sind mit einer laufenden Nummer zu versehen.

Hinweis: Für die Einstellung des Öffnungsdruckes sind in der Regel Einstellscheiben von 1,00 mm bis 1,95 mm vorhanden. Die Abstufungen betragen 0,05 mm. Die Erhöhung der Druckfeder-Vorspannung um 0,05 mm entspricht einer Einspritzdruckerhöhung um 5,0 bar.

Arbeitsablaufplan

1. Düsenhalter (mit Einspritzdüse) an die Druckleitung des Prüfgeräts anschließen.

2. **Öffnungsdruck einstellen:** Absperrventil zum Manometer schließen.

3. Handpumpe 5 bis 6 mal betätigen. Absperrventil öffnen.

4. Handhebel langsam nach unten drücken. Bei Beginn des Abspritzens den Einspritzdruck ablesen.

5. Weicht der angezeigte Einspritzdruck von der Herstellerangabe (hier 120 bar) ab, muß die Spannung der Druckfeder für den Druckbolzen im Düsenhalter neu eingestellt werden. Diese Korrektur erfolgt durch das Einlegen bzw. Entfernen von Einstellscheiben über der Druckfeder.

6. **Strahlprüfung:** Absperrventil für das Manometer schließen.

7. Handhebel in kurzen, schnellen Hubbewegungen (4 bis 5mal in der Sekunde) betätigen. Die Einspritzdüse muß einen geschlossenen, fein zerstäubten, kegelförmigen Strahl erzeugen. Die Düse darf nicht nachtropfen.

8. **Öffnungsdruckprüfung:** Bei geschlossenem Absperrventil den Handhebel 1 bis 2mal pro Sekunde betätigen und dabei langsam, jedoch zügig durchdrücken. Die voll intakte Einspritzdüse muß beim eingestellten Öffnungsdruck unter schnarrendem Geräusch abspritzen.

9. **Dichtprüfung:** Absperrventil öffnen. Handhebel langsam nach unten drücken, bis der angezeigte Druck ca. 10 bar unter dem eingestellten Druck liegt. Der Druck muß 10 s halten.

10. Düsenhalter von der Druckleitung des Prüfgeräts lösen.

Hinweis auf Unfallgefahren: Der unter hohem Druck stehende Kraftstoffstrahl darf nicht auf die Hände auftreffen. Durch Aufreißen der Haut können schwere Verletzungen auftreten. Der eingedrungene Kraftstoff kann dann eine Blutvergiftung hervorrufen.

Einspritzdüsenhalteroberteil
Einstellscheibe
Düsenfeder
Druckbolzen
Düsenhaltereinsatz
Düsennadel
Düsenkörper
Einspritzdüsenhalterunterteil
Wärmeschutzdichtung

Einspritzdüse und Düsenhalter

© Copyright: Verlag H. Stam GmbH · Köln

**Arbeitsablaufplan:
Einspritzdüsenprüfung mit dem Düsenprüfgerät**

82

Die Auflagen des Gesetzgebers bezüglich eines verbesserten Umweltschutzes erfordern auch für Dieselmotoren eine Senkung der Abgasemmissionen. Diese Aufgaben erfüllt weitgehend die zukunftweisende elektronische Dieselregelung (EDC: Electronic Diesel Control). Gegenüber der herkömmlichen mechanischen Diesel-Regelung ergibt die EDC durch das Zusammenwirken verschiedener Regelkreise verbesserte und neue Regelfunktionen. Die erforderliche feinfühlige Regelung wird erreicht durch:

● elektronisches Messen,
● zentrale Funktion des Steuergeräts (Signalverarbeitung und elektronische Systemüberwachung) mit vielfach einsetzbarer elektronischer Datenverarbeitung,
● elektrisch angesteuerte Stellglieder bzw. Stellwerke.

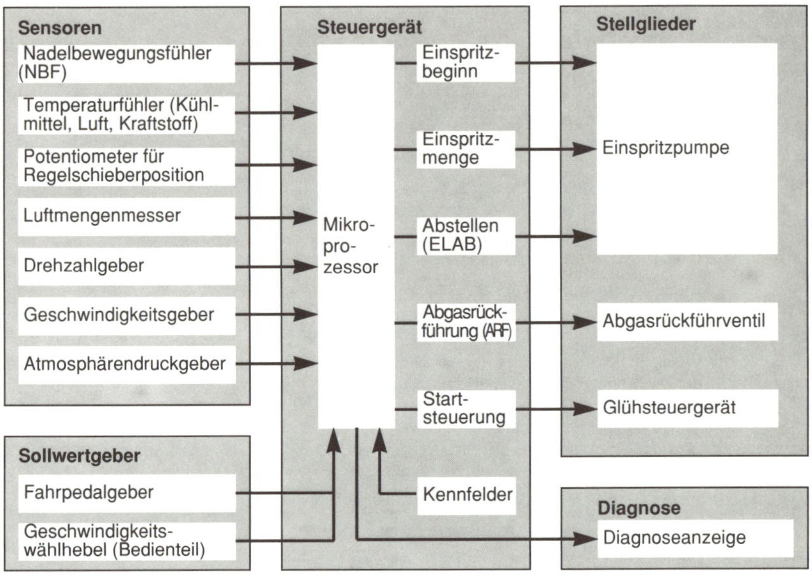

Blockschaltbild der elektronischen Dieselregelung EDC (vereinfacht)

Das unten angegebene Systembild zeigt u.a. das Zusammenwirken der Regelkreise.
Zum Herausfinden und Kennzeichnen der Regelkreise in dem dargestellten Systembild sind bestimmte Überlegungen durchzuführen.

Beispiel: Regelkreis Fahrgeschwindigkeit

● Von welchen Sensoren oder Gebern kommt das *Eingangssignal Fahrgeschwindigkeit (IST)*?
Fahrgeschwindigkeit (IST) vom Geschwindigkeitsgeber an Steuergerät als Eingangssignal.
● Welche Einrichtungen im Steuergerät sind zum *Umformen* des eingehenden Signals vorgesehen?
Das Eingangssignal wird durch die Fahrgeschwindigkeitsregelung mit einem Sollwert verglichen, der vom Fahrer durch das Bedienteil (falls vorhanden) vorgegeben sein kann. Anschließend wird durch die Einspritzmengenregelung (u.a. hier beeinflußt durch die Fahrpedalvorgabe) das Ausgangssignal errechnet.
● An welches Stellglied bzw. Stellwerk geht das errechnete *Regelschiebersignal (SOLL)*?
Das Regelschiebersignal (SOLL) geht an das Magnetstellwerk zur Einspritzmengenregelung in der VE-Pumpe.
● In welcher Weise erfolgt eine *Rückmeldung* und damit eine *Schließung* des Regelkreises?
Die geregelte Einspritzmenge beeinflußt über das Einspritzventil und den Motor die Fahrgeschwindigkeit. Vom Fahrzeug erfolgt durch den Geschwindigkeitsgeber die Rückmeldung an das Steuergerät.

Aufgabe:

Kennzeichnen Sie folgende im Systembild enthaltene Regelkreise durch Rechtecke mit breiter, farbiger Linienführung:
● Regelkreis Fahrgeschwindigkeit (blau): siehe Beispiel.
● Regelkreis Kraftstoffeinspritzmenge (rot)
● Regelkreis Einspritzbeginn (grün)
● Regelkreis Abgasrückführung (braun)

Hinweis: Zum Aufspüren der Regelkreise ist ein Vorgehen nach dem Beispiel zu empfehlen. Stellen Sie sich selbst die entsprechenden Fragen, und suchen Sie dazu die Antworten.

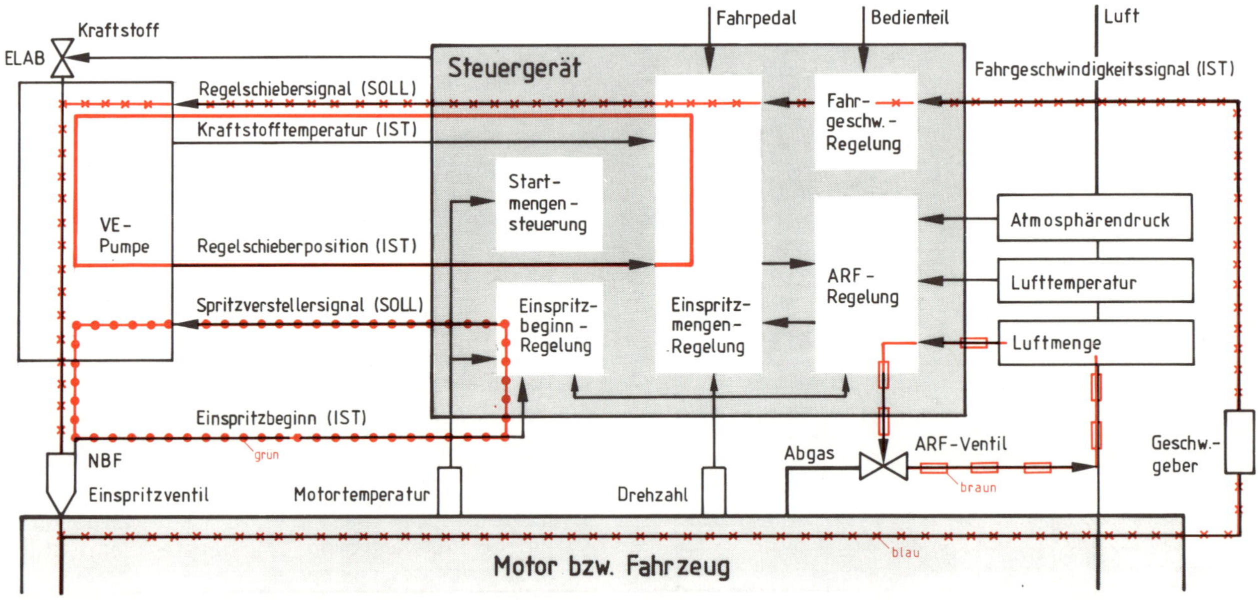

Systembild der Regelkreise

VE Pumpe	Verteilereinspritzpumpe	ELAB	Elektrische Abstellvorrichtung
NBF	Nadelbewegungsfühler (in Düsenhalterkombination)	ARF	Abgasrückführung

Aufgaben der elektronischen Dieselregelung

© Copyright: Verlag H. Stam GmbH · Köln

83

Während des Arbeitstaktes wird im Innern eines Verbrennungsmotors vom Kolben eine mechanische Leistung erbracht. Sie wird als **Innenleistung** oder als **indizierte Leistung** P_i bezeichnet und in kW angegeben. Manchmal wird sie auch als zugeführte Leistung mit P_{zu} angegeben.

Bei der Formelentwicklung für P_i geht man wie bei der Nutzleistung P_{eff} (siehe Seite 25) von der Grundformel der mechanischen Leistung aus. Daraus ergibt sich die Folgerung, daß P_i abhängig ist

$$P = F \cdot \frac{s}{t} = F \cdot v$$

– von der Kolbenkraft $F = 10 \cdot A \cdot p_m$ (siehe Seite 10) und

– von der mittleren Kolbengeschwindigkeit $v_m = \dfrac{2 \cdot s \cdot n}{60}$ (siehe Seite 16).

Zu berücksichtigen ist ferner:

● Die Kolbenleistung wird bei Viertaktmotoren bei jedem 4. Takt wiederholt (bei Zweitaktmotoren bei jedem 2. Takt).
● Bei Mehrzylindermotoren ist für die Zylinderanzahl das Formelzeichen z einzusetzen.
● Die zu verwendenden Einheiten werden durch entsprechende Umrechnungsfaktoren vorgeschrieben, so daß eine Zahlenwertgleichung entsteht.

Bei Beachtung der oben angegebenen Punkte ergeben sich für die indizierte Leistung folgende Formeln:

Viertaktmotor: $P_i = \dfrac{A \cdot s \cdot z \cdot p_m \cdot n}{1\,200\,000}$ $P_i = \dfrac{V_H \cdot p_m \cdot n}{1\,200\,000}$

Zweitaktmotor: $P_i = \dfrac{A \cdot s \cdot z \cdot p_m \cdot n}{600\,000}$ $P_i = \dfrac{V_H \cdot p_m \cdot n}{600\,000}$

Einheiten:

P_i	V_H	A	s	p_m	n
kW	cm³	cm²	cm	bar	$\frac{1}{\text{min}}$

Ein beträchtlicher Teil der zugeführten Energie bleibt beim Verbrennungsmotor ungenutzt. Die Güte der Energieausnutzung drückt man durch das Verhältnis der nutzbaren Leistung P_{eff} zur indizierten Leistung P_i aus. Das ausgerechnete Verhältnis ist ein **mechanischer Wirkungsgrad**.

Wirkungsgrad $\eta = \dfrac{\text{effektive (nutzbare) Leistung}}{\text{indizierte (zugeführte) Leistung}}$ $\eta = \dfrac{P_{eff}}{P_i}$ Einheit: keine

Durch Multiplizieren zusammenhängender Einzelwirkungsgrade erhält man einen Gesamtwirkungsgrad η_{ges}.

$$\eta_{ges} = \eta_1 \cdot \eta_2 \cdot \eta_3$$

Der Wirkungsgrad η kann auch in Prozenten ausgedrückt werden. Wirkungsgrade liegen immer unter 1 bzw. unter 100%.

Beispiel: $\eta = 1 \; \hat{=} \; 100\%$
$\eta = 0,82 \; \hat{=} \; 100\% \cdot 0,82 = 82\%$

Aufgaben:

1. Ein Lkw-Motor gibt an der Schwungscheibe eine effektive Leistung von $P_{eff} = 184$ kW ab. Wie groß ist der Wirkungsgrad η bei einer indizierten Leistung von $P_i = 224,4$ kW?

2. Ein Vergasermotor entwickelt eine Innenleistung von 66,3 kW. Der Wirkungsgrad beträgt 84%. Berechnen Sie die an der Schwungscheibe zur Verfügung stehende Leistung.

3. Ein Ottomotor hat bei $n = 4700$ 1/min ein Drehmoment von $M = 128$ Nm.
   a) Berechnen Sie die Nutzleistung.
   b) Wie groß ist die indizierte Leistung bei einem Wirkungsgrad von 80%?

4. Berechnen Sie die fehlenden Größen in den angegebenen Einheiten.

	a)	b)	c)	d)	e)	f)
d in mm	85	82	?	82	?	90
s in mm	80	84	66	?	69,8	?
z	12	4	2	6	4	6
p_m in bar	9,2	6,8	9,5	11,5	10,48	9,74
n in 1/min	5700	3200	5500	5500	?	5000
M in Nm	284	?	?	?	131,31	152,8
P_i in kW	?	?	?	?	79,52	93
P_{eff} in kW	?	?	22,05	110,3	?	?
η	?	0,80	0,86	0,85	0,83	?
Verfahr.	4-Takt.	2-Takt.	4-Takt.	4-Takt.	4-Takt.	4-Takt.

5. Bestimmen Sie die Nutzleistung eines Sechszylinder-Viertaktmotors mit folgenden Angaben: Hub 67 mm, Bohrung 87 mm, Motordrehzahl 4900 1/min, mittlerer indizierter Arbeitsdruck $p_m = 9,4$ bar und $\eta = 0,84$.

6. Von einem Vierzylinder-Viertaktmotor sind folgende Angaben bekannt: Bohrung 87 mm, Hub 84 mm, Nutzleistung 44,2 kW, mittlerer indizierter Arbeitsdruck 6,25 bar, Wirkungsgrad 0,87. Ermitteln Sie
   a) die indizierte Leistung,
   b) die Motordrehzahl.

7. Ein Sechszylinder-Viertakt-Dieselmotor hat eine Leistung von 167 kW bei 2800 1/min. Für die indizierte Leistung werden 206,08 kW errechnet. Der Hub wird mit 132 mm und der mittlere Arbeitsdruck mit 9,1 bar angegeben. Berechnen Sie
   a) das Hubvolumen eines Zylinders in cm³,
   b) die Zylinderbohrung in mm,
   c) das Motordrehmoment in Nm,
   d) den Wirkungsgrad in Prozent.

8. Bei einem Test auf einem Leistungsprüfstand ergibt sich für einen Pkw eine Leistung an der Hinterachse von $P_A = 110,3$ kW. Der Gesamtwirkungsgrad setzt sich aus folgenden mechanischen Einzelwirkungsgraden zusammen: Motor 0,84; Wechselgetriebe 0,94; Differential 0,95; zwischen Fahrzeugreifen und Prüfstandrollen 0,94. Zu berechnen sind
   a) Gesamtwirkungsgrad η_{ges}.
   b) effektive Motorleistung P_{eff}.
   c) indizierte Motorleistung P_i.
   d) Motordrehmoment M bei $n = 5200$ 1/min.

Indizierte Leistung, Nutzleistung, mechanischer Wirkungsgrad

Lösungen auf

Seite 36

Sankeydiagramm eines Diesel und eines Ottomotors

Zeichnen Sie das Sankeydiagramm eines Diesel- und eines Ottomotors. Maßstabsangabe: 1% ≙ 1 mm. Beachten Sie Diagramme im Info-Band.

	Dieselmotor	Ottomotor
	28% Abgase	33% Abgase
	25% Kühlmittel	28% Kühlmittel
	8% Reibung und Strahlung	7% Reibung und Strahlung
	4% Generator und Ventilator	4% Generator und Ventilator
	3% Reibung im Wechsel- und Ausgleichgetriebe	3% Reibung im Wechsel- und Ausgleichgetriebe

Tragen Sie die Antriebsleistungen in % ein.

Dieselmotor: **32%** Antriebsleistung

Ottomotor: **25%** Antriebsleistung

© Copyright: Verlag H. Stam GmbH · Köln

In dem Prospekt einer Kupplungsherstellerfirma sind für den Einbau einer Kupplung eine Reihe von Arbeitsregeln und Hinweisen aufgeführt.

1. Welche Kupplungsfunktion ist in der **oberen** bzw. in der **unteren** Hälfte der untenstehenden Darstellung erkennbar?

   Oben: Kupplung ist eingekuppelt (nicht betätigt).

   Unten: Kupplung ist ausgekuppelt (betätigt).

2. Nennen Sie Voraussetzungen, die vor dem Einbau von Kupplungsteilen erfüllt sein müssen? Die richtigen Ersatzteile müssen vorhanden sein. Sie sind sicherheitshalber mit den ausgebauten Teilen zu vergleichen.

3. In der untenstehenden Kupplungsdarstellung weisen Hinweislinien auf diejenigen Stellen hin, die durch die nebenstehenden Arbeitsregeln angesprochen werden. Tragen Sie die laufenden Nummern der Arbeitsregeln an den betreffenden Hinweislinien an.

4. Folgende Einzelteile sind in der Darstellung durch zusätzlich einzuzeichnende Hinweislinien und durch Buchstaben zu kennzeichnen.

   Teilebezeichnungen

   A Kurbelwelle
   B Motorblock
   C Schwungrad
   D Kupplungsscheibe

   E Kupplungsdruckplatte
      (mit Kupplungsdeckel
      bzw. Gehäuse, Membran-
      feder und Anpreßplatte)

   F Ausrücklager
   G Getriebeantriebs-
      welle
   H Getriebeglocke

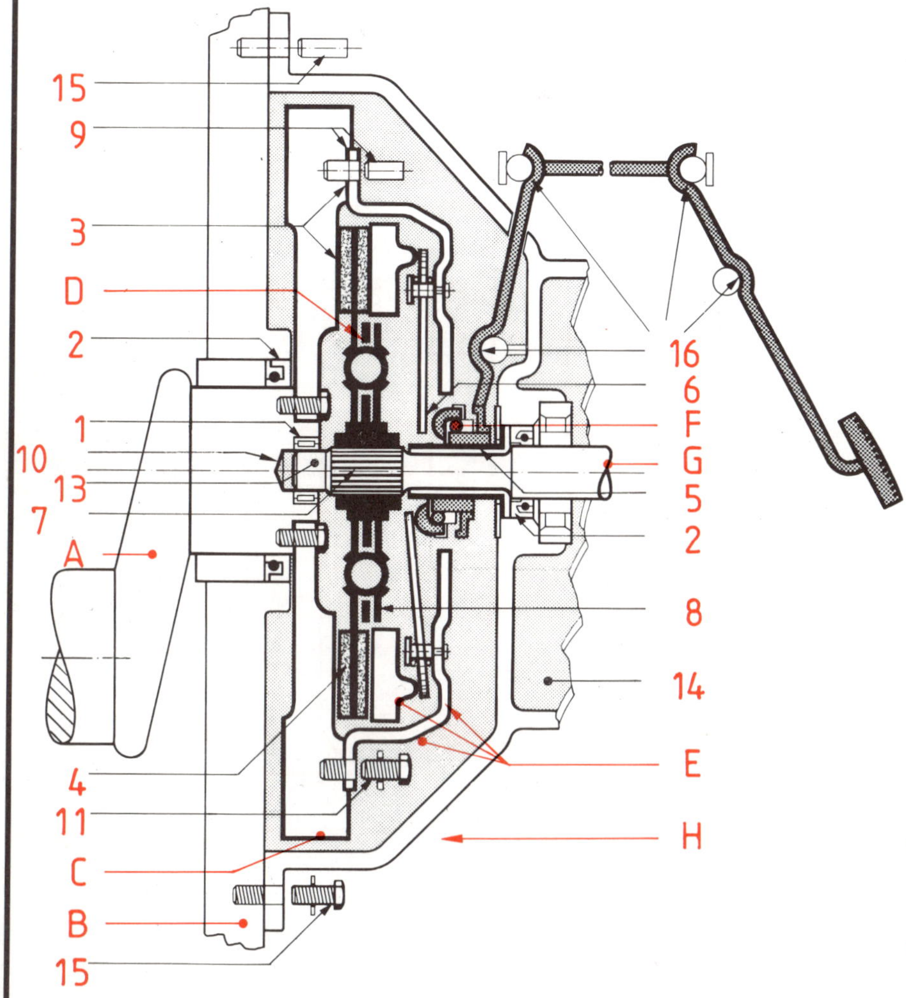

Arbeitsregeln

Beim Einbau einer Kupplung ist folgendes **besonders** zu beachten:

1 Leichtgängigkeit des Pilotlagers bzw. des Führungslagers im Kurbelwellenende prüfen (evtl. austauschen). Auf größte Sauberkeit im Bereich des Pilotlagers achten.

2 Radial-Wellendichtringe (Simmerringe) am Kurbelwellenende und an der Getriebeantriebswelle auf Dichtigkeit prüfen.

3 Riefen- und beulenfreie Anlauffläche des Schwungrades kontrollieren. Falls erforderlich, Anlauf- und Anschraubfläche des Schwungrades abschleifen. Dabei vorgeschriebene Toleranzen einhalten.

4 Kupplungsscheibe auf Seitenschlag prüfen (motorseitig max. 0,5 mm).

5 Parallelität und Leichtgängigkeit der Führungshülse des Ausrücklagers überprüfen. Bei Verschleiß auswechseln.

6 Membranfederzungen auf Schiefstand untersuchen.

7 Verzahnung der Kupplungsscheibe und der Getriebeeingangswelle auf Beschädigungen, Sauberkeit und Gleitfähigkeit überprüfen, damit beim Einbau und Kuppeln eine Leichtgängigkeit gewährleistet ist.

8 Vorgeschriebene Einbaulage der Kupplungsscheibe beachten (hier Getriebeseite angezeigt).

9 Druckplatte (mit Kupplungsscheibe) auf die Fixierungsstifte des Schwungrades setzen, Schrauben von Hand anziehen. Ein einwandfreies Einsetzen der Getriebeeingangswelle ist nur durch eine genaue Zentrierung der Kupplungsscheibe mit Hilfe eines Zentrierdorns möglich.

10 Zum Einführen des Zentrierdorns die Kupplungsscheibe mittig ausrichten. Zentrierdorn vorsichtig in die Nabe der Kupplungsscheibe bis in das Pilotlager einschieben.

11 Druckplatte abwechselnd kreuzweise anschrauben und mit vorgeschriebenem Drehmoment festziehen.

12 Zentrierdorn herausziehen und wieder einführen, um die Leichtgängigkeit zu überprüfen.

13 Getriebeantriebswelle vorn im Bereich des Pilotlagers leicht einfetten. Überschüssiges Fett abwischen.

14 Zentrierdorn entfernen. Behutsam die Getriebeantriebswelle mit Getriebe waagerecht in die verzahnte Nabe der Kupplungsscheibe und weiter in das Pilotlager einschieben. Profil nicht durch Verkanten beschädigen.

15 Getriebeglocke durch Zentrierstifte am Motorblock zentrieren und mit vorgeschriebenem Drehmoment anschrauben.

16 Nach beendigtem Einbau die ordnungsgemäße Kupplungsfunktion überprüfen. Falls erforderlich, Kupplungsspiel (siehe Hinweislinie 6) nach Herstellerangabe einstellen.

© Copyright: Verlag H. Stam GmbH · Köln

Einbau einer Einscheiben-Kupplung

86

Ein Kunde hat an seiner Kupplung (Pkw) Mängel festgestellt und bittet um eine allgemeine Überprüfung der Funktion. Es handelt sich um eine Reibungskupplung mit mechanischer Betätigung.

1. Welche zwei Grundfunktionen soll die Kupplung erfüllen?

Eingekuppelt: Motordrehmoment bei jedem Fahrzustand übertragen.

Ausgekuppelt: Kurbelwelle und Getriebe trennen (z.B. beim Schalten eines Ganges).

2. Welche Vorarbeiten sind zur ordnungsgemäßen Durchführung von Funktionsprüfungen erforderlich?

Kupplungsteile in betriebswarmen Zustand bringen (kurze Probefahrt mit häufigem Kuppeln). Kupplungsspiel (2 bis 3 mm) bzw. Pedalspiel (20 bis 30 mm) ist zu überprüfen. Bei älteren Fahrzeugen muß es evtl. noch eingestellt werden.

3. Die Überprüfung einer eingebauten Kupplung erfolgt grundsätzlich nach folgenden Punkten:
- allgemeines Anfahrverhalten,
- Trennen beim Schalten eines Ganges,
- ausreichende Übertragung des Motordrehmoments.

Beschreiben Sie in Stichworten die Funktionsprüfungen einer eingebauten Kupplung:

a) Allgemeines Anfahrverhalten, Anfahren an einer Steigung oder mit Belastung.
b) Trennen bei unsynchronisiertem Rückwärtsgang.
c) Prüfung auf Durchrutschen im Stand (Übertragung des Motordrehmoments).

4. Beurteilen Sie kritisch eine Prüfung im Stand auf Durchrutschen.

a) Motor starten, auskuppeln, I. Gang einschalten, bei etwas erhöhter Leerlaufdrehzahl (entsprechend den Fahrbahnverhältnissen) einkuppeln. Anfahren muß ruckfrei erfolgen.
Zum Anfahren auf einer ansteigenden Strecke (falls vorhanden) oder bei zusätzlicher Beladung den Motor nach dem Starten auf etwa doppelte Drehzahl bringen (ca. 1600 1/min), das Kupplungspedal zügig freigeben. Es muß ein weiches Einkuppeln und ein ruckfreies Beschleunigen erfolgen.

b) Motor starten, bei vorgeschriebener Leerlaufdrehzahl auskuppeln, nach einigen Sekunden Wartezeit den Rückwärtsgang einschalten, einkuppeln. Das Einschalten des Rückwärtsganges muß leichtgängig und relativ geräuschlos erfolgen. Evtl. den Vorgang wiederholen.

c) Zuerst Handbremse auf volle Funktionstüchtigkeit prüfen. Handbremse fest anziehen, Motor starten, Kupplung treten, höchsten Vorwärtsgang einschalten, Motordrehzahl bis in den Drehzahlbereich mit dem maximalen Drehmoment erhöhen (ca. 3000 bis 4000 1/min), zügig einkuppeln und sofort Vollgas geben. Ist die Kupplung einwandfrei, muß der Motor jetzt abgewürgt sein. Bei anhaltendem Durchrutschen muß die Kupplung überholt bzw. erneuert werden.

Eine Funktionsprüfung zur Übertragungsfähigkeit des Motordrehmoments im Stand bei erhöhter Drehzahl ist äußerst kritisch zu beurteilen, weil die Kupplung thermisch extrem hoch belastet wird. Dieser Test kann daher höchstens zweimal hintereinander durchgeführt werden. Durch die hohe Beanspruchung können zusätzliche Schäden auftreten.

Funktionsprüfungen einer Reibungskupplung

Ein Kunde bemängelt in der Reparaturannahme eines Kfz-Betriebes, daß er beim Schalten der Gänge Schwierigkeiten hat und daß dabei unangenehme, krachende und knarrende Geräusche entstehen. Der Pkw hat eine Membranfederkupplung ohne hydraulische Betätigung.

Nachdem das Kupplungsspiel (Ausrücklagerspiel) exakt eingestellt worden ist, wird auf einer Probefahrt keine Besserung festgestellt. In der Werkstatt kommt man zur allgemeinen Diagnose:

Kupplung trennt nicht richtig.

Es können viele Ursachen vorliegen, daß die Kupplung immer noch nicht richtig trennt.

Geben Sie zu den mit laufender Nummer aufgeführten Ursachen mögliche Abhilfen an.

1. Kupplungsscheibe klemmt auf der Getriebeantriebswelle.
   a) Nabenprofil (Verzahnung) wurde beim Einbau durch Winkel- oder Parallelversatz beschädigt.

   Abhilfe: Grat entfernen oder Kupplungsscheibe erneuern.

   b) Verzahnung der Nabe oder der Getriebeantriebswelle ist durch Verschleiß ausgeschlagen.

   Abhilfe: Kupplungsscheibe oder Getriebeantriebswelle (evtl. beide) erneuern.

   c) Kupplungsscheibe sitzt wegen Rostansatz am Profil auf der Getriebeantriebswelle fest.

   Abhilfe: Verzahnung an beiden Teilen entrosten. Profile leicht einfetten. Überschüssiges Fett sorgfältig entfernen.

2. Ausrückweg zu kurz, weil die Ausrückbetätigung zuviel Spiel hat.

   Abhilfe: Schadhafte Teile erneuern. Spiel nach Vorschrift neu einstellen.

3. Kupplung ist verzogen, weil sie nicht richtig verschraubt wurde (z.B. Kupplungsdeckel).

   Abhilfe: Kupplung ist zu erneuern (im Austausch).

4. Durch die zu große Belagfederung zwischen den Belägen ist die Kupplungsscheibe zu dick.

   Abhilfe: Richtige Kupplungsscheibe einbauen.

5. Nabe wurde beim Einbau verbogen, weil die Getriebeantriebswelle schief angesetzt wurde.

   Abhilfe: Kupplungsscheibe erneuern. Beim Einbau genau zentrieren. Antriebswelle mit Getriebe vorsichtig waagerecht einschieben.

6. Membranfederenden wurden beim gewaltsamen Zusammenbau verbogen oder angebrochen.

   Abhilfe: Kupplung erneuern.

7. Membranfederspitzen eingelaufen, weil das Ausrücklager blockiert oder schwergängig ist.

   Abhilfe: Kupplungsscheibe und Ausrücklager erneuern. Ausrücklagerspiel einstellen.

8. Die Nabe zeigt Anlaufspuren (Montagefehler), weil die Einbaulage der Kupplungsscheibe nicht beachtet wurde oder weil die falsche Scheibe eingebaut wurde.

   Abhilfe: Druckplatte auf Beschädigung überprüfen. Neue bzw. richtige Kupplungsscheibe einbauen. Richtige Einbaulage beachten.

9. Kupplungsscheibenbelag ist verbrannt bzw. aufgelöst.
   a) Beläge durch defekten Wellendichtring verölt.

   Abhilfe: Wellendichtring und Kupplungsscheibe erneuern.

   b) Ausrücksystem zu schwergängig bzw. defekt.

   Abhilfe: Ausrücklager, Führungshülse und Ausrückbetätigung überprüfen, evtl. erneuern.

   c) Beim Nacharbeiten der Anlaufflächen der Schwungscheibe wurden vorgeschriebene Toleranzen nicht beachtet bzw. die Anschraubfläche wurde nicht nachgearbeitet.

   Abhilfe: Schwungscheibe wegen Möglichkeit einer erneuten Nacharbeitung nochmals überprüfen. Evtl. Schwungscheibe und Kupplungsscheibe erneuern.

10. Kupplungsscheibe ist durch übermäßige Erhitzung tellerförmig gewölbt. Stahlteile sind teilweise blau angelaufen. Der Schaden kann durch eine falsche Fahrweise oder durch zu großen Schub bei Bergabfahrten entstanden sein.

    Abhilfe: Kupplungsscheibe muß erneuert werden.

11. Die Kupplungsscheibe ist nach dem Einkuppeln am Rand an mehreren Stellen ausgebrochen bzw. weggeplatzt. Der Belag weist tiefe, breite Riefen auf. Bei betätigter Kupplung kann die Fahrgeschwindigkeit, z.B. bei Bergabfahrten, viel größer geworden sein, als es dem eingelegten Gang entsprach.

    Abhilfe: Schwungscheibe ist auf Beschädigung zu überprüfen. Kupplungsscheibe muß erneuert werden.

Kupplung trennt nicht richtig

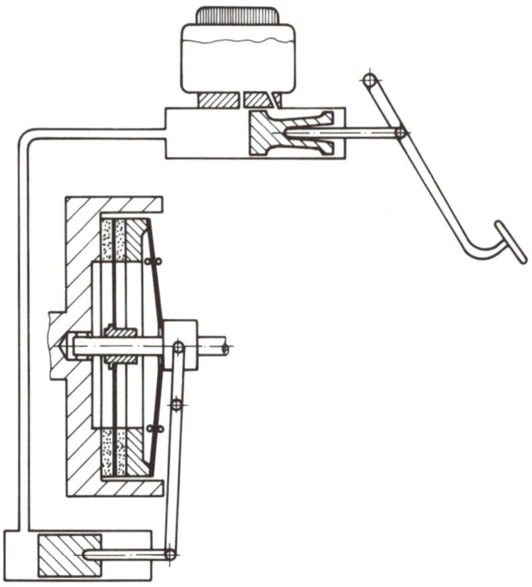

Das nebenstehende Schema zeigt als Aufgabenvorgabe eine **hydraulisch betätigte** Kupplung (eingekuppelt). Ergänzen Sie die unten angegebene vergrößerte Abbildung zu einer Kupplungsdarstellung in ausgekuppeltem Zustand.

1. Zeichnen Sie zuerst den Kolben im Geberzylinder (oberer Zylinder). Der Kolben soll in der Lösung 10 mm verschoben werden. Daraus ergibt sich die Stellung des ganz durchgetretenen Kupplungspedals.

2. Zeichnen Sie dann den Kolben im Nehmerzylinder (unterer Zylinder). Konstruieren Sie die neue Lage des Zapfens (bzw. der Ausrückgabel) am Ausrücklager.

3. Zeichnen Sie danach die übrigen Teile ein.

4. Beim Nehmerzylinder ist in der Lösung zusätzlich das dargestellte Entlüftungsventil funktionsgerecht einzuzeichnen.

5. Kennzeichnen Sie die Bremsflüssigkeit in Aufgabenvorgabe und Lösung durch blaue Färbung.

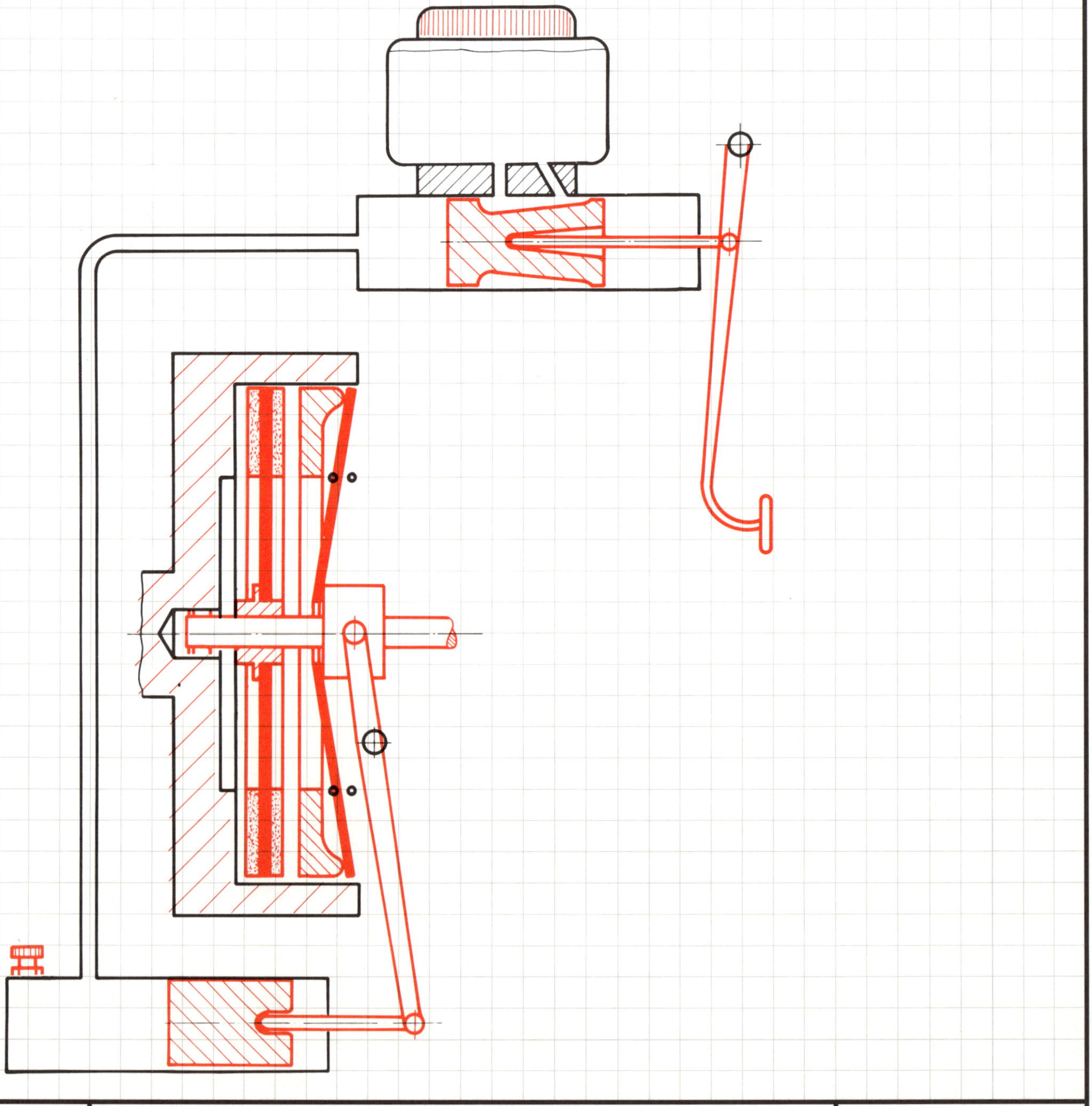

Hydraulisch betätigte Kupplung

In eine Reparaturwerkstatt wird ein Pkw mit Kupplungsschaden gebracht. Beim Auskuppeln der Kupplung kommt das Pedal zu langsam zurück. Es wird ein schadhafter Nehmerzylinder festgestellt. Nach seiner Auswechslung muß das Hydrauliksystem entlüftet werden.

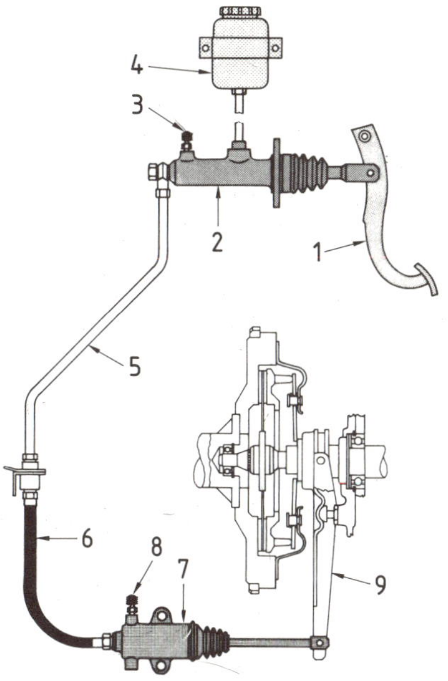

Hydraulisch betätigte Kupplung

1. Geben Sie die Benennung der Bauteile 1 bis 9 an.

1 Kupplungspedal

2 Geberzylinder

3 Entlüftungsventil (am Geberzylinder, nicht immer vorhanden)

4 Ausgleichsbehälter

5 Rohrleitung

6 Verbindungsschlauch

7 Nehmerzylinder

8 Entlüfterventil (am Nehmerzylinder)

9 Kupplungsausrückgabel

2. Entwickeln Sie einen Arbeitsablaufplan zum Entlüften einer hydraulisch betätigten Kupplung.
   Hilfsmittel: Füll- und Entlüftergerät (mit Entlüfterstutzen), durchsichtiger Schlauch, Entlüfterflasche (mit etwas Hydraulikflüssigkeit bzw. Bremsflüssigkeit gefüllt).

Arbeitsablaufplan

1. Verschlußdeckel am Ausgleichsbehälter abschrauben. Wenn ein Schwimmerbehälter vorhanden ist, muß er ausgebaut werden.

2. Am Ausgleichsbehälter den Entlüfterstutzen montieren und das Entlüftergerät nach Herstellervorschrift anschließen.

3. Ausgleichsbehälter bis maximalen Flüssigkeitsstand auffüllen.

4. Fahrzeug auf die Hebebühne fahren, auf Arbeitshöhe bringen.

5. Staubkappe auf dem Entlüfterventil des Nehmerzylinders abziehen und Schlauch der Entlüfterflasche auf das Entlüfterventil aufschieben.

6. Absperrhahn am Füllschlauch öffnen.

7. Entlüfterventil des Nehmerzylinders öffnen, bis Bremsflüssigkeit blasenfrei austritt bzw. neue, klare Bremsflüssigkeit kommt.

8. Entlüfterventil schließen.

9. Absperrhahn des Entlüftergeräts schließen und Druck ablassen.

10. Hebebühne ablassen, Fahzeug von der Hebebühne fahren.

11. Entlüfterstutzen abbauen und evtl. Schwimmerbehälter wieder einbauen.

12. Bremsflüssigkeit im Ausgleichsbehälter entsprechend der vorgeschriebenen Markierung auffüllen.

13. Verschlußdeckel auf den Ausgleichsbehälter aufschrauben.

14. Kupplungssystem auf Funktion und Dichtheit prüfen.

3. Was ist bei der sorgfältigen Entsorgung der Bremsflüssigkeit zu beachten?

Bremsflüssigkeit ist giftig. Bremsflüssigkeit kann nur der Wiederaufarbeitung zugeführt werden, wenn sie nicht mit anderen Stoffen (z.B. mit Öl) vermischt wird. Wird Bremsflüssigkeit in das Abwasser gegeben, drohen Strafen.

Arbeitsablaufplan: Entlüften einer hydraulisch betätigten Kupplung

© Copyright: Verlag H. Stam GmbH · Köln

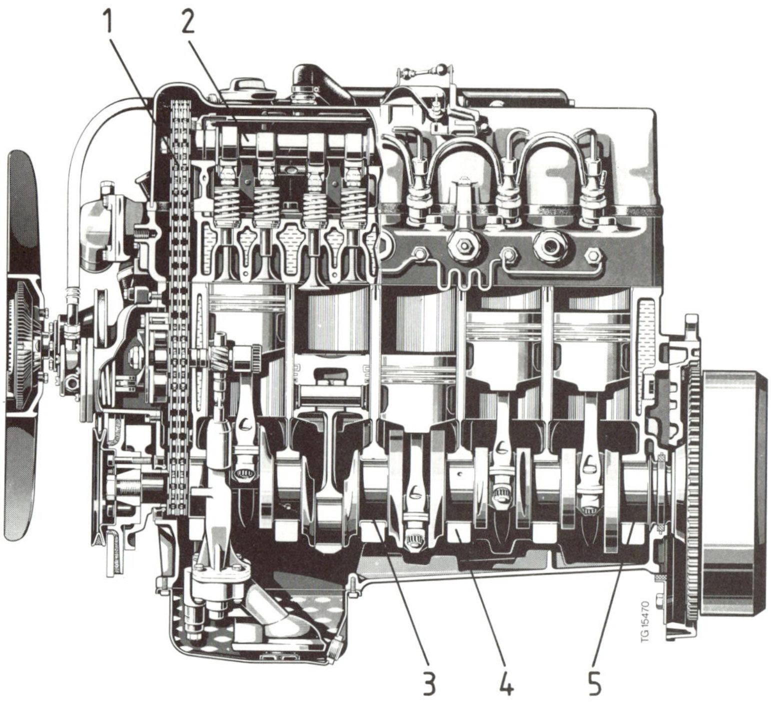

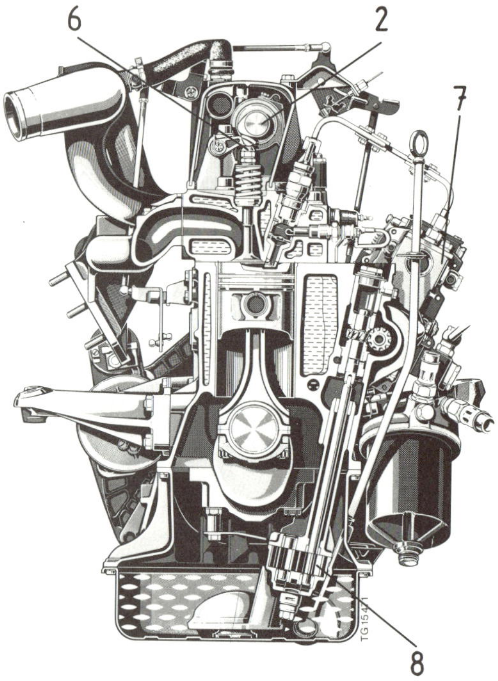

1. Welche Teilebezeichnungen sind falsch?

1 Zahnriemen	☒	5 Führungslager	☒
2 Nockenwelle	☐	6 Kipphebel	☒
3 Paßlager	☐	7 Verteiler	☒
4 Lagerdeckel	☐	8 Verteilerpumpe	☒

2. Welche Aufgabe hat das Paßlager?

– Kurbelwelle zentrieren	☐
– Drehschwingungen dämpfen	☐
– Axiales Verschieben verhindern	☒
– Laufruhe verbessern	☐

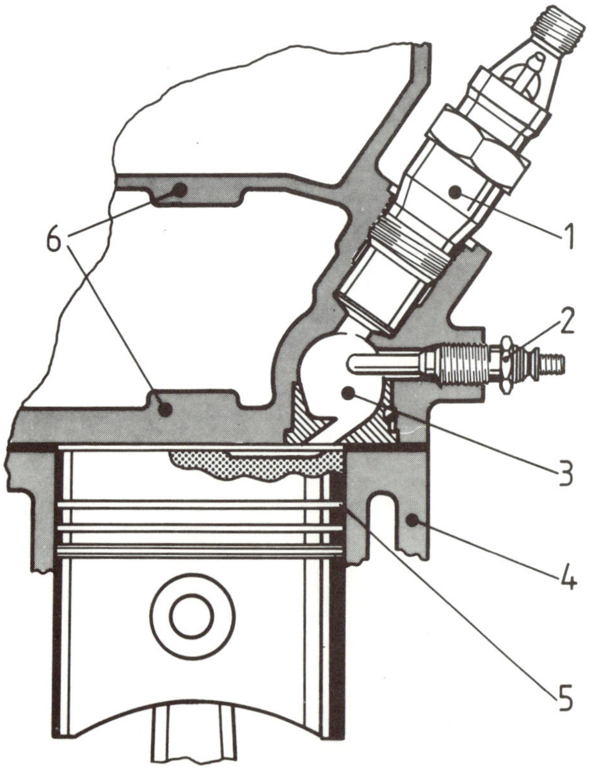

3. Welche Teilebezeichnung ist richtig?

1 Einspritzdüse	☐	4 Laufbuchse	☐
2 Zündkerze	☐	5 Ölabstreifring	☐
3 Vorkammer	☐	6 Zylinderblock	☐
Keine Bezeichnung ist richtig			☒

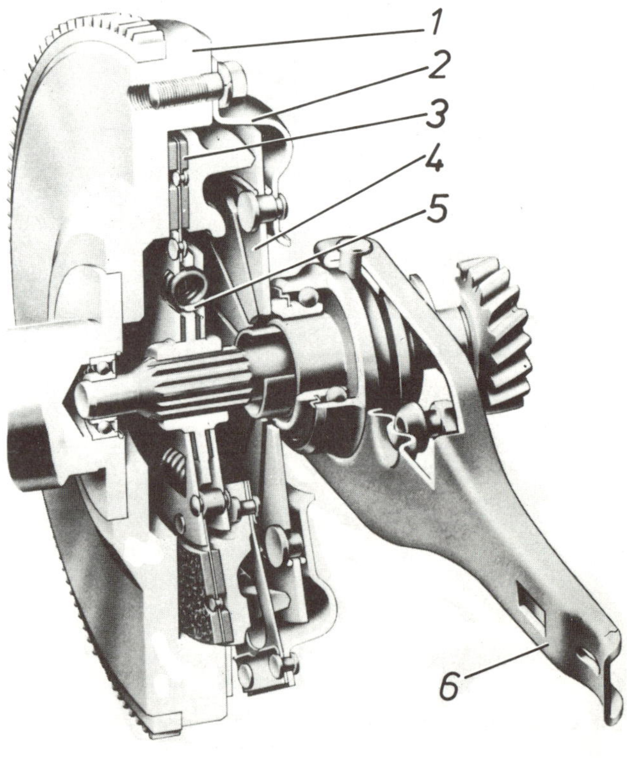

4. Welche Teilebezeichnungen sind falsch?

1 Mitnehmerscheibe	☒	4 Membranfeder	☐
2 Kupplungsdruckplatte	☒	5 Torsionsfeder	☐
3 Schwungscheibe	☒	6 Ausrückhebel	☐

Testaufgabe: Motor im Längs- und Querschnitt, Einspritzverfahren, Kupplung

© Copyright: Verlag H. Stam GmbH · Köln

Die Hauptaufgabe der Zahnradübersetzungen im Getriebe eines Kraftfahrzeugs besteht darin, für den jeweiligen Fahrzustand das Motordrehmoment M in ein entsprechendes Antriebsdrehmoment M_A zu ändern. Dazu werden auch die Drehzahlen übersetzt (in umgekehrtem Verhältnis).

Beim **einfachen Zahnradtrieb** (Zahnradpaar) stehen zwei Zahnräder so miteinander im Eingriff, daß sich die Teilkreise beider Zahnräder berühren (siehe Info-Band: Zahnradtrieb). Die Abmessungen des *treibenden* Zahnrades erhalten den Index **1** (z.B. z_1, d_1, n_1), die Abmessungen des *getriebenen* Zahnrades dagegen den Index **2** (z.B. z_2, d_2, n_2).

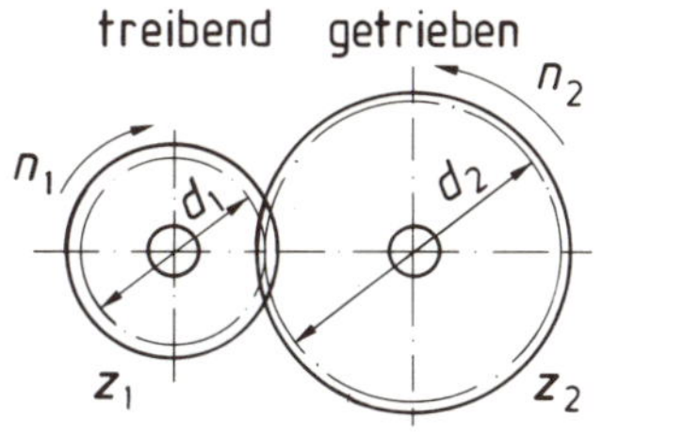

Die **Übersetzung** beim Zahnradtrieb erfolgt durch die gegenseitigen Abhängigkeiten der Zähnezahlen und Drehzahlen beider Zahnräder. Die Abhängigkeiten werden durch die Zahntriebformel erfaßt. Das Produkt von $z \cdot n$ der beiden Gleichungsseiten ist gleich groß.

Durch entsprechendes Umstellen erhält man die genormten Verhältnisse der Drehzahlen und der Zähnezahlen.

Beide Verhältnisse stellen die **Übersetzung i** dar.

Beim **mehrstufigen Zahnradtrieb** mit doppelter bzw. mit mehrfacher Übersetzung (z.B. Wechselgetriebe mit Ausgleichsgetriebe) ist die **Gesamtübersetzung i_{ges}** das Produkt der Einzelübersetzungen.

Für die **Übersetzung des Drehmoments** gelten die nebenstehenden Formeln. Zur Vereinfachung werden bei diesen Formeln die Wirkungsgrade in den einzelnen Triebwerksteilen nicht berücksichtigt.

Bedeutungen:
M_1 Getriebeeingangsdrehmoment (z.B. Motordrehmoment),
M_2 Getriebeausgangsdrehmoment
M_A Antriebsdrehmoment.

Abb. 1   Zahnradantrieb

$$z_1 \cdot n_1 = z_2 \cdot n_2 \qquad \frac{n_1}{n_2} = \frac{z_2}{z_1}$$

$$i = \frac{n_1}{n_2} \qquad i = \frac{z_2}{z_1} \qquad \text{Einheit: keine}$$

$$i_{ges} = i_1 \cdot i_2 \cdot i_3 \qquad i_{ges} = \frac{z_2 \cdot z_4 \cdot z_6}{z_1 \cdot z_3 \cdot z_5}$$

$$i_{ges} = \frac{n_{Anfang}}{n_{Ende}} \qquad i_{ges} = \frac{n_A}{n_E}$$

$$i = \frac{M_2}{M_1} \qquad i_{ges} = \frac{M_A}{M_1}$$

Aufgaben:

1. Ein einfacher Zahnradtrieb hat eine Übersetzung von $i = 1,6$. Von dem treibenden Zahnrad werden 15 Zähne und eine Drehzahl von 450 1/min angegeben. Berechnen Sie von der getriebenen Scheibe
a) die Zähneanzahl z_2, **b)** die Drehzahl n_2.

2. Ein Pkw-Motor wird mit einer Drehzahl von 98 1/min gestartet. Der Schwungradzahnkranz hat 112 Zähne und das Starterritzel 11 Zähne. Bestimmen Sie
a) Starterdrehzahl n_1, **b)** Übersetzung i.

3. Berechnen Sie die fehlenden Größen.

	a)	b)	c)	d)	e)
z_1	17	32	?	?	13
z_2	43	?	27	14	?
n_1 in 1/min	?	2500	1913	?	4394
n_2 in 1/min	494	?	850	6700	1680
i	?	0,656	?	0,4	?

4. Von einem Pkw mit Hinterradantrieb (wie Abb. 2) sind vom III. Gang folgende Daten gegeben:

Motordrehzahl n_1	i_A	z_1	z_2	z_7	z_8
5400 1/min	4,2	18	35	33	20

Berechnen Sie **a)** die Einzelübersetzungen, **b)** die Gesamtübersetzung, **c)** die Drehzahl der Kardanwelle, **d)** die Drehzahl der Antriebswellen.

5. Von einem Pkw sind gegeben:
Antriebsdrehzahl $n_{A,\,IV} = 1100$ 1/min (direkter G.)
Motordrehzahl $n_{1,\,IV} = 4004$ 1/min,
Gesamtübersetzung III. Gang $i_{III,\,ges} = 4,98$.
Gesucht:
$i_{III,\,W}$ (Übersetzung III. Gang im Wechselgetriebe).

6. Ermitteln Sie von einem Getriebe (wie Abb. 3) das Antriebsdrehmoment $M_{A,\,III}$ in Nm mit folgenden Daten:

Motordrehzahl n_1	P_{eff}	z_5	z_6	z_{11}	z_{12}
6000 1/min	71	26	35	19	73

7. Von einem Pkw mit Hinterradantrieb (Abb. 2) sind bei einer Motordrehzahl von $n_1 = 2500$ 1/min für alle Gänge die Antriebsdrehzahlen n_A zu berechnen.

z_1	z_2	z_3	z_4	z_5	z_6	z_7	z_8	z_9	z_R	z_{10}	i_A
19	29	13	31	18	25	24	21	13	18	30	3,667

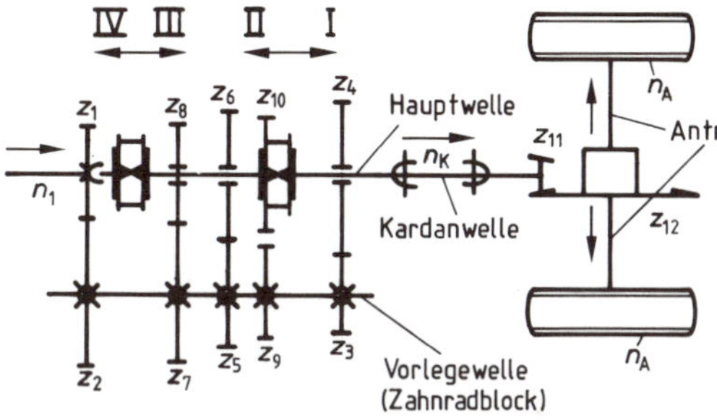

Abb.2   Hinterradantrieb

8. Berechnen Sie von dem Vierganggetriebe (Abb. 3)
a) M_1, **b)** $i_{ges,\,IV}$, **c)** $M_{A,\,IV}$.
Gegeben:

P_{eff}	Motordrehzahl n_1	z_7	z_8	z_{11}	z_{12}
40 kW	6000 1/min	41	39	19	73

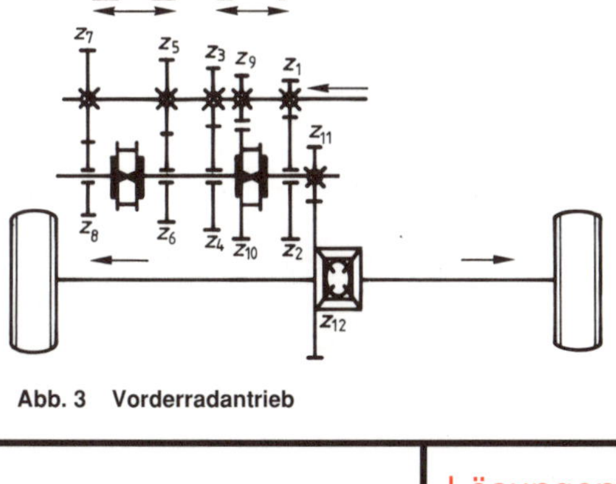

Abb. 3   Vorderradantrieb

Zahnradübersetzungen

Lösungen auf

Seite 36

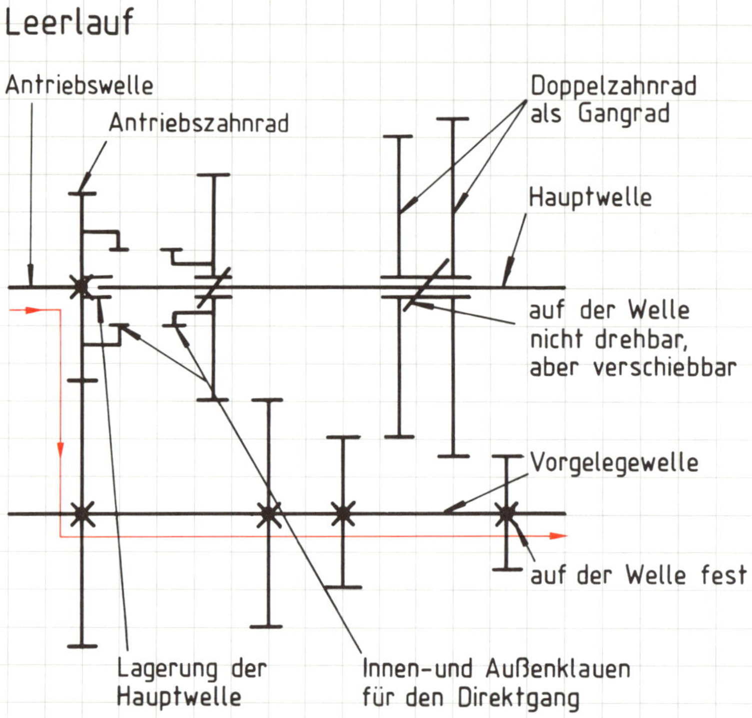

Leerlauf

Antriebswelle
Antriebszahnrad
Doppelzahnrad als Gangrad
Hauptwelle
auf der Welle nicht drehbar, aber verschiebbar
Vorgelegewelle
auf der Welle fest
Lagerung der Hauptwelle
Innen- und Außenklauen für den Direktgang

1. Vervollständigen Sie die Getriebedarstellungen für vier eingeschaltete Vorwärtsgänge. Der Schiebeweg der Gangräder bis zum vollen Eingriff soll hier 7,5 mm betragen.

2. Kennzeichnen Sie den Kraftfluß im Leerlauf (Vorgabe) und in den vier Vorwärtsgängen durch schmale rote Vollinien.

Beispiele für Sinnbilder:

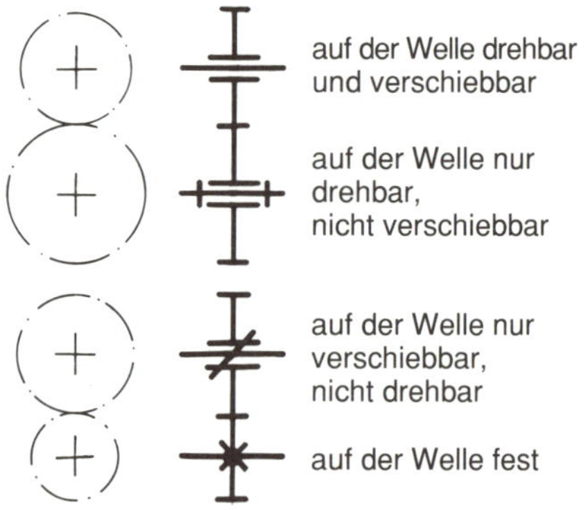

auf der Welle drehbar und verschiebbar

auf der Welle nur drehbar, nicht verschiebbar

auf der Welle nur verschiebbar, nicht drehbar

auf der Welle fest

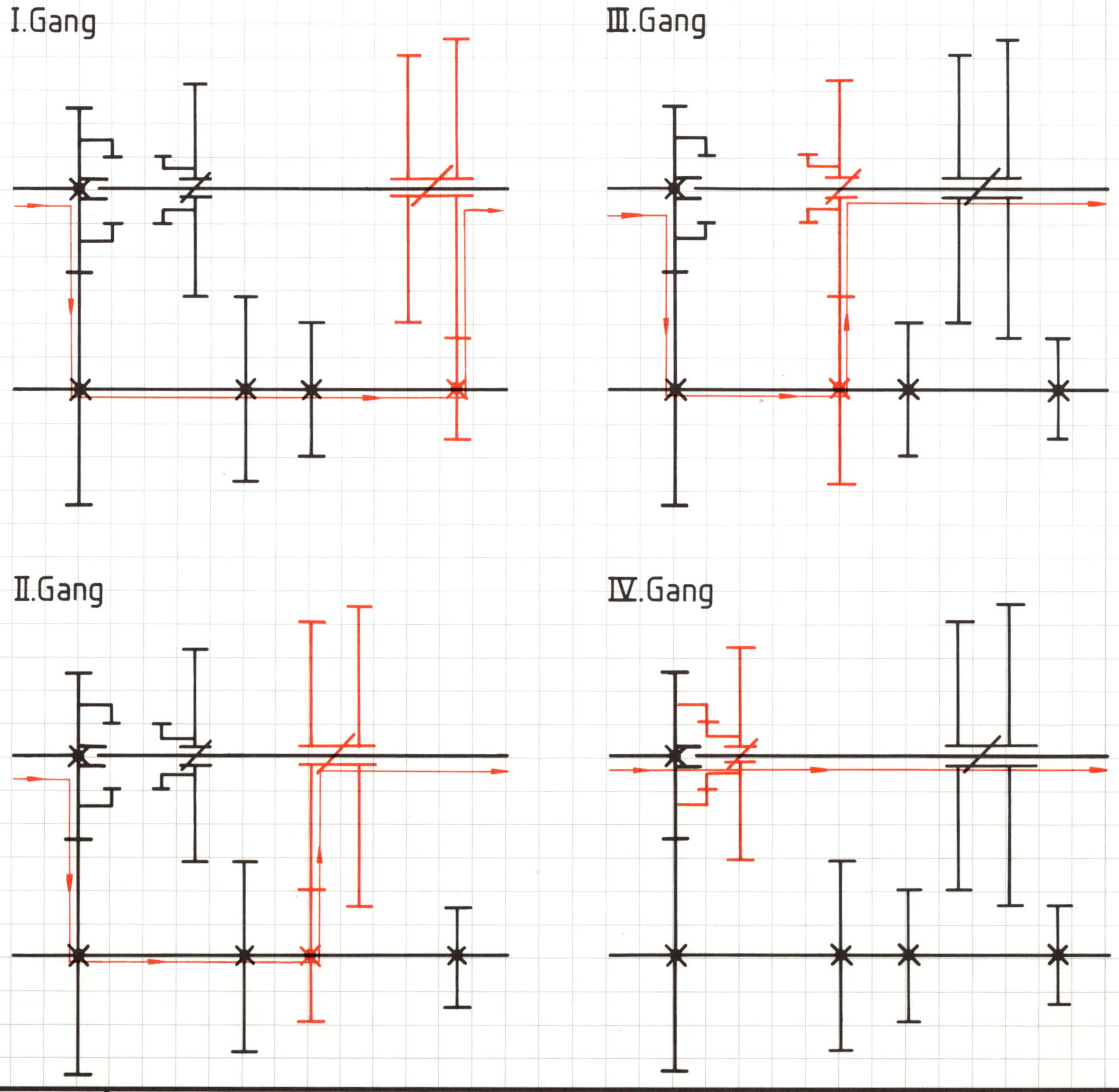

I.Gang

III.Gang

II.Gang

IV.Gang

Viergang-Schieberadgetriebe (Grundfunktion)

© Copyright: Verlag H. Stam GmbH · Köln

93

Das Bild zeigt ein Pkw-Schaltgetriebe mit fünf sperrsynchronisierten Vorwärtsgängen und einem sperrsynchronisierten Rückwärtsgang.
Spezielle Bezeichnungen: *Gleichachsiges Getriebe oder 3-Wellengetriebe*

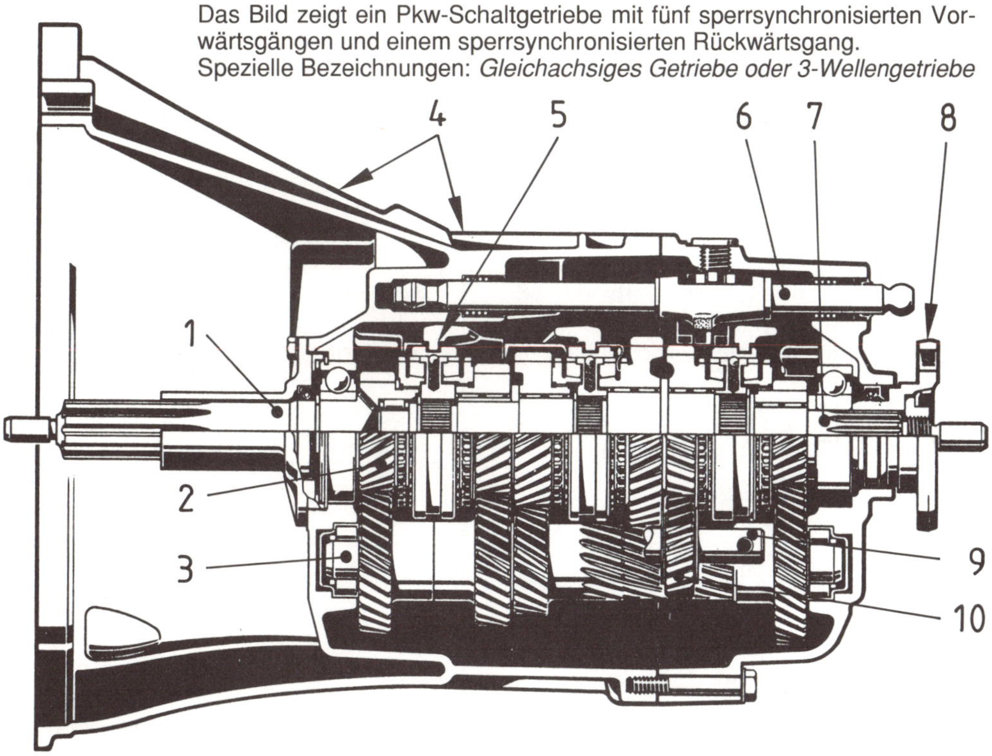

Teilebezeichnungen:

1 Antriebswelle

2 Antriebszahnrad

3 Vorgelegewelle

4 Getriebegehäuse mit Kupplungsglocke

5 Schaltmuffe (III. und IV. Gang)

6 Schaltstange

7 Hauptwelle

8 Abtriebsflansch

9 Rücklaufwelle

10 Zwischenrad für den Rückwärtsgang

1. Bezeichnen Sie in der nebenstehenden Zusammenstellung die Bauteile 2 bis 10.

2. Vervollständigen Sie das Kraftflußdiagramm für die Gänge II bis V und für den R.-Gang. Kennzeichnen Sie den Kraftfluß durch eine betont breite, rote Vollinie (siehe I. Gang). Geben Sie die Bewegungsrichtung der Schaltmuffen durch Pfeile an (siehe I. Gang).

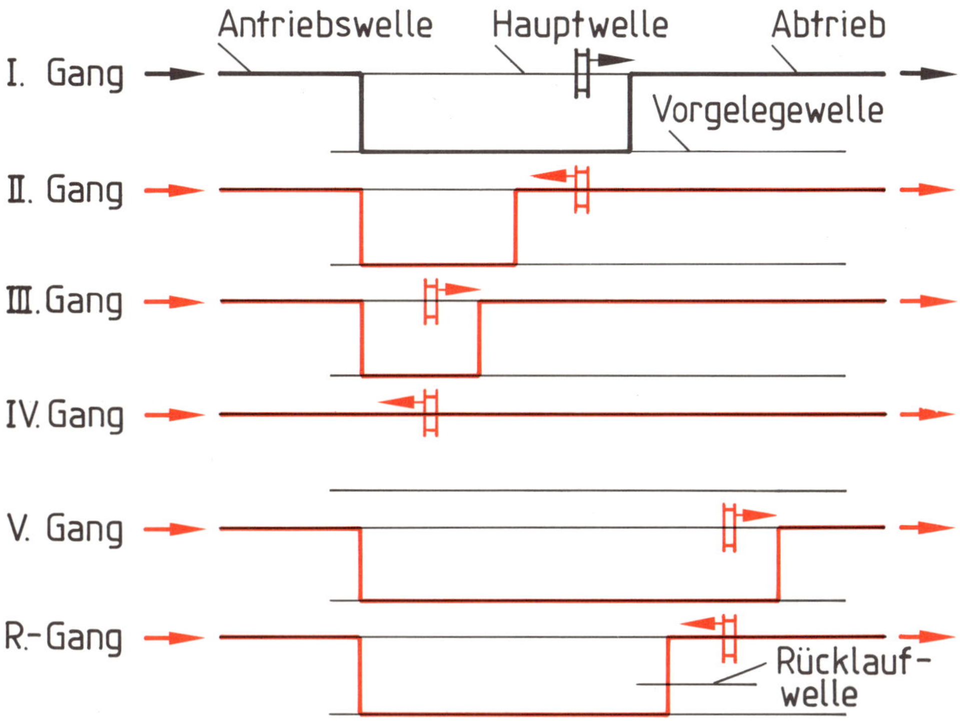

Getriebedaten

Eingangsdrehmoment

$M_{1,max} = 170$ Nm

Übersetzungen i

I. Gang	3,72
II. Gang	2,04
III. Gang	1,34
IV. Gang	1,0
V. Gang	0,80
R.-Gang	3,54

Formel für die Berechnungen:

$$i = \frac{M_2}{M_1}$$

Umstellung:

$$M_2 = M_1 \cdot i$$

3. Berechnen Sie mit den nebenstehenden Angaben für die Gänge I, II und V die Ausgangsdrehmomente M_2 in Nm. Stellen Sie die vorgegebene Formel nach M_2 um.

I. Gang

$M_2 = M_1 \cdot i$

$M_2 = 170\,\text{Nm} \cdot 3,72$

$M_2 = \mathbf{632,4\ Nm}$

II. Gang

$M_2 = M_1 \cdot i$

$M_2 = 170\,\text{Nm} \cdot 2,04$

$M_2 = \mathbf{346,8\ Nm}$

V. Gang

$M_2 = M_1 \cdot i$

$M_2 = 170\,\text{Nm} \cdot 0,8$

$M_2 = \mathbf{136\ Nm}$

Fünfgang-Synchrongetriebe mit Kraftflußdiagramm

© Copyright: Verlag H. Stam GmbH · Köln

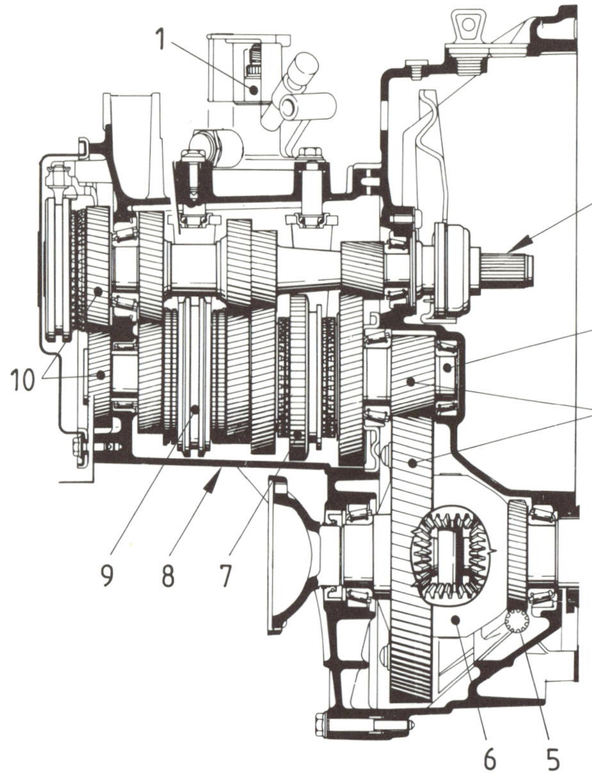

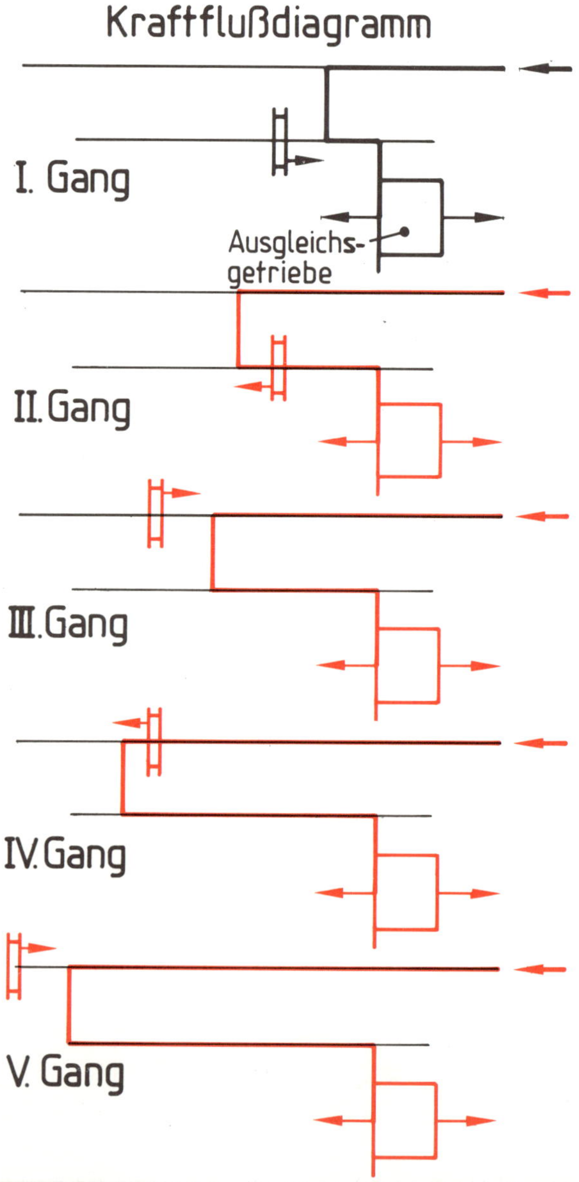

Kraftflußdiagramm

1. Tragen Sie in der Zusammenstellung zu den Teile-nummern die Benennung ein.

  1 Schaltwelle

  2 Antriebswelle

  3 Abtriebswelle

  4 Stirnradantrieb für Ausgleichsgetriebe

  5 Tachoantrieb

  6 Ausgleichsgetriebegehäuse

  7 geradverzahntes Rad für den Rückwärtsgang

  8 Gehäuse für den Gesamtgetriebe-block (Wechsel- und Ausgleichs-getriebe)

  9 Schaltmuffe (III. u. IV. Gang)

 10 Gangradpaar (V. Gang)

2. Vervollständigen Sie das Kraftflußdiagramm nach dem vorgegebenen Beispiel für den I. Gang. Der Rückwärtsgang ist in der Abbildung nicht angegeben.

3. Was bedeuten folgende zusätzliche Bezeichnungen für das abgebildete Getriebe?
   a) Ungleichachsiges Getriebe. Antrieb und Abtrieb liegen nicht in der gleichen Achse (bzw. Welle).

   b) Zweiwellen-Getriebe. Für Vorwärtsgänge sind folgende zwei Wellen vorhanden: Antriebswelle und Abtriebswelle.

4. Wodurch wird das Ausgleichsgetriebe angetrieben? Durch ein schrägverzahntes Stirnrad-paar (auf der Abtriebswelle und am Ausgleichsgetriebe).

5. Welche Wartungsarbeiten werden in der Regel an Getrieben durchgeführt? Ölstand prüfen, evtl. Ölwechsel nach Herstellervorschrift durchführen, Schaltungsteile schmieren bzw. einfetten, Funktionsablauf und Leichtgängigkeit der Schaltung überprüfen, Dichtheit des Getriebegehäuses kontrollieren.

6. Wann kann ein Gang einwandfrei geschaltet werden? Gangrad und Schaltmuffe müssen gleiche Drehzahl (d.h. Gleichlauf) haben.

© Copyright: Verlag H. Stam GmbH · Köln

Kraftflußdiagramm eines Fünfgang-Synchrongetriebes für Frontantrieb

Schaltmuffe in Endstellung

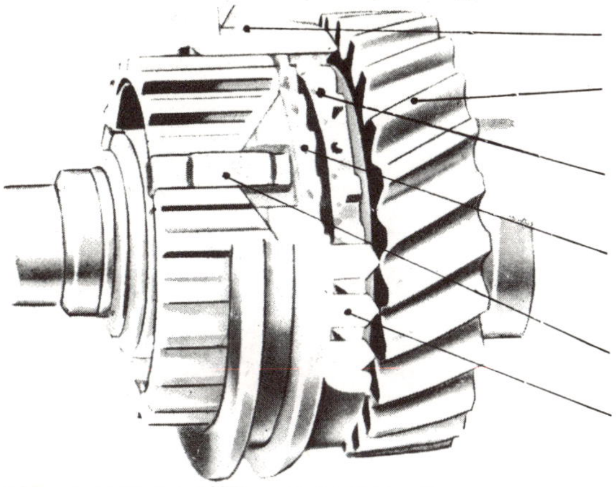

Schaltmuffe

Gangrad

Mitnehmerzähne
(am Gangrad)

Sperrzähne
(Synchronring)

Schaltstein

Schaltmuffenzahn

Vervollständigen Sie das **Funktionsschema der Sperrsynchronisierung**.
Gesucht wird die Darstellung „Gang geschaltet".

1. Tragen Sie in die vorgegebene Schemadarstellung (Synchronisierungsbeginn) die fehlenden Fachausdrücke ein.
2. Vervollständigen Sie das Schema im unteren Abschnitt (Ende des Schaltvorgangs).
3. Legen Sie das Funktionsschema farbig an.
   - **Schaltmuffe**: *rot*
   - **Synchronring**: *gelb*
   - **Mitnehmerzähne**: *blau*

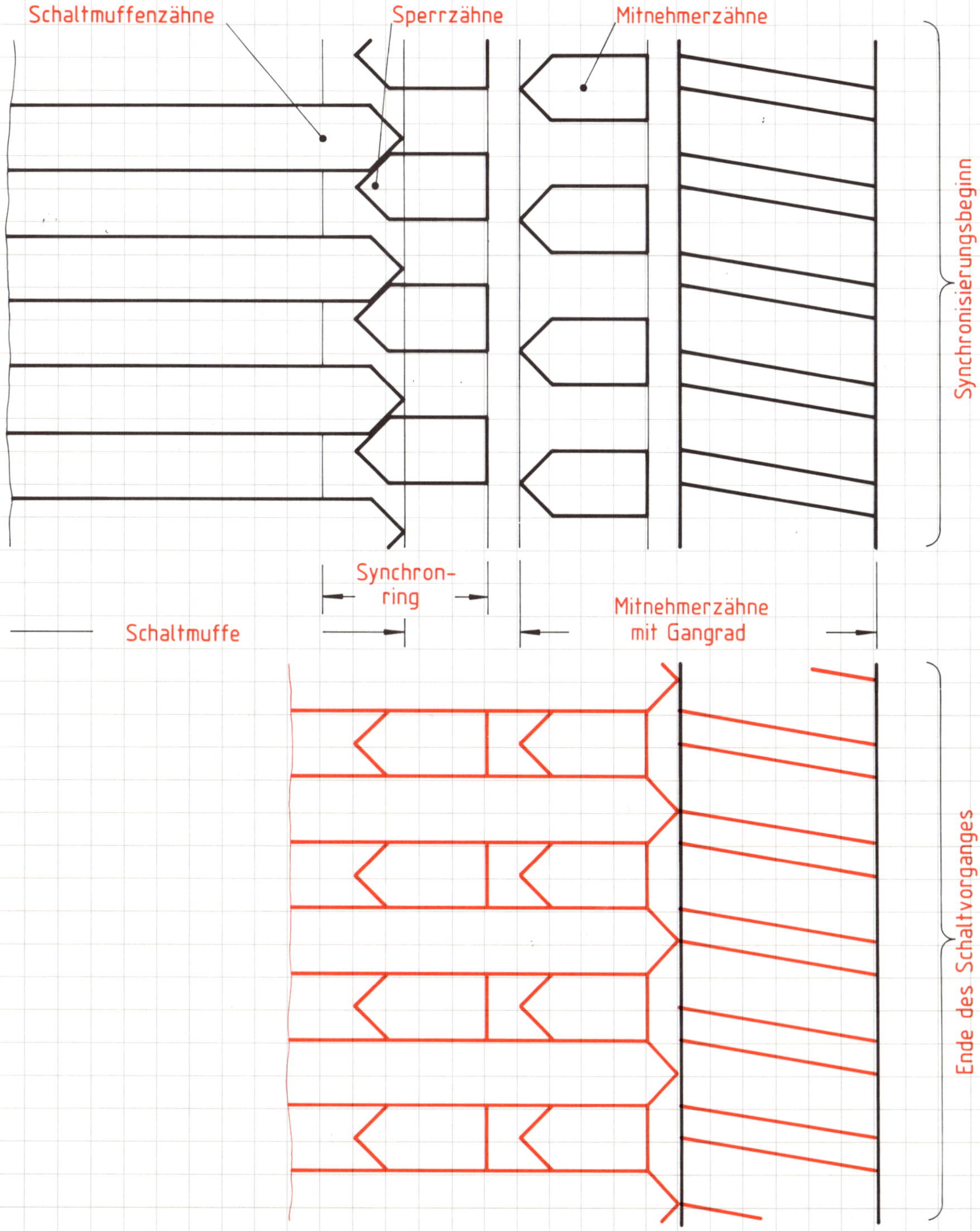

Schaltmuffenzähne

Sperrzähne

Mitnehmerzähne

Synchronisierungsbeginn

Synchronring

Schaltmuffe

Mitnehmerzähne mit Gangrad

Ende des Schaltvorganges

© Copyright: Verlag H. Stam GmbH · Köln

Funktionsschema der Sperrsynchronisierung

96

Wirkungsweise des Ausgleichsgetriebes

1. Stellen Sie die **Wirkungsweise des Ausgleichsgetriebes** in den angegebenen Situationen schematisch dar.
2. Kennzeichnen Sie verschieden hohe Drehzahlen durch unterschiedliche Pfeillängen.
3. Prüfen Sie die Drehzahldifferenzen durch Rechnung nach.

Geradeausfahrt

n_T = Drehzahl Tellerrad
n_K = Drehzahl Kegelrad
n_R = Drehzahl rechtes Antriebsrad
n_L = Drehzahl linkes Antriebsrad

Gegeben: $n_T = 300 \frac{1}{min}$

Gesucht: n_L und n_R

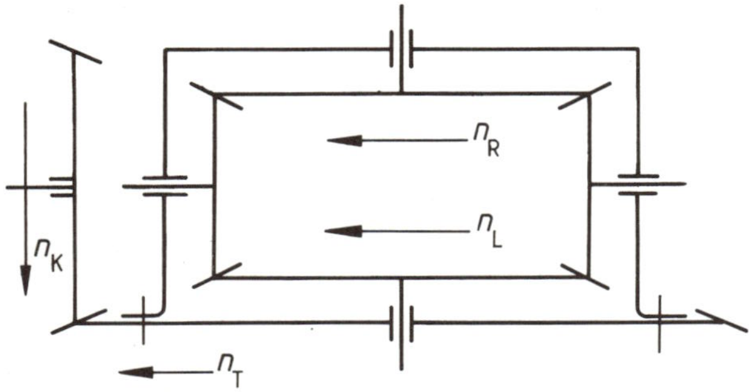

Berechnung: Bei Geradeausfahrt gelten folgende Bedingungen:

$n_T = n_L$
$n_T = n_R$
$n_L = n_R$

Daraus folgt:
$n_L + n_R = 2 \cdot n_T$
$n_L + n_R = 2 \cdot 300 \ 1/min$
$n_L = n_R = \mathbf{300 \ 1/min}$

Rechtskurve

Die Kegelausgleichsräder rollen auf dem rechten Achswellenrad nur ab. Das linke Achswellenrad wird zusätzlich angetrieben.

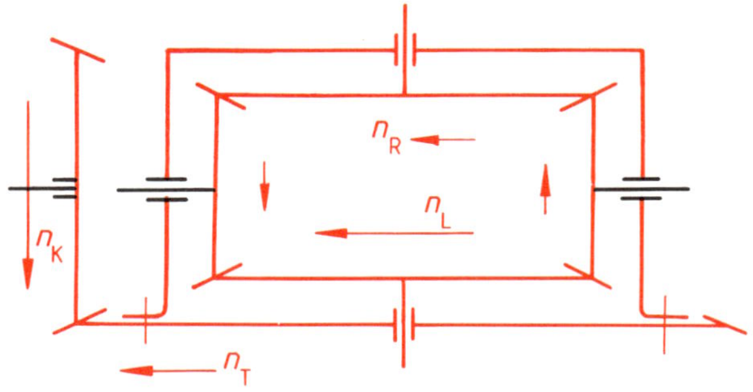

Gegeben: $n_T = 150 \ 1/min$
$n_L = 200 \ 1/min$

Gesucht: n_R

Überlegung: $n_L > n_R$

Berechnung:

$n_R = 2 \cdot n_T - n_L$
$n_R = 2 \cdot 150 \ 1/min - 200 \ 1/min$
$n_R = \mathbf{100 \ 1/min}$

Rechtes Rad feststehend, linkes Rad drehend

Beide Kegelausgleichsräder rollen auf dem rechten, stillstehenden Achswellenrad ab. Daher wird das linke Achswellenrad mit doppelter Drehzahl angetrieben.

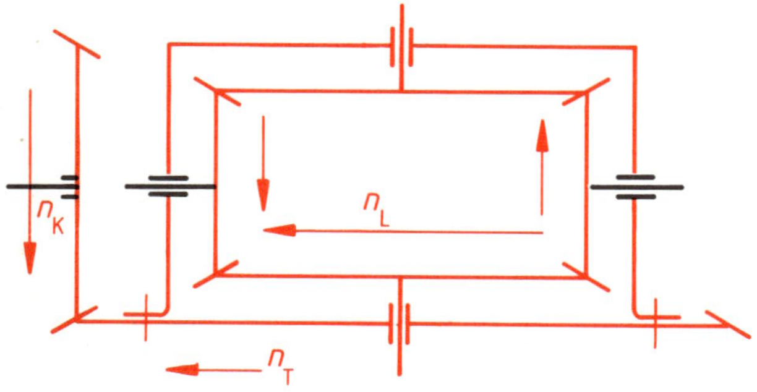

Berechnung:

Gegeben: $n_T = 200 \ 1/min$
$n_R = 0 \ 1/min$

Gesucht: n_L

$n_L = 2 \cdot n_T - n_R$
$n_L = 2 \cdot 200 \ 1/min - 0 \ 1/min$
$n_L = \mathbf{400 \ 1/min}$

Auto aufgebockt

Das rechte Rad wird mit der Hand durchgedreht. Tellerrad und Ausgleichsgehäuse stehen still. Das rechte Achswellenrad treibt die Kegelausgleichsräder an. Diese geben als Zwischenräder die gleiche Drehzahl an das linke Achswellenrad. Der Drehsinn kehrt sich um.

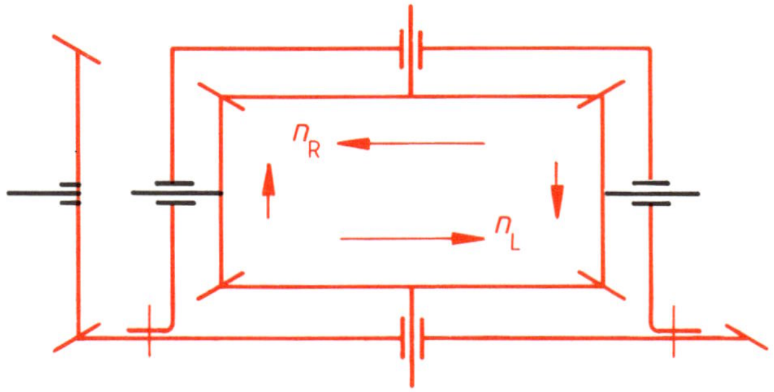

Berechnung:

Gegeben: $n_R = 20 \ 1/min$
$n_T = 0 \ 1/min$

Gesucht: n_L

$n_L = 2 \cdot n_T - n_R$
$n_L = 2 \cdot 0 \ 1/min - 20 \ 1/min$
$n_L = \mathbf{-20 \ 1/min}$

Das Minuszeichen bedeutet: entgegengesetzte Drehrichtung

1. Beschreiben Sie mindestens drei Aufgaben der Fahrzeugfederung.

1. Fahrbahnstöße in kontrollierte, weiche Schwingungen umwandeln.

2. Bei Omnibussen und Lkw die Bodenfreiheit (Fahrzeugniveau) bei unterschiedlichen Belastungen konstant halten (zuschaltbare Pneumatik- oder Hydraulikfeder).

3. Kipp- und Nickbewegungen des Fahrzeugs bei Kurvenfahrten bzw. bei unebener Fahrbahn auffangen.

4. Schwingungen im Schwingungssystem der gefederten Masse zur ungefederten Masse verringern. Gefederte Masse: Aufbau, Motor, Kupplung, Getriebe, Ladung. Ungefederte Masse: Räder, Bremsen, Teile der Radaufhängung, Achswellen, Lenkung, Federn.

2. Zeichnen Sie mit den Angaben der Wertetabellen für drei verschiedene Federn die Federkennlinien.

Kennlinie a:

Federweg s in mm	10	20	30	40
Belastungskraft F in kN	2	4	6	8

Kennlinie b:

Federweg s in mm	10	30	50	80
Belastungskraft F in kN	1	3	5	8

Kennlinie c:

s in mm	10	20	30	40	50	60	65
F in kN	0,7	1,5	2,3	3,4	4,9	6,5	8

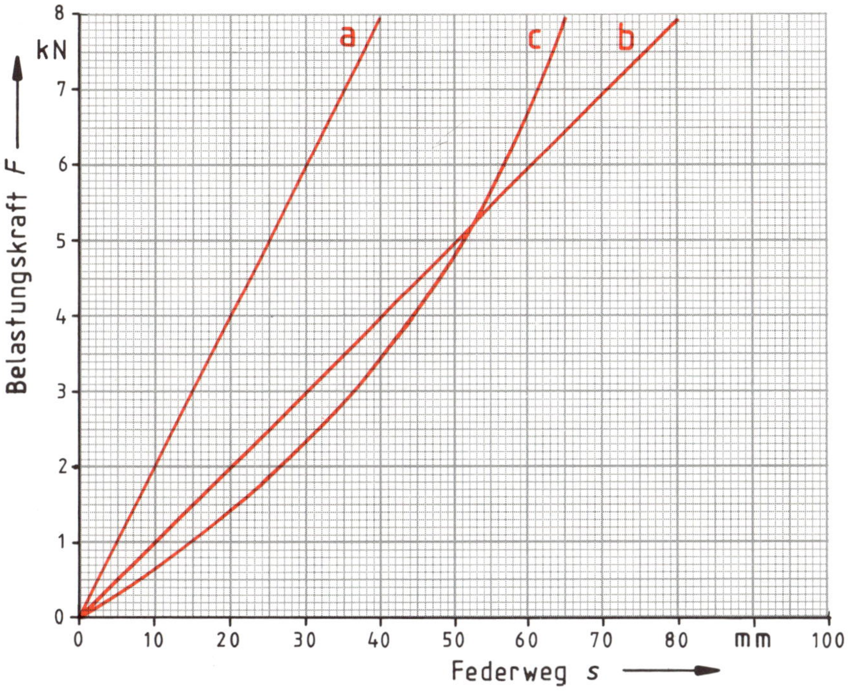

Federkennliniendiagramm

3. Vergleichen Sie die dargestellten Kennlinien miteinander. Geben Sie für die betreffende Feder eine charakteristische Bezeichnung an (z. B.: linear, progressiv, weich, hart).

Kennlinie a: harte Feder mit linearer Kennlinie,

Kennlinie b: weiche Feder (relativ) mit linearer Kennlinie,

Kennlinie c: progressive Feder mit immer stärker ansteigender Kennlinie.

4. Ergänzen Sie die Beschreibung von Federkennlinien.

Eine **lineare** Federkennlinie steigt gleichmäßig an.

Eine **progressive** Federkennlinie steigt mit zunehmender Belastung immer stärker an.

5. Zur Kennzeichnung der Federhärte ist als Maß die Federrate c eingeführt (gemessen in N/mm).

Die Federrate gibt an, wieviel Spannkraft F (gemessen in N) je 1 mm Federweg erforderlich ist.

$$\text{Federrate} = \frac{\text{Kraft}}{\text{Federweg}} \qquad c = \frac{F}{s} \quad \text{Einheit: N/mm}$$

Berechnen Sie für die Kennlinie a und b im obigen Diagramm die Federrate c.

Kennlinie a:

$$c = \frac{F}{s} = \frac{6000\ \text{N}}{30\ \text{mm}} = 200\ \text{N/mm}$$

Kennlinie b:

$$c = \frac{F}{s} = \frac{5000\ \text{N}}{50\ \text{mm}} = 100\ \text{N/mm}$$

Federkennliniendiagramm

Die Wirkungsweise einer hydropneumatischen Federung besteht aus einer Gasdruckfederung (pneumatischer Teil des Federelements) und einer Übertragung von Kolbenkräften durch Hydrauliköl (hydraulischer Teil). Die durch eine elastische Membran abgeschlossene Gasmenge (meistens Stickstoff) wird durch die übertragenen Kräfte des ein- und ausfahrenden Kolbens gespannt oder entspannt. Die dadurch entstehende Federung wird durch das am Fahrzeugaufbau befestigte Federelement übertragen. Zur Hydraulikanlage gehört vor allem ein Niveauregelventil (in der Regel ein Wegeventil bzw. Kolbenschieberventil), ein Druckspeicher, eine Hydraulikpumpe und ein Vorratsbehälter.

Die Kolbenstange des Federelements ist mit dem Schwingarm des Rades (Längslenker oder Achse) verbunden. Das Senken oder Heben des Fahrzeugs wird vom Schwingarm über ein Gestänge auf das Regelventil übertragen. Durch entsprechende Schaltstellungen wird im Federelement das Flüssigkeitsvolumen wieder ausgeglichen, so daß sich das Fahrzeug wieder hebt bzw. senkt. Das Niveauregelventil kann entsprechend dem Ladungsgewicht auch von Hand eingestellt werden.

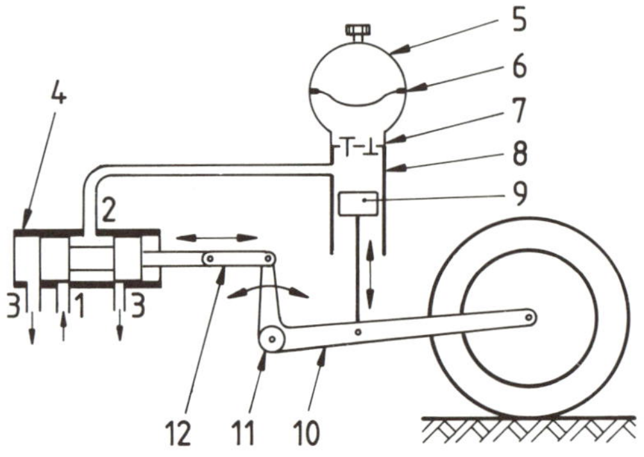

Prinzip einer hydropneumatischen Federung

Aufgaben:

1. Benennen Sie die Einzelteile der Prinzipdarstellung.

   1 Zufluß (Druckspeicher, Pumpe)

   2 Arbeitsanschluß (Zylinder)

   3 Abfluß zum Vorratsbehälter

   4 Niveauregelventil

   5 Federelement (Druckbehälter für Gas) elastische Membran

   6 Ventile (Drossel, Dämpferscheibe)

   7 Zylinder

   8 Kolben mit Kolbenstange

   9 Schwingarm des Rades

   10 Widerlager (fest am Rahmen) Gestänge für Niveauregelventil

2. Ergänzen Sie die schematische Darstellung des Niveauregelventils (Wegeventil).
   Auf die Darstellung eines zweiten Rückflußanschlusses wird der Einfachheit halber verzichtet.
   ● **Schaltstufe 1:** Vom Druckspeicher bzw. von der Pumpe fließt Hydraulikflüssigkeit nach – Fahrzeuganhebung.
   ● **Schaltstufe 2:** Keine Förderung – Fahrzeugniveau ist ausgeglichen.
   ● **Schaltstufe 3:** Hydraulikflüssigkeit fließt aus dem Federelement ab – Fahrzeugabsenkung.

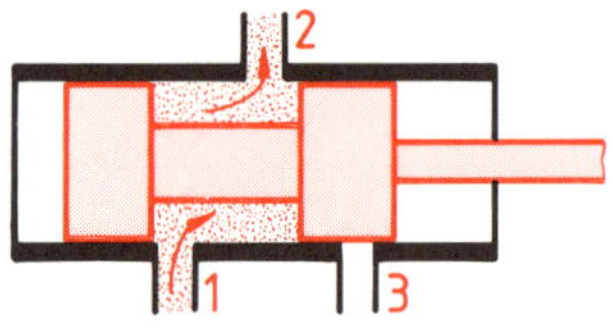

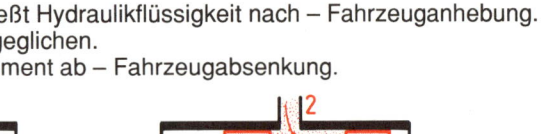

   Schaltstufe 1 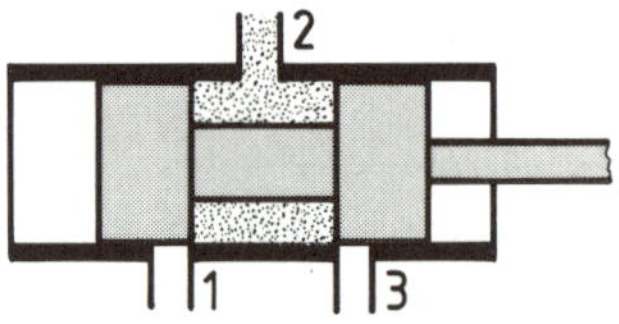 **Schaltstufe 2 (Vorgabe)** 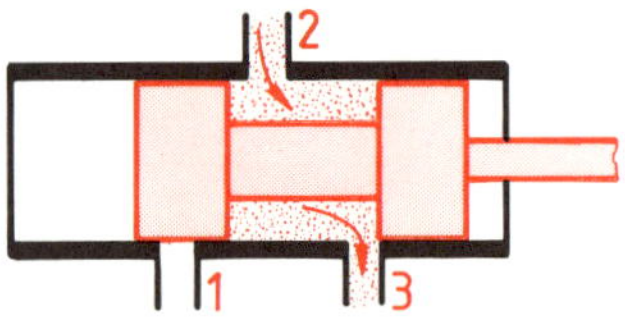 **Schaltstufe 3**

   Das Niveauregelventil stellt ein Wegeventil mit beliebig vielen Zwischenstufen dar (siehe Info-Band: Schaltzeichen: Wegeventile).

3. Wieviel Anschlüsse hat das Ventil? **3**   4. Wieviel Grundschaltstufen sind zu unterscheiden? **3**

5. Wie wird das beschriebene Wegeventil bezeichnet? **3/3-Wegeventil**

6. Geben Sie für das Wegeventil in Worten die Sprechweise an. **drei-Strich-drei-Wegeventil**

7. Zeichnen Sie das Symbol für das oben angegebene Wegeventil.
   Mittig liegende Schaltstufe als Ausgangsstellung: keine Niveauregulierung.
   Linke Schaltstufe: Fahrzeug wird angehoben. **Rechte Schaltstufe:** Fahrzeug senkt sich.
   Kennzeichnen Sie den mechanischen Antrieb als Taster und die manuelle Betätigung als elektromechanischen Antrieb.

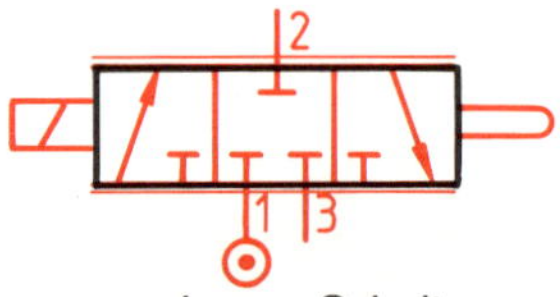

8. Geben Sie in den beiden schematischen Darstellungen das geschaltete Niveauregelventil in den angegebenen Schaltstufen durch das festgelegte Symbol an. Kennzeichnen Sie die Flußrichtung der Hydraulikflüssigkeit durch rote Pfeile.

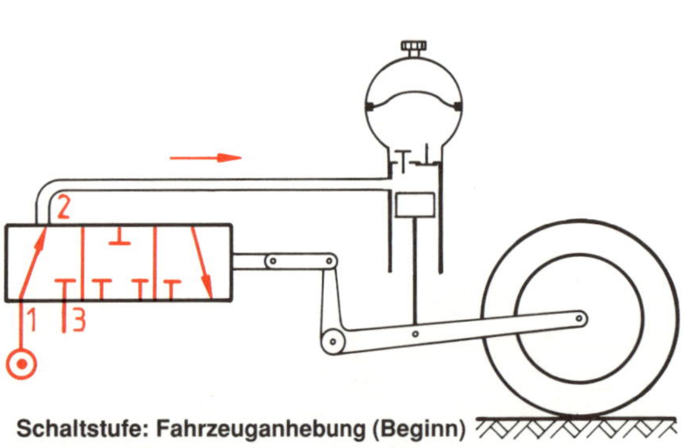

   Schaltstufe: Fahrzeuganhebung (Beginn) 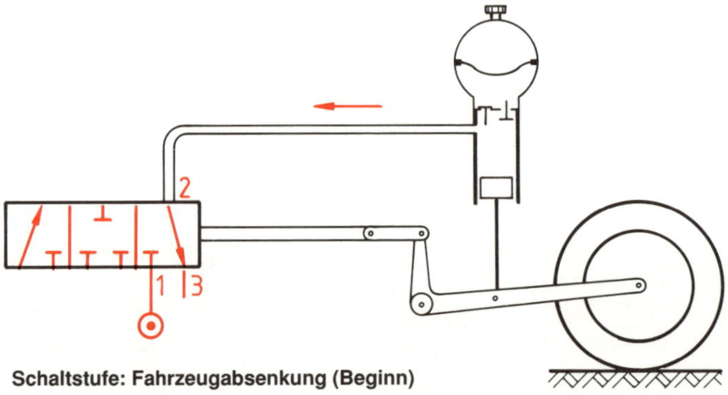   **Schaltstufe: Fahrzeugabsenkung (Beginn)**

Hydropneumatische Federung

© Copyright: Verlag H. Stam GmbH · Köln

Die Laufleistung eines Reifens (in km) hängt in starkem Maße von der Einhaltung des vorgeschriebenen Luftdruckes ab. In Prozenten ausgedrückt:

Der vorgeschriebene Reifendruck entspricht 100%. Die zu erwartende Laufleistung des Reifens (in km) entspricht dann bei 100prozentiger Einhaltung des vorgeschriebenen Luftdrucks ebenfalls 100%.

1. Zeichnen Sie mit den Werten der Tabelle die Abhängigkeit der Reifenlaufleistung vom Reifenluftdruck als Kurve. Die Tabellenwerte stellen Erfahrungswerte einer Reifenherstellerfirme dar.

Eingehaltener **Reifenluftdruck** in Prozent	40%	50%	60%	70%	80%	90%	100%	110%	120%	130%
Reifenlaufleistung in Prozent	15%	25%	40%	60%	80%	92%	100%	92%	80%	70%

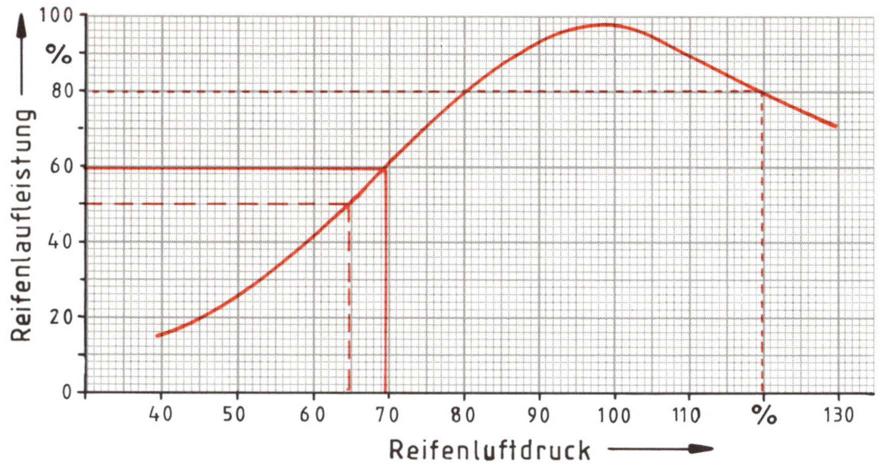

Reifenlaufleistung in Abhängigkeit vom Reifenluftdruck

Beispiel:

Die Laufleistung eines Reifens beträgt ca. 60% der zu erwartenden km-Leistung. Mit wieviel % ist der gefahrene Reifenluftdruck anzusetzen? Wieviel bar betrug der Reifenluftdruck, wenn der vorgeschriebene Wert 2,5 bar betragen sollte?

Reifenlaufleistung ≙ 60%

Reifenluftdruck ≙ 70%

$100\% \triangleq 2,5$ bar

$$1\% \triangleq \frac{2,5}{100} \text{ bar}$$

$$70\% \triangleq \frac{2,5 \cdot 70}{100} \text{ bar} = \textbf{1,75 bar}$$

2. Ein Kunde beschwert sich, daß die Reifen seines Pkw mit einer veranschlagten Laufleistung von 40 000 km schon bei einer Laufleistung von 20 000 km erneuert werden müssen. Die Reifen haben ein völlig abgefahrenes Schulterprofil. In der Reifenmitte beträgt die Profiltiefe noch ca. 70%. Beweisen Sie dem Kunden anhand der gezeichneten Kurve, daß er vorwiegend mit viel zu geringem Luftdruck gefahren ist. Zeichnen Sie die entsprechenden Koordinaten in das Diagramm farbig ein. Geben Sie den vermutlichen Reifenluftdruck an, wenn der vorgeschriebene Wert 2,0 bar betragen sollte.

Lösung: Luftdruck laut Diagramm = 65% ≙ 1,3 bar.

3. Bei einer erwarteten Reifenlaufleistung von 30000 km muß ein Pkw-Fahrer seine Reifen nach 24000 km erneuern. Die Profiltiefe in der Reifenmitte entspricht nicht mehr den gesetzlichen Bestimmungen. Der Kunde beteuert, daß er den vorgeschriebenen Reifenluftdruck von 2,2 bar aus Sicherheitsgründen stets weit überschritten habe. Zeichnen Sie die enstsprechenden Koordinaten in das Diagramm farbig ein. Berechnen Sie den vermutlich gefahrenen, durchschnittlichen Reifendruck in bar.

Lösung: Luftdruck laut Diagramm = 120% ≙ 2,64 bar

4. Ein Reifen hat Auswaschungen in der Lauffläche. Nennen Sie verschiedene, mögliche Ursachen.

Radaufhängung oder Stoßdämpfer defekt, Radlagerspiel zu groß, übermäßig starke Abbremsungen.

5. Was versteht man unter *Aquaplaning*? Wann tritt es auf? Welche Folgen treten in der Regel ein?

Aquaplaning kann mit „Wassergleiten" übersetzt werden. Der Reifen schwimmt auf einem Wasserkeil. Voraussetzungen: starke Regenfälle, das Wasser bleibt auf der Straße stehen, zu große Geschwindigkeit (Grundsatz: Nicht über 80 km/h fahren!), abgefahrenes Reifenprofil. Bei Aquaplaning ist das Fahrzeug nicht mehr lenkbar.

6. Warum müssen Reifen ausgewuchtet werden und zwar grundsätzlich zusammen mit Felgen?

Trotz exakter Fertigung haben Reifen und Felgen in der Regel eine Unwucht. Am Fahrzeug bilden beide eine Einheit. Eine vorhandene Unwucht verursacht bei den Rädern ein Hüpfen oder ein Flattern. Die fehlende Laufruhe beeinträchtigt auch die Lenksicherheit des Fahrzeugs.

Reifen

An einem Pkw ist ein schlauchloser Reifen (gleiche Bauart, gleiches Profil) zu ersetzen.

Erstellen Sie den Arbeitsablaufplan: Reifenwechsel (siehe Info-Band: Programmablaufplan).

```
            ( Reifenwechsel )

   ┌─────────────────────────┐        ┌──────────────────────────────┐
   │ Radmuttern lösen.       │        │ Altes Ventil entfernen,      │
   └─────────────────────────┘        │ neues Ventil einbauen. Fel-  │
                                      │ gensitz und Reifenwulst      │
   ┌─────────────────────────┐        │ mit Gleitmittel einstreichen.│
   │ Fahrzeug aufbocken (Wagen│        └──────────────────────────────┘
   │ heber) oder hochfahren   │
   │ (Hebe- bühne), sichern.  │        ┌──────────────────────────────┐
   └─────────────────────────┘        │ Auf dem Montiergerät         │
                                      │ den Reifen auf die Felge     │
   ┌─────────────────────────┐        │ montieren. Reifen aufpumpen  │
   │ Radmuttern entfernen,   │        │ ( 3 bis 4 bar ).             │
   │ Rad abnehmen, Ventil-   │        └──────────────────────────────┘
   │ einsatz herausschrauben.│
   └─────────────────────────┘        ┌──────────────────────────────┐
                                      │ Bei richtigem Reifensitz     │
   ┌─────────────────────────┐        │ ( Knalleffekt beim Einspringen│
   │ Reifen auf der Reifenmon-│        │ des Reifens in den Felgensitz)│
   │ tiermaschine (Montiergerät)│      │ den vorgeschriebenen Reifen- │
   │ von der Felge abziehen. │        │ luftdruck einstellen.        │
   └─────────────────────────┘        └──────────────────────────────┘

   ┌─────────────────────────┐        ┌──────────────────────────────┐
   │ Alte Auswuchtgewichte   │        │ Auf der stationären Rad-     │
   │ entfernen.              │        │ auswuchtmaschine das Rad     │
   └─────────────────────────┘        │ auswuchten.                  │
                                      └──────────────────────────────┘
            ◇ Ist die
         Felge in Ordnung      ja     ┌──────────────────────────────┐
         (Sichtprüfung)? ◇──────────→ │ Rad an das Fahrzeug montie-  │
                                      │ ren, leicht anziehen.        │
              │ nein                  └──────────────────────────────┘
   ┌─────────────────────────┐
   │ Korrosionsrückstände ent-│       ┌──────────────────────────────┐
   │ fernen (Ablagerungen am │        │ Unwucht an Radnabe, Brems-   │
   │ Felgenrand, Felgensitz  │        │ trommel bzw. Bremsscheibe    │
   │ und Felgenbett).        │        │ zusätzlich am Fahrzeug mit   │
   └─────────────────────────┘        │ fahrbarer Auswuchtma-        │
                                      │ schine überprüfen.           │
           ◇ Ist                      └──────────────────────────────┘
        die Felge jetzt in    ja
        Ordnung ? ◇───────────────→   ┌──────────────────────────────┐
                                      │ Fahrzeug ablassen            │
              │ nein                  └──────────────────────────────┘
   ┌─────────────────────────┐
   │ Felge erneuern, z. B. bei│       ( Radmuttern mit vorge-
   │ Rissen, Bruchstellen oder│         schriebenem Drehmoment
   │ Dellen am Felgenrand.   │         anziehen )
   └─────────────────────────┘
```

Arbeitsablaufplan: Reifenwechsel

© Copyright: Verlag H. Stam GmbH · Köln

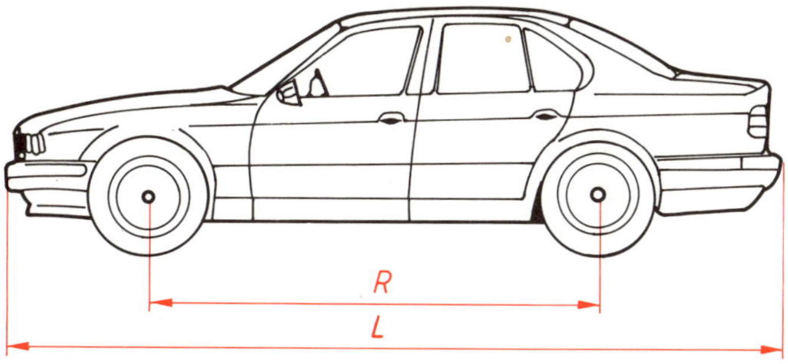

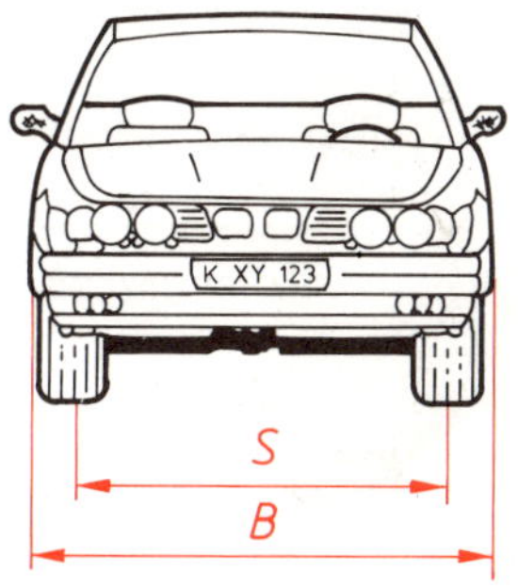

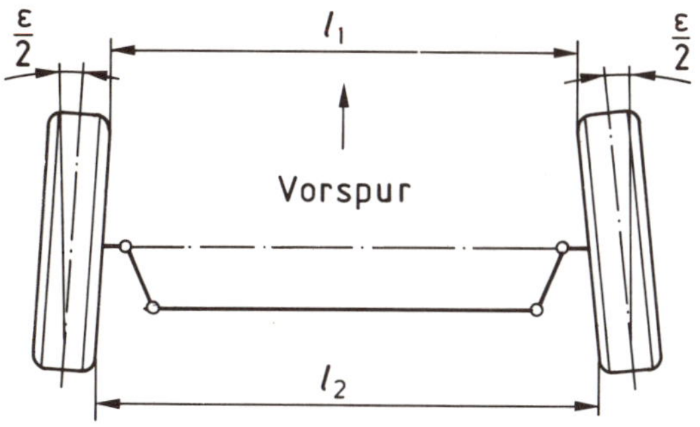

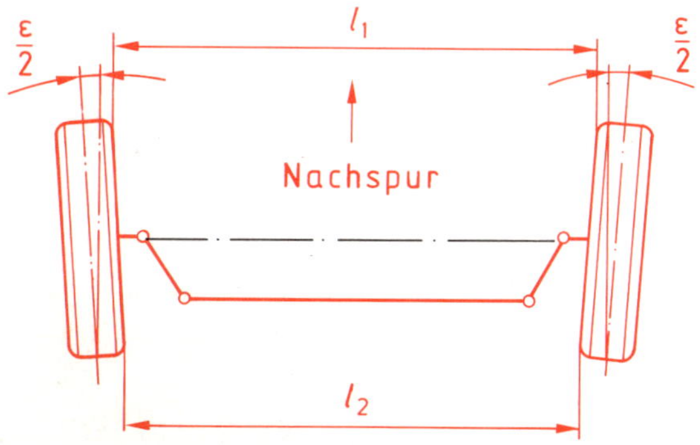

Vorspur

l_1

$\frac{\varepsilon}{2}$ $\frac{\varepsilon}{2}$

l_2

Nachspur

l_1

$\frac{\varepsilon}{2}$ $\frac{\varepsilon}{2}$

l_2

1. Geben Sie bei dem in zwei Ansichten dargestellten Pkw folgende Grundabmessungen mit Hilfe von Maßlinien an: Fahrzeuglänge L, Radstand R, Fahrzeugbreite B, Spurweite S.

2. Was versteht man unter *Spur* (siehe nebenstehendes Prinzipbild)? Wie wird die Spur gemessen?

Spur ist gleich der Längendifferenz $l_2 - l_1$. Gemessen wird an den Rädern einer Achse von Felgenhorn zu Felgenhorn in Achshöhe. Die Spur kann auch in Winkelgrad und Winkelminuten angegeben werden (z. B. bei der optischen oder elektronischen Achsvermessung).

3. Unterscheiden Sie bei der Spur drei Möglichkeiten:

+ Spur (Vorspur), wenn $l_2 - l_1 > 0$,
− Spur (Nachspur), wenn $l_2 - l_1 < 0$,
   Spur Null, wenn $l_2 - l_1 = 0$

4. Zeichnen Sie links das Prinzipbild einer Nachspur.

5. Bei welchen Pkw-Antriebsarten stehen die Vorderräder auf Vorspur bzw. auf Nachspur? Begründen Sie Ihre Aussage.

Auf **Vorspur** werden die Räder in der Regel bei einer Standardbauweise (Motor vorn, Fahrzeugantrieb hinten) und bei Heckmotorantrieb eingestellt. Bei Geradeausfahrt werden die Vorderräder vorn auseinander gedrückt, so daß dadurch die erwünschte Spur Null (Idealspur) erreicht wird.

Nachspur (manchmal auch Spur Null) findet man häufig bei Fahrzeugen mit Vorderradantrieb. Bei Geradeausfahrt werden hier die Vorderräder vorn zusammengezogen, so daß sich im Idealfall ebenfalls die Spur Null ergibt.

6. Geben Sie in Stichworten die Aufgaben einer richtig eingestellten Spur an.

a) Räder bei Geradeausfahrt parallel zur Fahrtrichtung stellen, d.h. auf Idealspur bringen.

b) Flattern der Räder und erhöhten Reifenverschleiß mindern.

c) Durch eine entstehende Seitenkraft der Räder wird die Spurhaltung verbessert. Die Fahrsicherheit wird dadurch erhöht.

d) Die Beanspruchung des Lenkgestänges durch ein Gelenkspiel wird größtenteils aufgehoben.

7. Welche Folge hat eine zu große Vorspur mit Sicherheit? Erhöhten Reifenverschleiß.

Spur bei Einzelradaufhängung

© Copyright: Verlag H. Stam GmbH · Köln

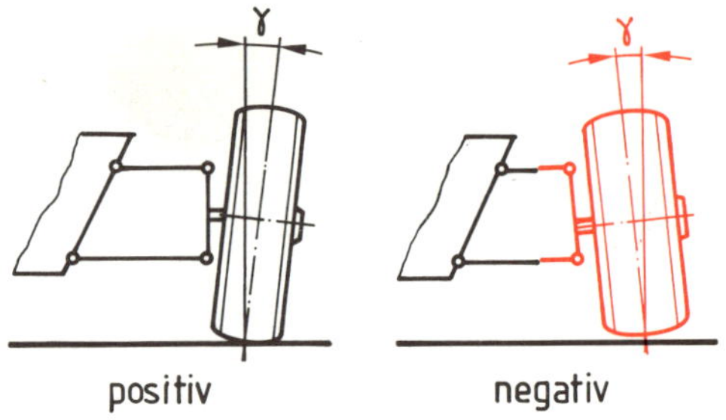

positiv · negativ

Abb. 1 Sturz γ

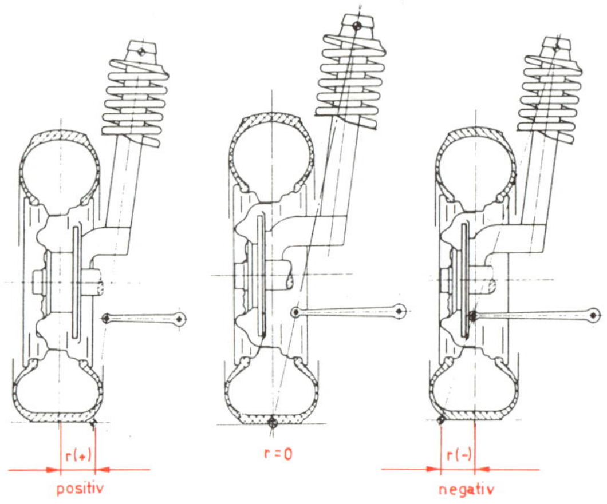

r (+) · r = 0 · r (-)
positiv · negativ

Abb. 2 Lenkrollhalbmesser r

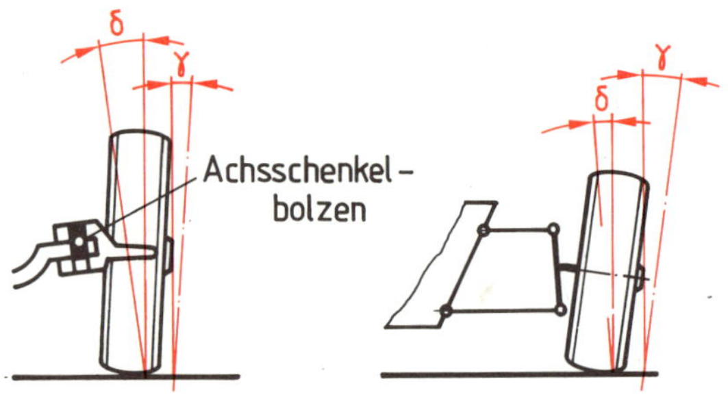

Achsschenkel-bolzen

Abb. 3 Spreizung δ

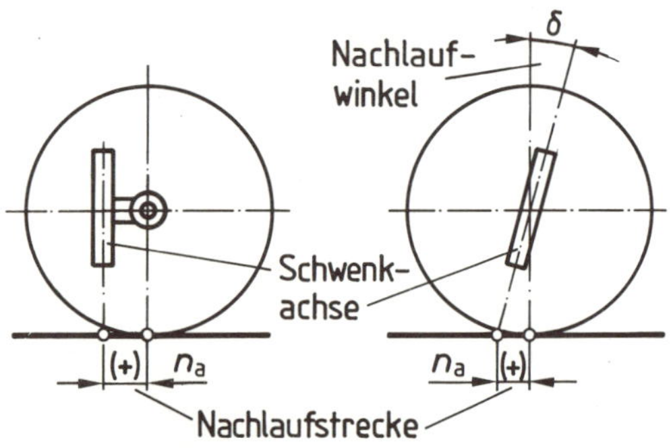

Nachlauf-winkel

Schwenk-achse

(+) n_a · n_a (+)

Nachlaufstrecke

Abb. 4 Nachlauf

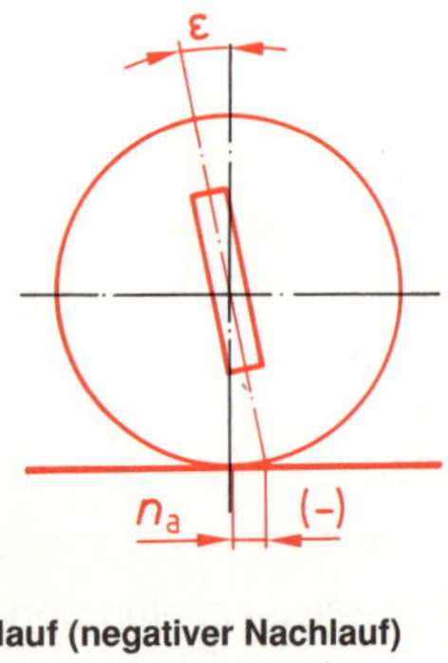

n_a (-)

Abb. 5 Vorlauf (negativer Nachlauf)

Übertragen Sie die Fragen **2.**, **4.**, **6.** und **8.** zur Beantwortung auf ein gesondertes Blatt.

1. Ergänzen Sie bei Abb. 1 den negativen Sturz γ.

2. Geben Sie in Stichworten einige Vorteile oder Nachteile eines positiven bzw. negativen Sturzes an. Nennen Sie übliche Meßwerte.

3. Tragen Sie bei Abb. 2 den Lenkrollhalbmesser r ein. Geben Sie an, ob er positiv oder negativ ist bzw. ob $r = 0$ ist.

4. Geben Sie in Stichworten einige Vorteile oder Nachteile der drei möglichen Lenkrollhalbmesser an. Nennen Sie übliche Meßwerte.

5. Die Spreizung δ kennzeichnet die Schrägstellung der Schwenkachse des Rades aus der Senkrechten heraus quer zur Fahrzeuglängsachse. Tragen Sie bei Abb. 3 die Spreizung δ und den Sturz γ ein.

6. Geben Sie in Stichworten einige Wirkungen der Spreizung an. Nennen Sie übliche Meßwerte.

7. Stellen Sie bei Abb. 5 den Vorlauf als negativen Nachlauf dar.

8. Geben Sie in Stichworten einige Wirkungen des Nachlaufs bzw. des Vorlaufs und übliche Meßwerte an.

2. Positiver Sturz: Ermöglicht einen kleinen Lenkrollhalbmesser, dadurch verringerte Lenkkräfte. Guter Geradeauslauf, gleichmäßige Abnutzung der Reifenlauffläche. Rad läuft auf den inneren Lagerbund auf, äußeres Radlager wird entlastet, Radlagerspiel aufgehoben. Flatterneigung wird verringert.
Übliche Meßwerte: +0°20′ bis 1°30′ mit ±30′.

Negativer Sturz: Verbessert die Seitenführungskräfte der Räder bei Kurvenfahrten, hoher Verschleiß der Reifenlaufflächen auf der Innenseite. Anwendung häufig bei schnellen Pkw und an den Hinterrädern bei Einzelradaufhängung.
Übliche Meßwerte: -30′ bis 0°.

4. Positiver L.: Verringert bei kleinem L. die erforderlichen Lenkkräfte. Lenkung wird leichtgängiger, Lenkgestänge entlastet und die Flatterneigung der Vorderräder vermindert. Großer L. erleichtert bei einseitig ziehenden Bremsen ein Ausbrechen des Fahrzeugs und erfordert ein Gegenlenken.

Negativer L.: Bewirkt selbststabilisierende Lenkung (vor allem bei einseitig wirkenden Bremsen, bei einseitig glatter Fahrbahn, bei Reifendefekt eines Vorderrades.)

Lenkrollhalbmesser Null (oder sehr klein): Erfordert zur Richtungsstabilisierung etwas Gegenlenken, erschwert das Lenken beim Einparken.

Übliche Meßwerte: -20 mm bis +50 mm

6. Durch entstehendes Rückstellmoment erfolgt selbsttätiges Rückstellen für Geradeausfahrt, verringert erheblich das Flattern der Vorderräder. Ermöglicht einen kleineren Lenkrollhalbmesser. Erhöht bei Kurvenfahrten die Seitenführungskraft des kurvenäußeren Rades.

Übliche Meßwerte: 5° bis 8°

8. Nachlauf (positiv): Anwendung bei Fahrzeugen mit Hinterradantrieb. Vorderräder werden durch den Nachlauf gezogen, dadurch stabilisiert sich der Geradeauslauf, die Flatterneigung der Vorderräder wird unterdrückt. Bei großem Nachlauf bringen Rückstellkräfte die Räder nach der Kurvenfahrt schneller bzw. selbsttätig in die Geradeausstellung.

Übliche Meßwerte in Grad: 0° bis 9°.

Vorlauf (negativer Nachlauf): Anwendung bei Fahrzeugen mit Vorderradantrieb, dadurch wird das Fahrzeug gezogen und die Richtungsstabilität erreicht. Verringerte Rückstellkräfte verhindern eine zu schnelle und zu starke Rückstellung der Vorderräder nach der Kurvenfahrt. Lenkung wird etwas schwergängiger, die Seitenwindempfindlichkeit wird vermindert.

Übliche Meßwerte in Grad: 0° bis 1°.

Vorderradstellungen

Sturz

$\gamma = \underline{3°}$

$\underline{\text{(positiv)}}$

Spreizung

$\delta = \underline{7°}$

Lenkroll-halbmesser

$r = \underline{8\ mm}$

$\underline{\text{(positiv)}}$

1. Zeichnen Sie in die Darstellung der Einzelradaufhängung in rot den Sturz γ, die Spreizung δ und den Lenkrollhalbmesser r ein. Die beiden Winkelfelder können mit unterschiedlichen Farben leicht schraffiert werden.

2. Geben Sie die eingezeichneten, gemessenen Größen an (mit Zusatz: positiv oder negativ, falls ein Unterschied möglich ist).

3. Setzen Sie vor folgenden Bauteilen die entsprechenden Teilenummern ein.

6	Radlager	7	Radmutter
9	Querlenker	5	Kronenmutter
2	Bremsscheibe	3	Stabilisator
10	Achskörper	8	Kugelkopf
4	Radnabe	1	Federbein

4. Ändert sich beim Einfedern eines Vorderrades der Gesamtwinkel Sturz + Spreizung?

   – Gesamtwinkel größer, weil Sturz größer wird ☐

   – Gesamtwinkel kleiner, weil Spreizung kleiner wird ☐

   – Gesamtwinkel konstant, weil Änderungen von Sturz und Spreizung in umgekehrtem Verhältnis zueinander stehen ☒

5. Welchen Vorteil bringt ein positiver Lenkrollhalbmesser?

   – Leichtgängige Lenkung ☒

   – Gleichmäßiger Profilverschleiß ☐

   – Richtungsstabilität ☐

   – Leichte Lenkbarkeit des Autos ☐

6. Welchen Vorteil bringt ein negativer Lenkrollhalbmesser?

   – Lenkhilfe ☐

   – Negativen Sturz ☐

   – Verbesserte Richtungsstabilität ☒

   – Bessere Bodenhaftung ☐

7. Welchen Vorteil bringt es, wenn $r = 0$ ist?

   – Verbesserte Kurvenstabilität ☐

   – Verminderter Reifenverschleiß ☒

   – Exaktere Seitenführung ☐

   – Leichte Lenkkorrektur ☐

© Copyright: Verlag H. Stam GmbH · Köln

Testaufgabe: Vorderradaufhängung

Das Schema zeigt eine starre Vorderachse in Geradeausfahrt. Die Vorspur ist nicht berücksichtigt. Zeichnen Sie die unten angegebenen **Lenkeinschläge**.

Beachten Sie: Der Winkel zwischen Achsschenkel und Spurstangenhebel ändert sich bei den Lenkeinschlägen nicht.

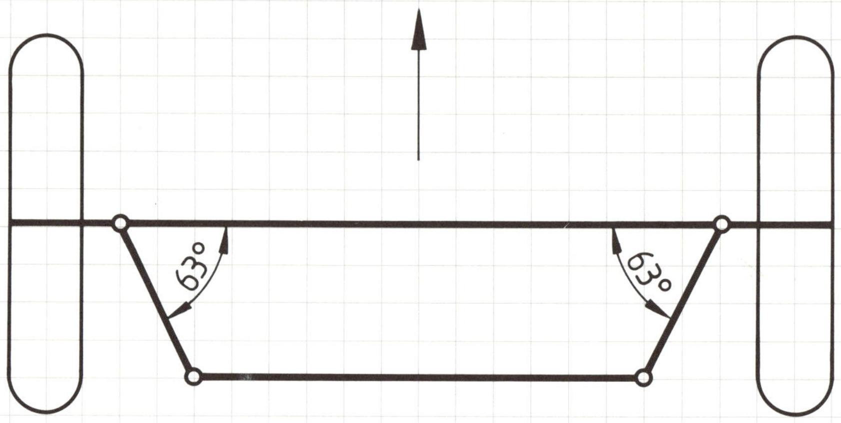

Zeichnen Sie das Schema beim Lenkeinschlag nach links. Tragen Sie beim linken Rad einen Einschlagwinkel von 20° an. Messen Sie auch beim rechten Rad den Einschlagwinkel nach, und tragen Sie das Winkelmaß ein. Bemaßen Sie ebenfalls die neuen Winkel beim Lenktrapez so, wie es im Ausgangsschema vorgezeichnet ist.

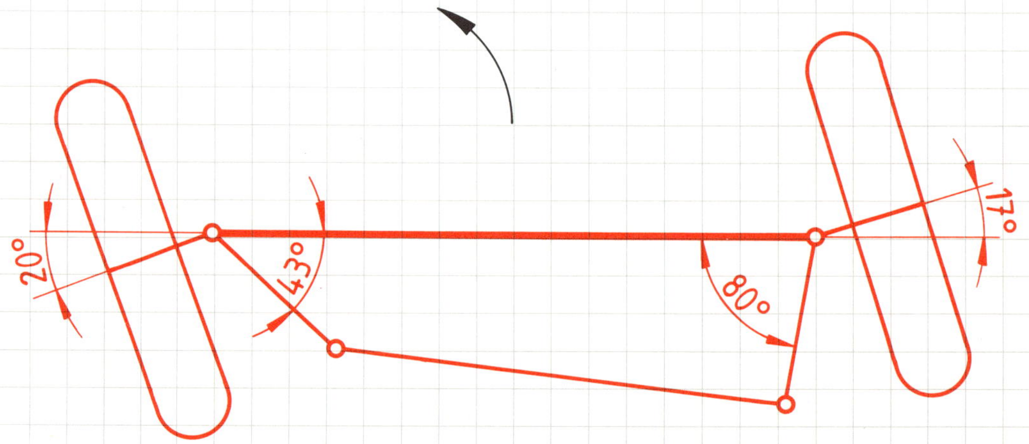

Zeichnen Sie die Achse in einer Rechtskurve. Das rechte Rad soll 30° eingeschlagen sein. Tragen Sie die entsprechenden Winkelmaße wie in der vorhergehenden Aufgabe ein.

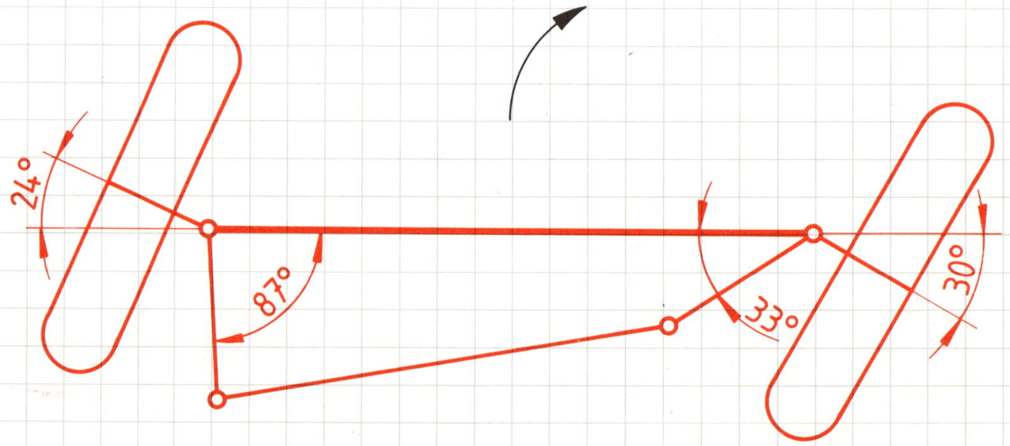

Lenktrapez: Einschlag links und rechts

Spurdifferenzwinkel

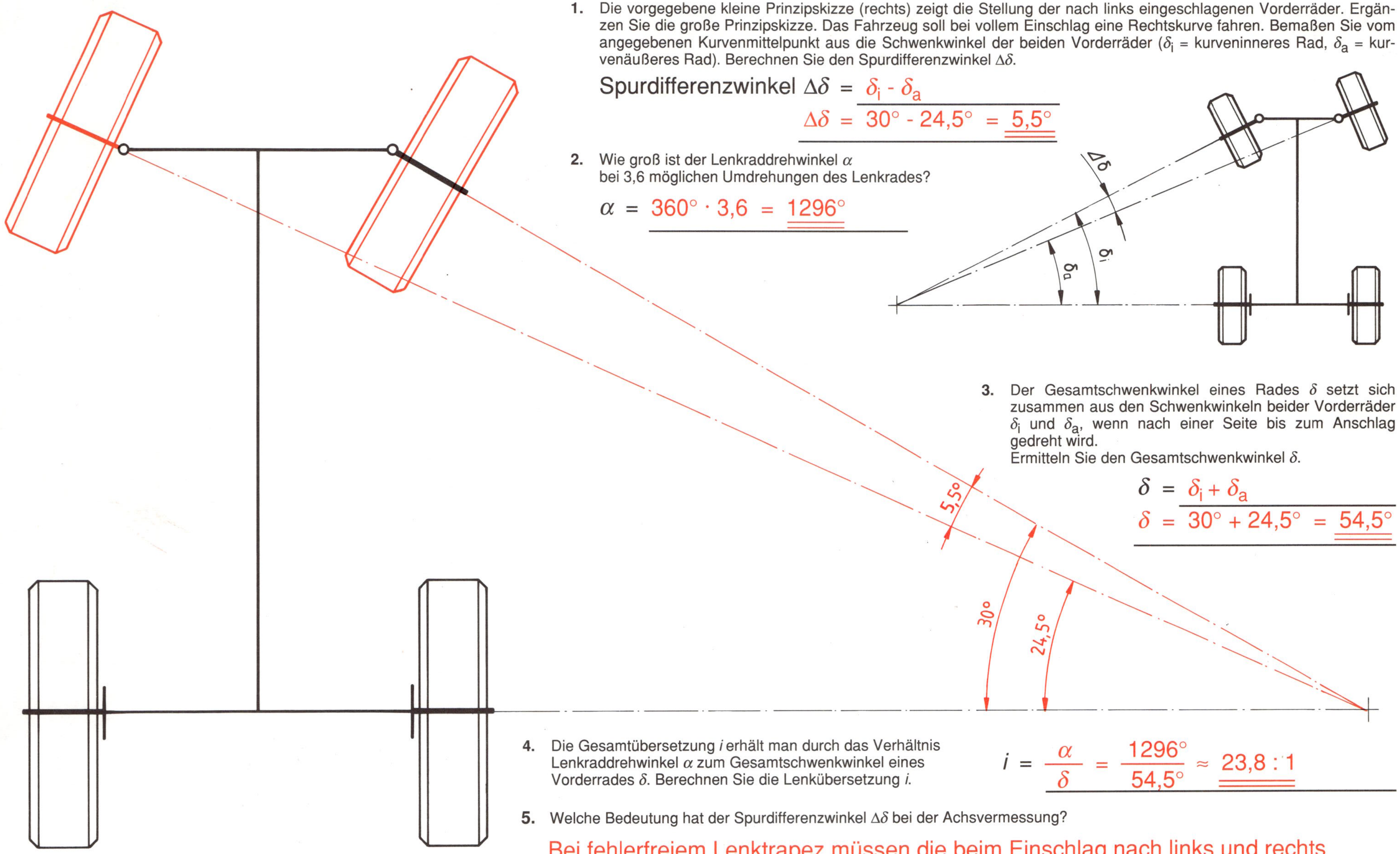

1. Die vorgegebene kleine Prinzipskizze (rechts) zeigt die Stellung der nach links eingeschlagenen Vorderräder. Ergänzen Sie die große Prinzipskizze. Das Fahrzeug soll bei vollem Einschlag eine Rechtskurve fahren. Bemaßen Sie vom angegebenen Kurvenmittelpunkt aus die Schwenkwinkel der beiden Einschlag der beiden Vorderräder (δ_i = kurveninneres Rad, δ_a = kurvenäußeres Rad). Berechnen Sie den Spurdifferenzwinkel $\Delta\delta$.

$$\text{Spurdifferenzwinkel } \Delta\delta = \delta_i - \delta_a$$
$$\Delta\delta = 30° - 24,5° = \underline{\underline{5,5°}}$$

2. Wie groß ist der Lenkraddrehwinkel α bei 3,6 möglichen Umdrehungen des Lenkrades?

$$\alpha = 360° \cdot 3,6 = \underline{\underline{1296°}}$$

3. Der Gesamtschwenkwinkel eines Rades δ setzt sich zusammen aus den Schwenkwinkeln beider Vorderräder δ_i und δ_a, wenn nach einer Seite bis zum Anschlag gedreht wird. Ermitteln Sie den Gesamtschwenkwinkel δ.

$$\delta = \delta_i + \delta_a$$
$$\delta = 30° + 24,5° = \underline{\underline{54,5°}}$$

4. Die Gesamtübersetzung i erhält man durch das Verhältnis Lenkraddrehwinkel α zum Gesamtschwenkwinkel eines Vorderrades δ. Berechnen Sie die Lenkübersetzung i.

$$i = \frac{\alpha}{\delta} = \frac{1296°}{54,5°} \approx \underline{\underline{23,8 : 1}}$$

5. Welche Bedeutung hat der Spurdifferenzwinkel $\Delta\delta$ bei der Achsvermessung?

Bei fehlerfreiem Lenktrapez müssen die beim Einschlag nach links und rechts ermittelten Spurdifferenzwinkel übereinstimmen.

© Copyright: Verlag H. Stam GmbH · Köln

Bei unfallgeschädigten Lenkungen (auch bei Verdacht auf evtl. Schäden, z.B. bei extremen Stoßbelastungen) ist die Lenkung zu erneuern.

1. Tragen Sie unter jeder Darstellung die Bezeichnung des Lenkgetriebes ein.

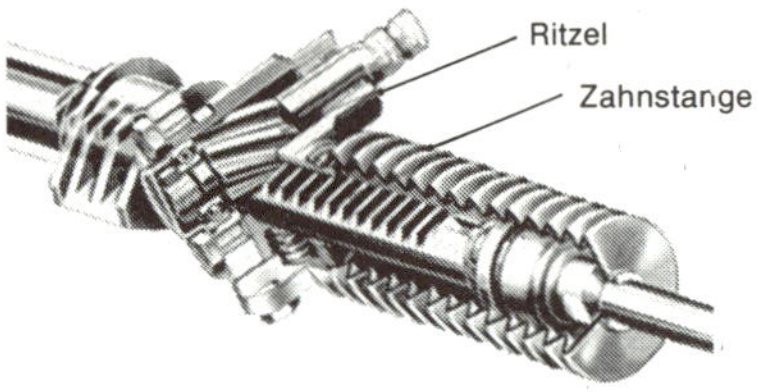

Ritzel
Zahnstange

Lenk-segment
Lenk-mutter
Lenk-spindel
Lenkstock-hebel

Zahnstangen-lenkung

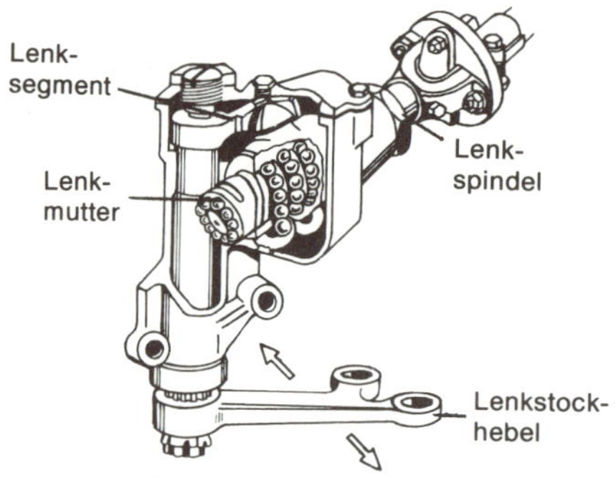

Kugelumlauf-lenkung

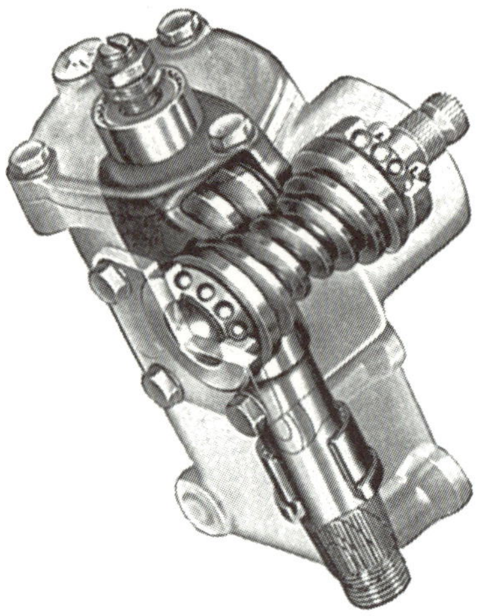

Schneckenrollen-lenkung

2. Tragen Sie in der Tabelle in fortlaufender Numerierung zu den vorgegebenen Schäden in der ersten Spalte mögliche Ursachen und in der zweiten Spalte mögliche Abhilfen ein.

Arbeitsablaufplan

Schaden bzw. Fehler und mögliche Ursachen	Mögliche Abhilfen
Toter Gang (Leerweg) am Lenkrad zu groß: 1. Lenkgetriebe nicht eingestellt, 2. Verschleiß von Lenkungsteilen, 3. Schadhafte Sicherungsteile, 4. Hardyscheibe defekt (falls vorhanden),	zu 1: einstellen oder erneuern, zu 2: verschlissene Bauteile erneuern bzw. das ganze Lenkgestänge erneuern, zu 3: erneuern, zu 4: erneuern.
Lenkungsflattern (Zittern des Lenkrads): 5. Lenkgetriebespiel zu groß, 6. zu großes Spiel in den verschiedenen Übertragungsteilen, 7. Befestigungspunkte sind lose, 8. Unwucht der Räder,	zu 5: einstellen, evtl. Lenkgetriebe erneuern, zu 6: verschlissene Teile erneuern, zu 7: Befestigungspunkte mit vorgeschriebenem Drehmoment anziehen und sichern, zu 8: Räder auswuchten.
Fahrbahnstöße sind verstärkt am Lenkrad spürbar: 9. Lenkgetriebespiel zu groß, 10. Lenkungsdämpfer defekt, 11. ausgeschlagenes Lenkgestänge,	zu 9: einstellen, zu 10: erneuern, zu 11: erneuern.
Knacken (Geräusche) in der Lenkung: 12. bewegliche Lenkungsteile verschmutzt, weil Dichtmanschetten defekt sind, 13. Verschleiß im Lenkgetriebe, 14. Unfallschaden im Lenkgetriebe oder am Lenkgestänge,	zu 12: Lenkung zerlegen, reinigen, prüfen, bei Bedarf erneuern und mit vorgeschriebenem Schmiermittel versehen, Dichtmanschetten erneuern, zu 13: Lenkgetriebe erneuern, zu 14: gesamte Lenkung aus Sicherheitsgründen erneuern,
Lenkung ist schwergängig: 15. Dichtmanschetten defekt, ungenügende Schmierung, Korrosion, Verschmutzung, 16. Lenkung zu stramm eingestellt, 17. Unfallschaden,	zu 15: verschmutzte Teile reinigen bzw. erneuern, Dichtmanschetten erneuern, zu 16: Lenkung richtig einstellen, zu 17: Lenkung ist zu erneuern.

© Copyright: Verlag H. Stam GmbH · Köln

Lenkung: Fehler, mögliche Ursachen, Abhilfen

Bezeichnungen von Kfz-Bremsanlagen

Vervollständigen Sie die Bezeichnungen von Kfz-Bremsanlagen (Auswahl). Unterscheidung:

1. Nach dem **Übertragungsmedium der Bremskräfte:** hydraulisch betätigt   pneumatisch betätigt   mechanisch betätigt

2. Nach der **Anzahl der Bremskreise:** Einkreisbremse   Zwei- und Mehrkreisbremse

3. Nach der **Art der Radbremsanlage** (mit Unterteilungen): Trommelbremse als Simplex-, Duplex- oder Duo-Duplexbremse   Scheibenbremse als Festsattel-, Faustsattel-, Schwimmsattel- oder Schwimmrahmenbremse (Bremsscheibe in Vollmaterial, Bremsscheibe innenbelüftet)

4. Nach **Art der Bremsbenutzung:** Betriebsbremse   Feststellbremse

5. Nach **Art der Zusatzgeräte bzw. Zusatzeinrichtung:** Bremse mit **ABS** (hydraulisch, Unterdruck)   Bremse mit **Bremskraftverstärker**   Bremse mit **Bremskraftregler bzw. Bremskraftbegrenzer**

6. Nach Aufteilung der Bremskreise (bei Zweikreisbremsanlagen): Auswahl, Prinzipskizzen und Kurzzeichen sind genormt, Pfeile zeigen in Fahrtrichtung. Geben Sie zu jeder Prinzipskizze in Stichworten den Verlauf der beiden Bremskreise an.

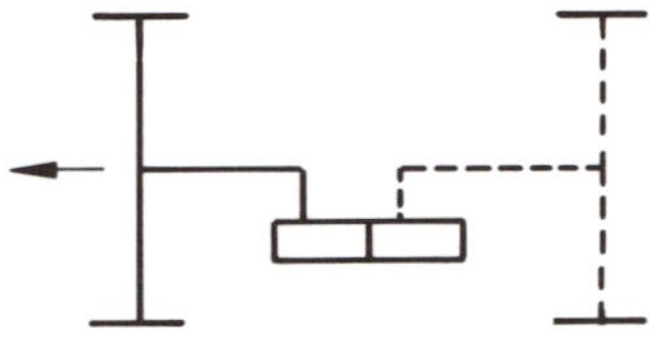

Kurzzeichen: TT
- Bremskreis: 1 Vorderachse
- Bremskreis: 2 Hinterachse

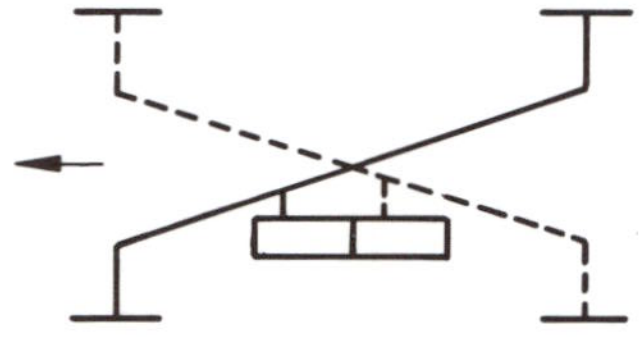

Kurzzeichen: K
- Bremskreis: 1 Vorderrad, rechtes Hinterrad
- Bremskreis: 2 rechtes Vorderrad, linkes Hinterrad

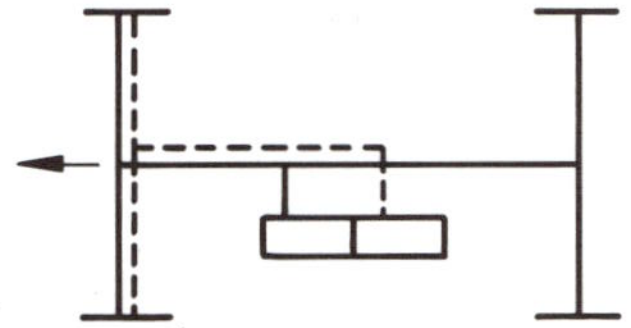

Kurzzeichen: HT
- Bremskreis: 1 Vorder- und Hinterachse
- Bremskreis: 2 Vorderachse

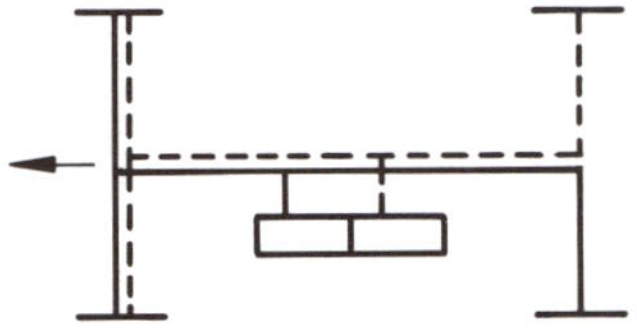

Kurzzeichen: LL
- Bremskreis: 1 Vorderachse und linkes Hinterrad
- Bremskreis: 2 Vorderachse und rechtes Hinterrad

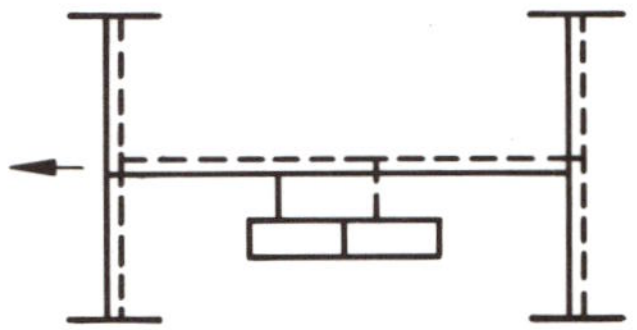

Kurzzeichen: HH
- Bremskreis: 1 Vorder- und Hinterachse
- Bremskreis: 2 Vorder- und Hinterachse

© Copyright: Verlag H. Stam GmbH · Köln

1. Beschreiben Sie stichwortartig drei Bremsbauarten von Serien-Pkws, die Ihnen bekannt sind. Nennen Sie die genaue Typenbezeichnung des Fahrzeugs. Beschreiben Sie die Bremsanlagen mit Hilfe der Zusammenstellung auf der Vorderseite.

Beispiel:

Fahrzeugbeschreibung:

Zweikreisbremse: vorne Scheibenbremse mit Festsattel, hinten Trommelbremse als Simplex-Bremse; Betriebsbremse: hydraulisch betätigt, wirkt auf alle Räder; Feststellbremse: mechanisch betätigt, wirkt nur auf die Hinterräder; achsweise Anordnung der Bremskreise (TT-Aufteilung); mit Unterdruck-Bremskraftverstärker.

Opel Vectra 1,6 i, Baujahr 1991

Zweikreisbremsanlage als hydraulische Betriebsbremse, vorn Scheibenbremse (Schwimmsattel), hinten Trommelbremse (Simplex). Diagonale Bremskreisanordnung (K), Feststellbremse mechanisch betätigt, wirkt auf die Hinterräder. Mit Unterdruck-Bremskraftverstärker und lastabhängigem Bremskraftregler ausgerüstet.

Toyota Carina GTi, Baujahr 1992

Zweikreisbremse als hydraulische Betriebsbremse, vorn innenbelüftete Scheibenbremse, hinten normale Scheibenbremse mit Faustsattel. Diagonale Bremskreisanordnung (K). Mechanisch betätigte Feststellbremse wirkt auf Trommelbremsen (Simplex), die in die hinteren Bremsscheiben integriert sind. Mit Unterdruck-Bremskraftverstärker und lastabhängigem Bremskraftregler ausgerüstet.

Ford Granada 2,8 i, Baujahr 1982

Zweikreisbremse als hydraulische Betriebsbremse, vorn Scheibenbremse mit Festsattel, hinten Trommelbremse (Simplex). Achsweise Bremskreisanordnung (TT). Feststellbremse mechanisch betätigt, wirkt auf die Hinterräder. Mit Unterdruck-Bremskraftverstärker ausgerüstet.

2. Beschreiben Sie eine Bremskreisaufteilung, die mit dem Kurzzeichen **LL** gekennzeichnet ist.

Beide Bremskreise wirken auf beide Vorderräder und auf je ein Hinterrad. Bei einer Festsattelbremse hat dann jedes Vorderrad vier Bremszylinder, bei einer Schwimmrahmenbremse zwei Bremszylinder.

3. Ergänzen Sie in den drei Prinzipskizzen (Zweikreisbremsanlagen) die Bremsleitungen (Bremskreis 1: rot, Bremskreis 2: blau oder grün). Geben Sie für jede Bremskreisaufteilung das festgelegte Kurzzeichen an.

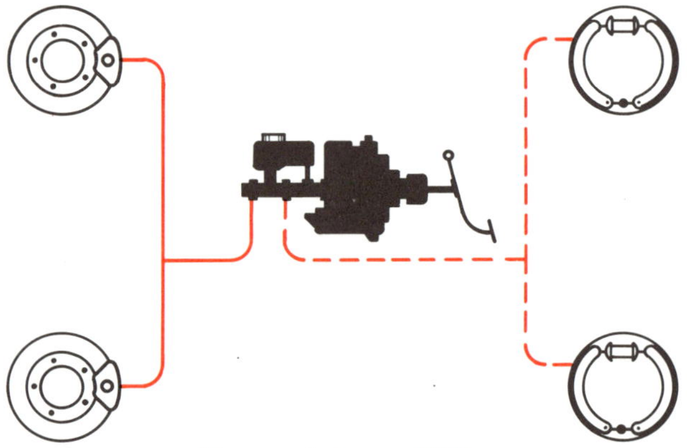

Kurzzeichen: TT
achsweise Bremskreisaufteilung

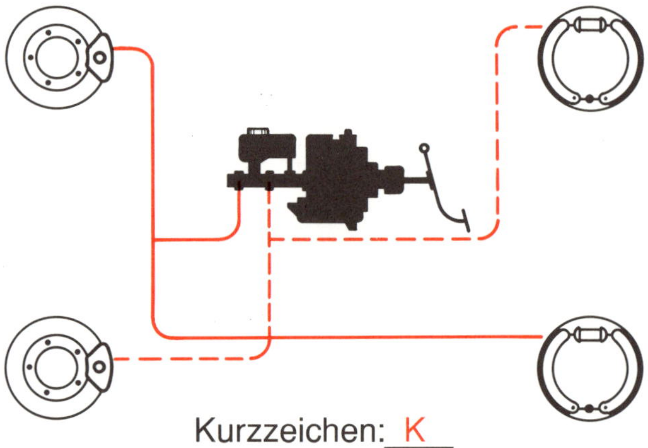

Kurzzeichen: K
diagonale Bremskreisaufteilung

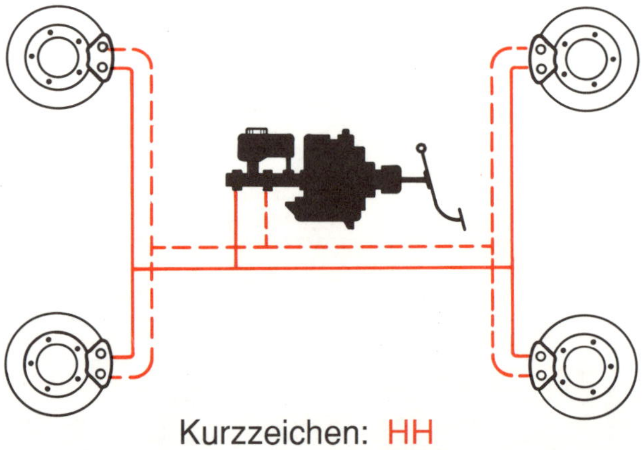

Kurzzeichen: HH

Jeder Bremskreis wirkt auf Vorder- und Hinterräder. Alle Räder haben Scheibenbremsen mit vier Bremszylindern.

Bremsbauarten - Bremskreisaufteilungen

Nach einer Reparatur an der hydraulischen Zweikreis-Bremsanlage eines Pkw muß die Anlage entlüftet werden. Die Entlüftung soll mit einem Füll- und Entlüftungsgerät von einer Person durchgeführt werden.

1. An welcher Stelle wird in der Regel das Füll- und Entlüftergerät angeschlossen? Das Gerät wird meistens am Ausgleichsbehälter des Hauptzylinders oder an einem separaten Ausgleichsbehälter angeschlossen.

2. Wo kann in einem Sonderfall das Gerät auch angeschlossen werden? In einem Ausnahmefall kann das Gerät auch an ein Entlüfterventil des Radzylinders einer Trommelbremse oder des Bremssattels einer Scheibenbremse angeschlossen werden.

3. Welche Hauptzylinder-Ausführung liegt in dem oben angegebenen Fall vor? Tandem-Hauptzylinder

4. Welcher Bremskreis ist bei diesem Beispiel zuerst zu entlüften? Begründen Sie Ihre Aussage. Zuerst entlüftet man den Zwischenkolbenkreis (auch Schwimmkreis genannt). Wenn der Druckstangenkolbenkreis zuerst entlüftet wird, weicht der Zwischenkolben beim Entlüftungsvorgang aus, weil er vor sich keinen Widerstand mehr findet. Dadurch ist eine vollständige Entlüftung nicht mehr gewährleistet.

5. Erstellen Sie einen Arbeitsablaufplan: Entlüften einer hydraulischen Bremsanlage.

Arbeitsablaufplan

Hilfs- und Arbeitsmittel: Füll- und Entlüftergerät, Füllschlauch, Entlüfterstutzen, Entlüfterschlauch, Auffangflasche, Entlüfterschlüssel.

1. Schraubdeckel des Ausgleichsbehälters entfernen. Falls vorhanden, Siebeinsatz herausnehmen. Ausgleichsbehälter mindestens bis zur Markierung *Max* mit Bremsflüssigkeit auffüllen.

2. Auf den Ausgleichsbehälter den passenden Entlüfterstutzen aufsetzen und Füllschlauch des Geräts am Nippel des Entlüfterstutzens anschließen.

3. Gerät einschalten. Wählhebel auf *Füllen und Entlüften* stellen. Absperrhahn (am Füllschlauch) öffnen. Dadurch wird das Bremssystem unter Druck gesetzt.

4. Am ersten Entlüfterventil (Radzylinder bzw. Bremssattel) Staubkappe abnehmen. Entlüfterschlauch anschließen (mit Auffangflasche).

5. Das Entlüfterventil aufdrehen und so lange offen halten, bis klare, luftblasenfreie Bremsflüssigkeit austritt. Danach Entlüfterventil zudrehen und Staubkappe wieder aufdrücken.

6. Entlüftung der Reihe nach an allen Entlüfterventilen wiederholen bis beide Bremskreise entlüftet sind.

7. Damit der Ringraum zwischen Primär- und Sekundärmanschette mit Sicherheit auch mit neuer Bremsflüssigkeit gefüllt wird und noch festsitzende Luftblasen sich lösen, ist das Bremspedal während des Entlüftungsvorgangs mehrmal voll durchzutreten.

8. Bevor das letzte Entlüfterventil zugedreht wird, muß erst der Absperrhahn am Füllschlauch bzw. an der Füllverschraubung geschlossen werden.

9. Abschließend den Wählhebel auf *Füllschlauch drucklos* stellen, Füllschlauch und Entlüfterstutzen abnehmen, Gerät ausschalten.

10. Bremsflüssigkeit im Ausgleichsbehälter kontrollieren und auf vorgeschriebenen Stand *Max* bringen. Ausgleichsbehälter mit Schraubdeckel verschließen.

11. Bremse auf einwandfreie Funktion überprüfen.

Arbeitsablaufplan:
Entlüften einer hydraulischen Bremsanlage

Bei der Inspektion einer Pkw-Bremsanlage wird festgestellt, daß für die Scheibenbremsen der Vorderachse eine Gesamtüberholung erforderlich ist. Die Scheibenbremsen sind mit Festsätteln ausgerüstet.

Erstellen Sie einen Arbeitsablaufplan für die Instandsetzung einer Festsattel-Scheibenbremse.

Hinweis: Bei der Erstellung des Arbeitsablaufplans sind auch kleine und unbedeutend erscheinende Arbeitsschritte aufzuführen. Lassen Sie den vollständigen Arbeitsablauf vor Ihrem Auge abrollen. Der Arbeitsablaufplan soll anderen möglichst ohne weitere Erklärung als Anleitung bzw. als Arbeitshilfe dienen.

Arbeitsablaufplan

Arbeitsschritte	Werkzeuge, Ersatzteile Hilfsmittel
1. Bei Rädern, die am Fahrzeug ausgewuchtet wurden, Stellung des Scheibenrades zur Radnabe kennzeichnen.	Pinsel, Farbe
2. Fahrzeug auf Hebebühne fahren, Feststellbremse anziehen, Hebebühne auf Arbeitshöhe einstellen.	Hebebühne
3. Radschrauben an beiden Vorderrädern lösen.	pneumatischer
4. Lappen auf den Vorratsbehälter des Hauptzylinders legen, da beim später erforderlichen Zurückdrücken der Kolben im Festsattel Bremsflüssigkeit herausspritzen kann (lackschädigend).	Schrauber, Radkreuz Putzlappen
5. Fahrzeug vorn anheben bzw. aufbocken.	Hydraulikheber
6. Radschrauben entfernen, Vorderräder abnehmen.	o.Unterstellböcke
7. Stecker für Belagverschleißanzeige abziehen.	
8. Bremsbelagsicherungen und Haltestifte entfernen.	Zange, Dorn
9. Kolben im Festsattel etwas zurückdrücken, um die Bremsbeläge an beiden Seiten herausziehen zu können.	Auszieher (typenbedingt)
10. Führungsflächen der Beläge im Festsattelschacht reinigen.	Reinigungsmittel (nicht fettend)
11. Staubkappen auf Risse und Verschleiß prüfen, notfalls erneuern.	evtl. neue Staubkappen
12. Bremsscheiben überprüfen (ausgeglühte Stellen, Risse, Seitenschlag, Riefen). Bei zu großen Schäden Bremsscheiben erneuern. Sind nur Riefen vorhanden, Istmaß der Scheibe mit Sollmaß vergleichen. Bei noch ausreichender Dicke Bremsscheibe plandrehen oder schleifen.	Meßzeuge für Dickentoleranz und Seitenschlag evtl. neue Bremsscheiben
13. Bremsbeläge erneuern (mit Hersteller-Einbauset).	Einbauset mit
14. Stecker der Belagverschleißanzeige aufstecken.	Bremsbelägen
15. Vorderräder nach Markierung montieren.	
16. Fahrzeug vorn absenken, Hebebühne ablassen.	pneumatischer
17. Räder mit vorgeschriebenem Drehmoment anziehen.	Schrauber, Dreh-
18. Bremspedal mehrfach betätigen (pumpen).	momentschlüssel
19. Lappen vom Hauptzylinder entfernen. Bremsflüssigkeit kontrollieren, evtl. auffüllen.	evtl. Bremsflüssigkeit
20. Bremsenfunktionsprüfung auf dem Bremsenprüfstand durchführen.	Bremsenprüfstand
21. Bei erneuerten Bremsscheiben ist eine Nachwuchtung der Räder vorzunehmen, wenn die Räder vorher am Fahrzeug ausgewuchtet worden sind.	Auswuchtmaschine

Arbeitsablaufplan:
Instandsetzung einer Festsattel-Scheibenbremse

© Copyright: Verlag H. Stam GmbH · Köln

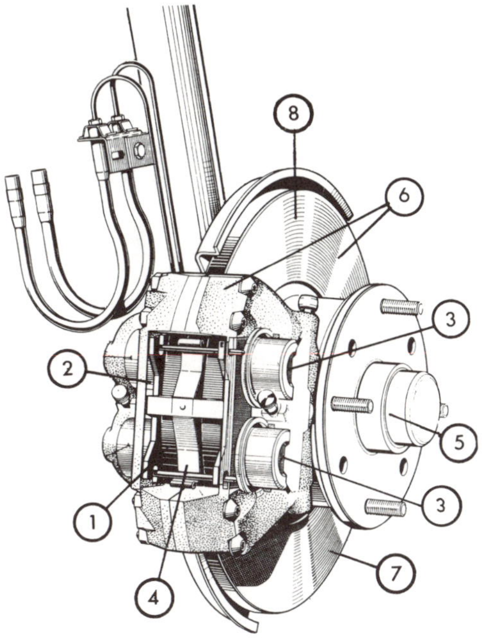

Ein Kunde kommt mit seinem Pkw in die Reparaturwerkstatt, weil die Vorderradbremsen bei Betätigung stark quietschen bzw. rattern. Er bittet zunächst um eine Auskunft darüber, welche Fehlerquellen vorliegen könnten.

Bei dem Kundenfahrzeug handelt es sich um eine Vorderradbremse nach Art der nebenstehenden Abbildung.
Die Ziffern ① bis ⑧ weisen auf **mögliche** Fehlerstellen hin.

1. Geben Sie die Bezeichnung der abgebildeten Bremse an.

   Scheibenbremse mit Vierzylinder-Festsattel.

2. Nennen Sie zuerst die Bezeichnung der durch Hinweislinien gekennzeichneten Teile. Beschreiben Sie dann in Stichworten die Art der möglichen Fehlerquellen.

① Bremsklotz. Der Typ des verwendeten Bremsbelags entspricht nicht den Herstellervorschriften (meistens zu hart). Bremsbeläge können zu stark verschlissen sein.

② Festsattelschacht. Die Schächte sind verschmutzt.

③ Bremskolben. Die Stellung eines Kolbenabsatzes (wenn vorhanden) stimmt nicht, kann mit Kolbendrehzange und 20°-Kolbenlehre in die richtige Stellung gedreht werden. Wenn zwischen Kolben und Rückenplatte des Bremsklotzes Zwischenbleche erforderlich sind, können diese vergessen, verbogen, verdreht eingebaut, verschmutzt oder korrodiert sein.

④ Kreuz- oder Spreizfeder. Die Kreuzfeder ist erlahmt.

⑤ Achszapfen. Das Radlagerspiel ist zu groß.

⑥ Kombination: Bremsscheibe mit Bremssattel. Bremsscheibe und Bremssattelführung fluchten nicht.

⑦ Bremsscheibe. Die Bremsscheibe hat zuviel Seitenschlag.

⑧ Bremsscheibe. Die Bremsscheibe hat eine unzulässige Dickentoleranz.

Bremsscheibenüberprüfung auf Nachschleifmöglichkeit

1. Wieviel mm Dicke kann die Nachbearbeitung je Reibflächenseite maximal betragen?   0,5 mm

2. Ab welcher Bremsscheibendicke darf keine Nachbearbeitung mehr erfolgen?   unter 9 mm

3. Beurteilen Sie die Schäden und Nachschleifmöglichkeiten der untenstehenden Bremsscheiben.

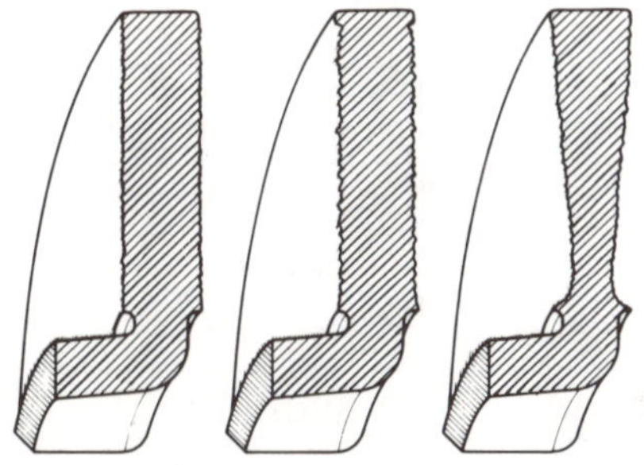

zu a): Starke Riefenbildung mit Wulst am Rand. Ein Nachschleifen ist bedenklich.

zu b): Deutliche Riefenbildung. Ein Nachschleifen ist jedoch möglich.

zu c): Keilförmige Abnutzung. Bremsscheibe muß erneuert werden (d.h. an beiden Seiten).

a)   b)   c)

Fehlerquellen an einer Scheibenbremse

Ein Pkw wird wegen einseitig, d.h. schiefziehenden Bremsen in die Werkstatt gebracht. Das Fahrzeug hat eine Zweikreis-Bremsanlage, bei der Vorder- und Hinterachse jeweils einen Bremskreis bilden (vorn: Scheibenbremsen, hinten: Trommelbremsen).

Stellen Sie für eine erste Überprüfung einen Arbeitsablaufplan in Form eines Programmablaufplans auf. Vergleichen Sie Info-Band: Programmablaufplan.

Der Programmablaufplan soll folgende Überlegungen enthalten:

1. Ausgangspunkt: Vorliegender Schaden.
2. Sind die Reifen in Ordnung, stimmt die Profiltiefe, und haben die Reifen den vorgeschriebenen Luftdruck?
3. Bei *nein*: Reifen mit gleichem Profil montieren und richtigen Luftdruck herstellen (weiter mit *ja*).
4. Bei *ja*: Bremswirkung auf einem Bremsenprüfstand feststellen.
5. Ist die Bremswirkung ungleichmäßig?
6. Bei *nein*: Der Fehler kann nicht im Bremssystem liegen. Weitere Fehlerquellen suchen, (z.B. Radaufhängung, Lenkungsteile).
7. Bei *ja*: Der Fehler muß lokalisiert werden.
8. *Folgerung für die weitere Fehlersuche*: Der Bremskreis 1 (Vorderachse) und der Bremskreis 2 (Hinterachse) müssen einzeln auf Fehlerquellen überprüft werden.

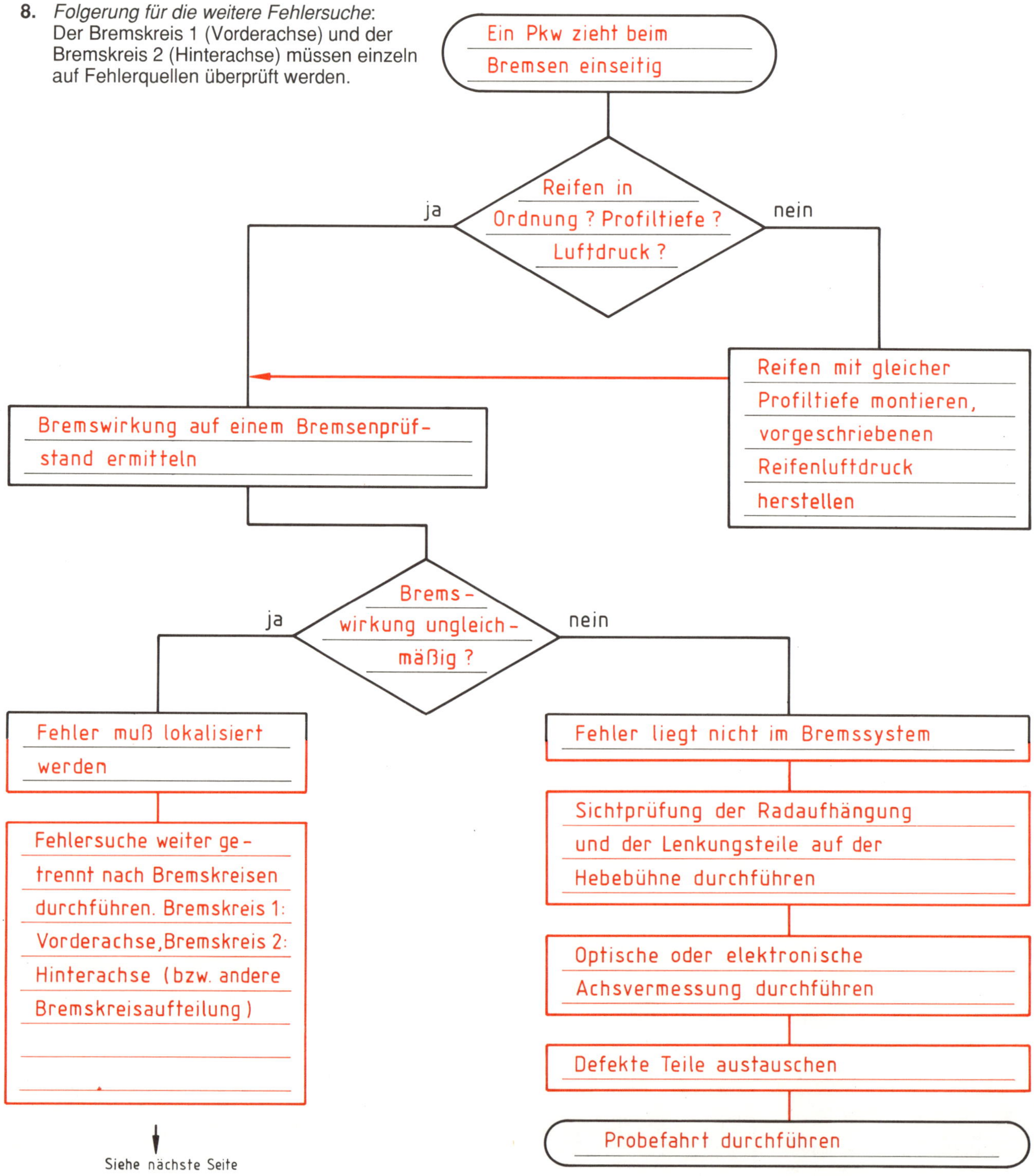

```
              ┌──────────────────────────┐
              │  Ein Pkw zieht beim       │
              │  Bremsen einseitig        │
              └──────────────────────────┘
                          │
                     ◇ Reifen in
            ja ─────  Ordnung ? Profiltiefe ?  ───── nein
            │         Luftdruck ?                      │
            │                                          │
            │                              ┌───────────────────────┐
            │◄─────────────────────────────│ Reifen mit gleicher   │
            │                              │ Profiltiefe montieren,│
  ┌──────────────────────────┐            │ vorgeschriebenen      │
  │ Bremswirkung auf einem   │            │ Reifenluftdruck       │
  │ Bremsenprüfstand ermitteln│           │ herstellen            │
  └──────────────────────────┘            └───────────────────────┘
            │
         ◇ Brems-
  ja ───  wirkung ungleich-  ─── nein
  │        mäßig ?                 │
```

Fehler muß lokalisiert werden

Fehlersuche weiter getrennt nach Bremskreisen durchführen. Bremskreis 1: Vorderachse, Bremskreis 2: Hinterachse (bzw. andere Bremskreisaufteilung)

↓
Siehe nächste Seite

Fehler liegt nicht im Bremssystem

Sichtprüfung der Radaufhängung und der Lenkungsteile auf der Hebebühne durchführen

Optische oder elektronische Achsvermessung durchführen

Defekte Teile austauschen

Probefahrt durchführen

© Copyright: Verlag H. Stam GmbH · Köln

Arbeitsablaufplan:
Überprüfung einseitig ziehender Bremsen

Bei einem Pkw mit einseitig ziehender Bremse (siehe vorhergehende Seite) muß die Fehlerquelle lokalisiert werden. Zunächst wird der Bremskreis 1 überprüft (Vorderachse mit Faustsattel-Scheibenbremsen).

Geben sie zu den vorgegebenen möglichen Fehlerquellen in Stichworten entsprechende Abhilfen an.

Bremskreis 1 (Vorderachse)

Festgestellte Schäden bzw. Fehler	Abhilfen
1. Bremsbeläge der Bremsklötze verschlissen.	Bremsklötze müssen achsweise erneuert werden.
2. Bremsbeläge verölt bzw. durch ausgetretene Bremsflüssigkeit verunreinigt.	Ursachen der Verunreinigungen beseitigen, Bremsklötze achsweise erneuern.
3. Bremsbeläge beschädigt (verglast, gerissen, ausgebrochen).	Bremsscheibe auf Schäden überprüfen, evtl. erneuern. Bremsklötze achsweise erneuern.
4. Bremsscheiben verschlissen (verrostet, starke Riefenbildung, Hitzerisse oder ausgeglüht).	Bremsscheiben und Bremsklötze achsweise erneuern.
5. Bremsklötze in der Bremssattelführung schwergängig.	Bremssattelführungen reinigen, Bremsklötze auf Gangbarkeit überprüfen.
6. Festsitzende Bremssattelkolben.	Bremssattelkolben gangbar machen, evtl. Bremssättel achsweise erneuern (Tausch).
7. Faustsattelführung schwergängig.	Faustsattelführung gangbar machen, evtl. Faustsättel achsweise erneuern.

Zur weiteren Fehlerlokalisierung wird der Bremskreis 2 überprüft (Hinterachse mit Trommelbremsen).

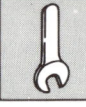

Bremskreis 2 (Hinterachse)

Festgestellte Schäden bzw. Fehler	Abhilfen
1. Bremsbeläge einer Trommelbremse verschlissen.	Bremsbeläge erneuern. Bei geklebten Belägen zusammen mit den Bremsbacken austauschen (achsweise).
2. Bremsbeläge verunreinigt (verölt).	Ursache der Verunreinigung beseitigen. Bremsbeläge achsweise erneuern.
3. Bremsbeläge beschädigt (verglast, gerissen oder ausgebrochen).	Bremstrommel auf Risse und Brandstellen überprüfen evtl. erneuern, Bremsbeläge achsweise erneuern.
4. Radzylinder undicht oder Radzylinderkolben sitzt fest.	Radzylinder (komplett) achsweise erneuern (Tausch).
5. Bremstrommel unrund, eingelaufen (Absatzbildung), Rostnarben, ausgeglüht oder starke Riefenbildung.	Bremstrommeln überprüfen, ob Ausdrehen möglich, sonst mit Belägen achsweise erneuern.

Bremsenüberprüfung nach Bremskreisen

© Copyright: Verlag H. Stam GmbH · Köln

Bremsen (Verzögern) und Beschleunigen stellen Geschwindigkeitsänderungen je Zeiteinheit dar. Bei *gleichbleibender* Geschwindigkeitsänderung je Zeiteinheit liegt eine *gleichförmige* Verzögerung bzw. Beschleunigung vor.

- Für die Verzögerung und Beschleunigung gelten gleiche Formeln, Formelzeichen und Einheiten.

- Beim Rechnen mit Verzögerungs- bzw. Beschleunigungsformeln werden **grundsätzlich** die Größen in den nebenstehenden, festgelegten Einheiten eingesetzt.

Einheiten:

a	v	s	t
$\dfrac{m}{s^2}$	$\dfrac{m}{s}$	m	s

- Zu unterscheiden sind:
  - **a)** Verzögerung bis zum Stillstand bzw. Beschleunigung aus dem Stand,
  - **b)** Verzögerung bis Endgeschwindigkeit v_1, Beschleunigung mit Anfangsgeschwindigkeit v_1.

- Bei Aufgabenstellung mit zwei Geschwindigkeiten wird zuerst die Differenz ermittelt, die dann als v eingesetzt wird. Die größere Geschwindigkeit erhält immer das Formelzeichen v_2, die kleinere ist immer v_1.

In der folgenden Formelzusammenstellung sind zwei *Grundformeln* angegeben, von denen alle anderen Formeln durch Umstellen oder durch gegenseitiges Einsetzen abgeleitet werden, so daß durch das Aussuchen der passenden Formeln viele Berechnungen vereinfacht werden können.

Hinweis: Die Grundformel für s wird auf der folgenden Seite mit Hilfe einer Diagrammdarstellung erläutert.

Berechnungen mit der Geschwindigkeitsdifferenz bzw. Geschwindigkeitsänderung v

Formelzusammenstellung (für Verzögerung bis zum Stillstand und Beschleunigung aus dem Stand)

Brems- oder Beschleunigungsweg s	Grundformel: $s = \dfrac{v \cdot t}{2}$	$s = \dfrac{v^2}{2 \cdot a}$	$s = \dfrac{a \cdot t^2}{2}$
Verzögerung oder Beschleunigung a	Grundformel: $a = \dfrac{v}{t}$	$a = \dfrac{v^2}{2 \cdot s}$	$a = \dfrac{2 \cdot s}{t^2}$
Geschwindigkeitsänderung v	$v = a \cdot t$	$v = \sqrt{2 \cdot a \cdot s}$	$v = \dfrac{2 \cdot s}{t}$
Brems- oder Beschleunigungszeit t	$t = \dfrac{v}{a}$	$t = \dfrac{2 \cdot s}{v}$	$t = \sqrt{\dfrac{2 \cdot s}{a}}$

Berechnungen mit den zwei Geschwindigkeiten v_1 und v_2

Bei Bremsverzögerungen bis auf eine kleinere Geschwindigkeit und bei Beschleunigungen von einer Anfangsgeschwindigkeit aus werden die passenden Formeln von den nebenstehenden Grundformeln abgeleitet.

$$a = \frac{v_2 - v_1}{t} \qquad s = \frac{(v_1 + v_2) \cdot t}{2}$$

Aufgaben:

1. Ein Pkw mit einer Geschwindigkeit von 108 km/h wird in 6 s bis zum Stillstand abgebremst. Wie groß ist die Bremsverzögerung a in m/s²?

2. Ein Lkw wird mit $a = 3{,}2$ m/s² in 7,5 s bis zum Stillstand abgebremst. Wie groß war die Geschwindigkeit v in m/s und in km/h?

3. In welcher Zeit kommt ein Motorrad mit einer Geschwindigkeit von 130 km/h zum Stehen, wenn es mit 3,8 m/s² abgebremst wird?

4. In der StVZO § 41 wird bei mehrspurigen Kraftfahrzeugen für die Betriebsbremsanlage eine Bremsverzögerung von mindestens 2,5 m/s² verlangt. Wie groß ist der Unterschied zur tatsächlichen Verzögerung, wenn ein Pkw bei 150 km/h abgebremst wird und nach 150 m zum Stehen kommt?

5. Nach einem Unfall gibt der Fahrer des verunglückten Wagens an, er sei mit 70 km/h gefahren. Das Fahrzeug ist bei einer Bremsverzögerung von 5,2 m/s² nach 4,2 s zum Stehen gekommen. Ist die Aussage des Fahrers richtig?

6. Nach wieviel Sekunden kommt ein Pkw mit 55,8 km/h bei $a = 2{,}5$ m/s² zum Stehen?

7. Eine 750er wird aus dem Stand in 7 s auf 144 km/h gebracht und gleich danach in 5 s bis zum Stillstand abgebremst. Zu berechnen sind: Beschleunigungsweg s_1, Bremsweg s_2, Beschleunigung a_1 und Bremsverzögerung a_2.

8. Ein Pkw mit 120 km/h kommt beim Abbremsen nach 85 m zum Stehen. Bestimmen Sie die Bremszeit t und die Bremsverzögerung a?

9. Ein Motorrad mit 95 km/h wird 3 Sekunden lang abgebremst. Die Endgeschwindigkeit beträgt 40 km/h. Wie groß ist die Bremsverzögerung?

10. Welchen Weg legt ein Lkw zurück, wenn er in 7 Sekunden von 82 km/h auf 33 km/h abgebremst wird?

11. In wieviel Sekunden wird ein Motorrad von 110 km/h auf 185 km/h mit $a = 3{,}2$ m/s² beschleunigt?

12. Eine 250er mit 104,4 km/h wird in 2,9 s auf 36 km/h abgebremst. Ermitteln Sie die Bremsverzögerung a und den Bremsweg s.

13. Welchen Weg legt ein Motorrad zurück, wenn es in 7 Sekunden von 50 km/h auf 125 km/h beschleunigt wird? Bestimmen Sie ebenfalls a in m/s².

14. Berechnen Sie die fehlenden Größen:

	a)	b)	c)	d)	e)	f)
v in m/s	?	36	?	?	28	16
t in s	12	?	?	3,2	5,4	?
s in m	144	?	150	?	?	?
a in m/s²	?	3,2	6,25	4,5	?	4,2

Bremsberechnungen

Lösungen auf

Seite 36

Weg *s* im *v-t*-Diagramm

Weg *s* ≙ Flächeninhalt *A*

Der von einem Fahrzeug bei einer gleichbleibenden Geschwindigkeit und bei einer gleichförmigen Beschleunigung bzw. Bremsverzögerung zurückgelegte Weg wird häufig in einem *v-t*-Diagramm sinnbildlich als Fläche *A* dargestellt. Folgende Prinzipskizzen bieten sich als Lösungshilfen an.

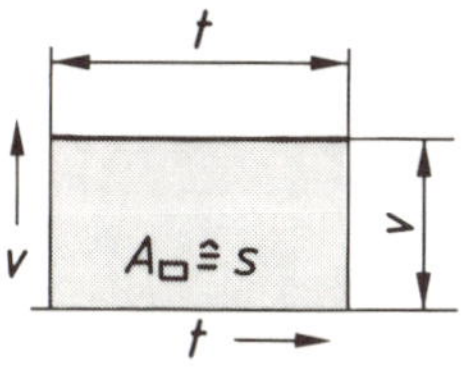

gleichmäßige Geschwindigkeit

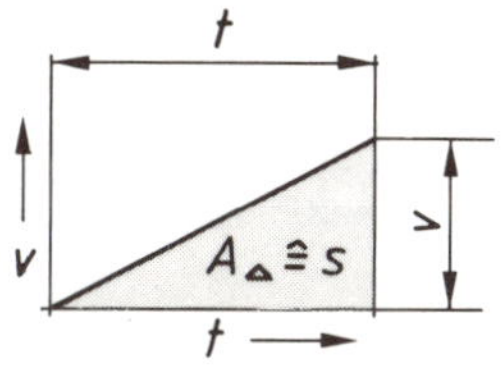

gleichförmige Beschleunigung aus dem Stand

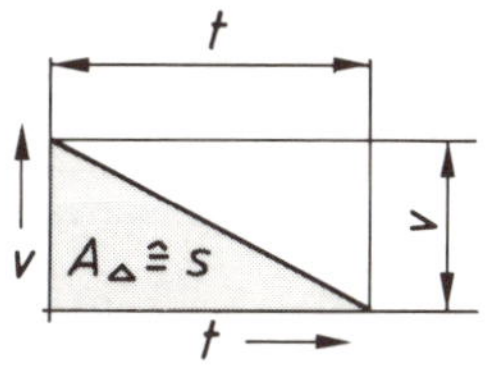

gleichförmige Bremsverzögerung bis zum Stillstand

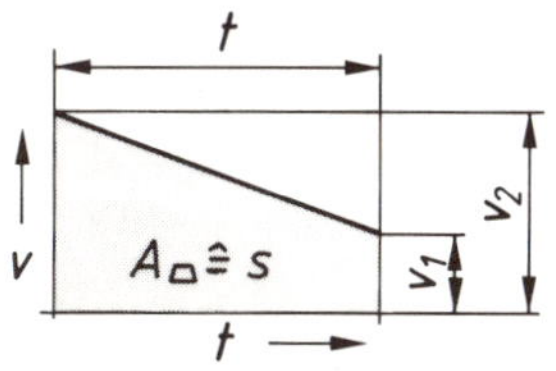

Geschwindigkeitsminderung von Anfangsgeschwindigkeit v_2 bis Endgeschwindigkeit v_1

$$s = v \cdot t$$

$$s = \frac{v \cdot t}{2}$$

$$s = \frac{v \cdot t}{2}$$

$$s = \frac{v_2 + v_1}{2} \cdot t$$

$$s = \frac{(v_2 - v_1) \cdot t}{2} + v_1 \cdot t$$

Die angegebenen Formeln für den Weg *s* entsprechen den Flächeninhaltsformeln der gerasterten Flächen in den Diagrammen.

Anhalteweg s_A

Bis zum Beginn der Bremswirkung fährt das Fahrzeug *ungebremst* weiter. Der in dieser Zeit zurückgelegte Weg wird als **Reaktionsweg** s_R bezeichnet. Dazu rechnet man häufig den zurückgelegten Weg während der Bremsenansprechzeit.

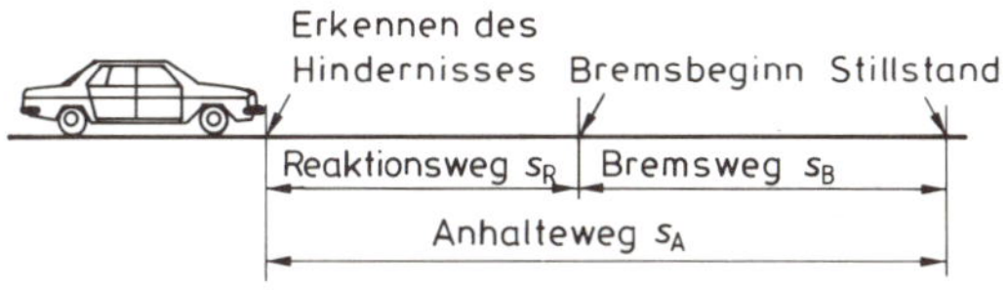

Der Anhalteweg s_A ist der Fahrzeugweg, der vom Erkennen der Gefahr bis zum Stillstand zurückgelegt wird. Er setzt sich aus Wegabschnitten zusammen.

allgemein: $s_{ges} = s_1 + s_2$

Anhalteweg: $s_A = s_R + s_B$

$$s_A = v \cdot t_R + \frac{v \cdot t_B}{2}$$

Hinweis: Bei Berechnungen des Anhaltesweges ist es zweckmäßig, für den reinen Bremsweg s_B und für die reine Bremszeit t_B einzusetzen.

Aufgaben:

Fertigen Sie zu den Lösungen zuerst eine Prinzipskizze wie die oben angegebenen Diagramme an. Tragen Sie die Formelzeichen für die gegebenen und gesuchten Größen ein.

1. Wie lang ist der Anhalteweg s_A, wenn ein Fahrzeug mit 144 km/h nach 14 s reiner Bremszeit zum Stehen gebracht wird? Die Reaktionszeit t_R ist mit 1,05 s einzusetzen.

2. Ein Pkw mit einer Geschwindigkeit von 180 km/h wird in einer Bremszeit von 8 s bis zum Stillstand abgebremst. Die Reaktionszeit beträgt 1,7 s. Berechnen Sie den Anhalteweg s_A und die Bremsverzögerung *a*.

3. Ein Bus erhöht seine Geschwindigkeit von 20 km/h auf 100 km/h durch die Beschleunigung $a = 1,8$ m/s². Welchen Weg legt er dabei zurück?

4. a) Wie groß war die Geschwindigkeit eines Motorrads, das bei einer Bremsverzögerung von 4 m/s² nach 72 m Bremsweg zum Stehen kommt?
   b) Wie lang ist der Reaktionsweg s_R bei einer angenommenen Reaktionszeit $t_R = 0,9$ s.

5. Ein Fahrer erkennt auf der Autobahn einen Stau. Nach einer Reaktionszeit 1,05 s bringt er den Wagen bei einem Bremsweg von 83 m in 6 s zum Stehen.
   a) Wie groß war seine Geschwindigkeit?
   b) Wie lang ist der Anhalteweg?

6. Ein Pkw wird aus dem Stand in 9 s bis zu einer Geschwindigkeit von 80 km/h beschleunigt und behält diese Geschwindigkeit 22 s lang bei. Vor einer *rot* zeigenden Ampel wird in 7 s bis auf 0 km/h abgebremst. Wie lang ist der insgesamt zurückgelegte Weg?

7. Ein Sportwagen erreicht 15 s nach dem Start eine Geschwindigkeit von 183 km/h. Mit dieser Geschwindigkeit fährt er noch 11 s weiter. Ermitteln Sie die bis dahin vom Start an zurückgelegte Strecke.

8. Ein Pkw beschleunigt von 0 auf 100 km/h in 9,5 s. Bestimmen Sie den zurückgelegten Weg und die Beschleunigung.

9. Ein Motorrad wird in 4 s von 0 auf 72 km/h beschleunigt. Diese Geschwindigkeit wird für 6 s beibehalten. Danach wird das Motorrad in 5 s bis zum Stillstand abgebremst. Wie lang ist der zurückgelegte Gesamtweg s_{ges}?

10. Ein Mofa wird 15 s lang mit 15 km/h gefahren und dann in 10 s auf 26 km/h beschleunigt. Bei Erreichen dieser Geschwindigkeit bremst der Fahrer direkt ab. Die Bremszeit bis zum Stillstand beträgt 3 s. Berechnen Sie den insgesamt zurückgelegten Weg s_{ges}.

11. Ein Pkw wird bis zum Stillstand abgebremst. Als reiner Bremsweg werden 77 m gemessen. Der Anhalteweg s_A wird rechnerisch mit 103,4 m und die Fahrgeschwindigkeit mit 79,2 km/h ermittelt. Berechnen Sie s_R, t_R und t_B.

12. Ein Lkw-Fahrer erkennt auf der Fahrbahn in 135 m Entfernung ein Hindernis. Nach einer Reaktionszeit von 1,2 s bremst er den Lkw bei einer Geschwindigkeit von 92 km/h ab. Die Bremsverzögerung beträgt 3,5 m/s². Kommt es zu einem Unfall?

13. Nach einem Autounfall gibt ein Pkw-Fahrer seine Fahrgeschwindigkeit mit 80 km/h an. Die nachgewiesene Bremsspur beträgt 84 m. Als Bremsverzögerung wird $a = 6,4$ m/s² festgelegt. Dem Fahrer werden 0,9 s als Reaktionszeit zugebilligt. Berechnen Sie die tatsächliche Fahrgeschwindigkeit *v*, die reine Bremszeit t_B und den Reaktionsweg s_R.

Wegdarstellung im *v-t*-Diagramm, Anhalteweg

Lösungen auf

Seite 36

Ein Kunde beanstandet in der Werkstatt, daß er in der letzten Zeit gegenüber früher beim Bremsen seines Pkw weit größere Fußkräfte aufwenden muß.
Die hydraulische Bremsanlage, ausgestattet mit einem Unterdruck-Bremskraftverstärker, soll überprüft werden.

1. Welche Aussage des Kunden berechtigt zu der Annahme, daß der Bremskraftverstärker defekt sein könnte?

Beim Bremsen waren größere Fußkräfte erforderlich.

2. Kennen Sie noch andere Bezeichnungen für den Unterdruck-Bremskraftverstärker?

Saugluft- oder Vakuum-Bremskraftverstärker, Bremsgerät (ATE).

3. Welche Aufgabe hat der Unterdruck-Bremskraftverstärker?

Durch Ausnützung der Druckdifferenz zwischen dem
atmosphärischen Luftdruck und dem aus dem Ansaugrohr
abgeleiteten Unterdruck wird eine Hilfskraft gebildet, die
die Fußkraft bei Betätigung des Hauptzylinderkolbens
(bzw. der Druckstange) wesentlich unterstützt.

4. Welche Folgen hat der Ausfall des Unterdruck-Bremskraftverstärkers?

Die Funktionsfähigkeit der Bremsanlage bleibt erhalten,
nur die einzusetzende Fußkraft für die erforderliche
Bremskraft ist bedeutend höher. Der Bremsweg wird länger.

5. Welche Hinweise können Sie für die Wartung der Unterdruck-Bremskraftanlage geben?

Der Unterdruck-Bremskraftverstärker ist wartungsfrei.
Nach einer Laufleistung von ca. 50.000 km sollte das
Luftfilter des Bremskraftverstärkers ausgetauscht werden
(falls vorhanden).

6. Führen Sie die aufeinander folgenden Arbeitsschritte für eine erste einfache Funktionsprüfung auf.

Bei nicht laufendem Motor wird das Bremspedal etwa
5 bis 6 mal kräftig durchgetreten, damit der noch
vorhandene Unterdruck im Bremsgerät (bzw. Brems-
verstärker) abgebaut wird. Dann wird der Motor bei
Bremsbetätigung mit mittlerer Fußkraft - aber ohne
Gasgeben - gestartet. Bei voller Funktionsfähigkeit
des Bremskraftverstärkers muß jetzt das Bremspedal
unter der anhaltenden Fußkraft spürbar nachgeben,
weil sich der Unterdruck wieder aufgebaut hat.

7. Der Leerlauf gibt bei Bremsbetätigung einen gewissen Hinweis zur Funktion des Bremskraftverstärkers. Auf jeden Fall ist der Motor zunächst einmal richtig einzustellen. Welcher Fehler kann beim Bremskraftverstärker vorliegen, wenn der Motor im Leerlauf bei betätigter Betriebsbremse unrund läuft oder sogar stehen bleibt?

Über den Bremskraftverstärker gelangt evtl. Beiluft in
das Ansaugrohr, weil das Steuerventil undicht ist oder
die Membrane des Arbeitskolbens (Membrankolben)
gerissen ist.

Unterdruck-Bremskraftverstärker:
Einfache Testprüfungen

Eine **genaue Überprüfung des Unterdruck-Bremskraftverstärkers** erfordert größeren Aufwand. Die einzelnen Arbeitsschritte können unterschieden werden

– in vorbereitende Arbeiten und
– in eigentliche Prüfarbeiten.

Tragen Sie bei den folgenden, ungeordneten Arbeitsschritten in die vorangestellten Kreise dem Arbeitsablauf entsprechend die richtige laufende Nummer ein.

A. Vorbereitende Arbeiten für die Unterdruckprüfung mit dem Prüfmanometer (Vakuum-Meter)

(1) Lösen der Unterdruckleitung zwischen Vakuum-Rückschlagventil und Bremskraftverstärker.

(4) Alle Leitungsanschlüsse auf einen vakuumdichten Anschluß hin überprüfen.

(3) Den freibleibenden Anschluß am Anschlußstutzen mit dem Prüfmanometer verbinden.

(2) Die getrennte Unterdruckleitung durch einen passenden Vakuum-Anschlußstutzen verbinden. (Für die verschiedenen Anschlußausführungen der Rückschlagventile gibt es passende Anschlußstutzen.)

B. Prüfarbeiten zur Feststellung der vorhandenen Unterdruckwerte

(5) Motor starten und laufen lassen, bis er betriebswarm ist.

(7) Im Leerlauf den erreichten Unterdruck des Motors bzw. der Unterdruckleitung am Manometer ablesen. Der erforderliche Unterdruck liegt in der Regel bei $p_{abs} = 0,8$ bar bzw. bei $p_e = -0,2$ bar. Maßgebend ist jedoch der vom Hersteller vorgeschriebene Unterdruck.

(6) Mehrmals kurz Gas geben.

(8) Motor abstellen.

C. Dichtheits- und Funktionsprüfung des Rückschlagventils und des Bremskraftverstärkers

(9) Bremskraftverstärker in Lösestellung bringen (d.h. Bremspedal nicht betätigen) und den Unterdruck ablesen.

(12) Bei einer Prüfdauer von 15 Sekunden darf der Unterdruckabfall nicht mehr als 0,05 bis 0,1 bar betragen.

(18) Werden die Soll-Unterdruckwerte nicht erreicht, muß der Unterdruck-Bremskraftverstärker komplett ausgetauscht werden.

(13) Bei größerem Abfall des Unterdrucks sind alle Leitungen auf Dichtheit zu überprüfen.

(10) Der ursprüngliche Unterdruck soll nicht mehr als $p_{abs} = 0,8$ bar sein. Da das System der Bremskraftverstärkungsanlage nie völlig dicht ist, wird der Unterdruck etwas verringert. Dieser Unterdruckabfall darf bei einer Prüfdauer von 15 Sekunden nicht mehr als 0,02 bis 0,06 bar betragen.

(17) Eine erneute Prüfung ist durchzuführen.

(14) Das Vakuum-Rückschlagventil ist durch ein neues zu ersetzen. Da das Ventil nur in einer Richtung durchlässig ist, muß die Einbaurichtung nach Herstellerangabe beachtet werden. Die Einbaurichtung kann durch Pfeile oder durch Farben gekennzeichnet sein.

(16) Werden die geforderten Unterdruckwerte in der vorgeschriebenen Prüfzeit immer noch nicht erreicht, sind der Gummidichtring zwischen Tandem-Hauptzylinder und Bremskraftverstärker und die Vakuummanschette des Hauptzylinders (äußere Sekundärmanschette) auf einwandfreien Zustand zu prüfen und evtl. zu erneuern.

(11) Bremskraftverstärker in Vollbremsstellung bringen (d.h. Bremspedal voll durchtreten) und den Unterdruck ablesen.

(15) Die Überprüfungen sind zu wiederholen.

Unterdruck-Bremskraftverstärker: Funktionsprüfungen

Die unvollständig vorgegebene Prinzipskizze stellt ein Antiblockiersystem (ABS) dar, das als **Drei-Kanal-ABS** ausgeführt ist. Das Hydroaggregat ist getrennt vom Tandem-Hauptzylinder mit Bremskraftverstärker angeordnet. Die Bremsdruckregelung der vier Räder ist so ausgelegt, daß jedem Vorderrad ein Drucksteuerkanal zugeordnet ist. Für die gemeinsame Bremsdruckregelung der beiden Hinterräder ist dagegen nur ein Drucksteuerkanal vorgesehen. Die ABS-Anlage besteht neben den Aggregaten eines üblichen hydraulischen Bremssystems im wesentlichen aus:

● **den Sensoren** (mit der Funktion als Drehzahlfühler).
● **dem Steuergerät** (als elektronische Regeleinrichtung).
● **dem Hydroaggregat** (auch als Hydraulikeinheit bezeichnet). Zur Hydraulikeinheit gehören hauptsächlich eine Rückförderpumpe, je Drucksteuerkanal ein 3/3-Magnetventil (siehe Info-Band: Wegeventile und entsprechend zugeordnete Speicherkammern zur Aufnahme abströmender Bremsflüssigkeit beim Druckabbau.
● **einer Kontrollschaltung** (mit einer Sicherheitsleuchte, die den Ausfall der ABS-Anlage anzeigt).

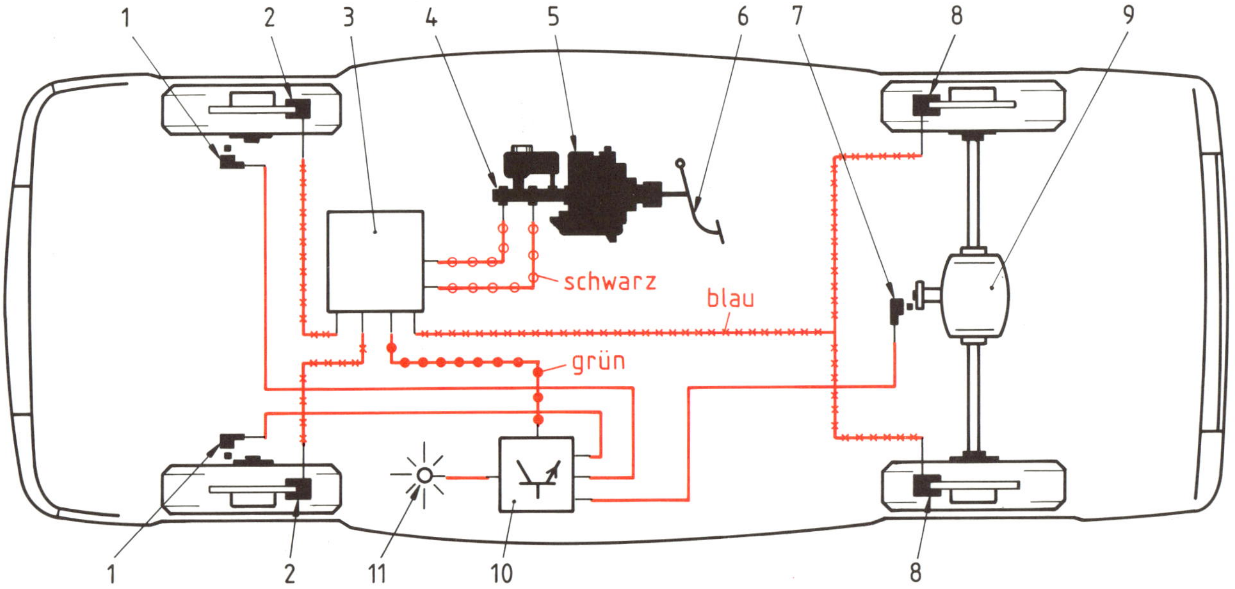

1. Benennen Sie die einzelnen Bauteile bzw. Baueinheiten.

1	Sensor (für ein Vorderrad)	7	Sensor (für beide Hinterräder)
2	Bremssattel (Vorderradbremse)	8	Bremssattel (Hinterradbremse)
3	Hydroaggregat	9	Ausgleichsgehäuse
4	Tandem-Hauptzylinder	10	Steuergerät
5	Bremskraftverstärker	11	Sicherheitsleuchte
6	Bremspedal		

2. Zeichnen Sie die Leitungen entsprechend ihrer Funktion farbig in das obenstehende Schema ein.
Signalleitungen (Sensoren bis Steuergerät und Steuergerät bis Sicherheitsleuchte): *rot*;
Steuerleitung (Ausgangssignal Steuergerät an Hydroaggregat): *grün*;
Bremsleitungen (Hydroaggregat bis Bremssättel): *blau*;
Bremsleitungen (Hauptzylinder bis Hydroaggregat): *schwarz*.

3. Geben Sie in Stichworten die Bedeutung der angegebenen Begriffe im nebenstehenden ABS-Regelkreis an. (Info-Band: Regelkreis, geschlossener Wirkungsablauf)

Führungsgröße: Bremsflüssigkeitsdruck zwischen Hauptzylinder und Hydroaggregat (vom Fahrer vorgegeben).

Stellgröße: Bremsdruck zwischen Hydroaggregat und Radbremse, vom Steuergerät über Hydroaggregat gesteuert.

Regelgröße: vom Sensor aufgenommene Raddrehzahl (als elektrisches Signal an das Steuergerät weitergeleitet).

Regelstrecke: Fahrzeug bzw. Fahrzeugmasse mit Radbremse, Reibpaarung aus Reifen und Fahrbahn.

Störgrößen: Fahrbahnbeschaffenheit, Bremsenzustand, Fahrzeugladung, Reifendruck und Reifenprofil.

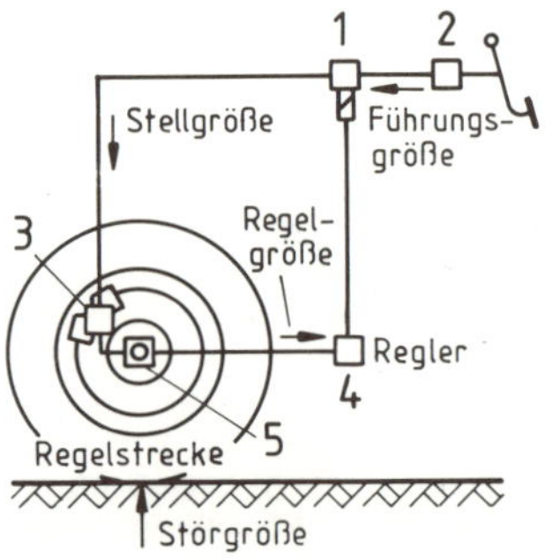

ABS-Regelkreis

1 Hydroaggregat
2 Tandem-Hauptzylinder
3 Radbremse
4 Steuergerät (Regler)
5 Sensor (Drehzahlfühler)

Antiblockiersystem (ABS)

Die grundsätzliche Wirkungsweise des ABS ist hier durch drei Prinzipskizzen dargestellt. Das betreffende Magnetventil im Hydroaggregat wird durch Steuerbefehle des Steuergeräts in drei verschiedene Stellungen geschaltet (Druckaufbau, Druckhalten und Druckabbau). Beim Magnetventil unterscheidet man ein Einlaßventil (EV) und ein Auslaßventil (AV).

Druckaufbau

Beim Druckaufbau bildet das Hydroaggregat die hydraulische Verbindung zwischen Hauptzylinder und Radbremse. Um kurze hydraulische Leitungen zu erhalten, ist das Hydroaggregat in der Regel im Motorraum untergebracht. In der Schaltstellung *Druckaufbau* bildet sich beim Magnetventil kein magnetisches Feld (unerregter, stromloser Zustand). EV ist geöffnet. Der Bremsdruck kann sich vom Hauptzylinder bis zur Radbremse aufbauen.

Aufgabe:

Markieren Sie den Bereich des ansteigenden Bremsdruckes (Bremsleitung und Räume im Hydroaggregat) in rot. Ziehen Sie die Signalleitung für die Übermittlung der Raddrehzahl bzw. Radumfangsgeschwindigkeit in grün nach. Geben Sie auf der Linie die Signalrichtung durch einen Pfeil an.

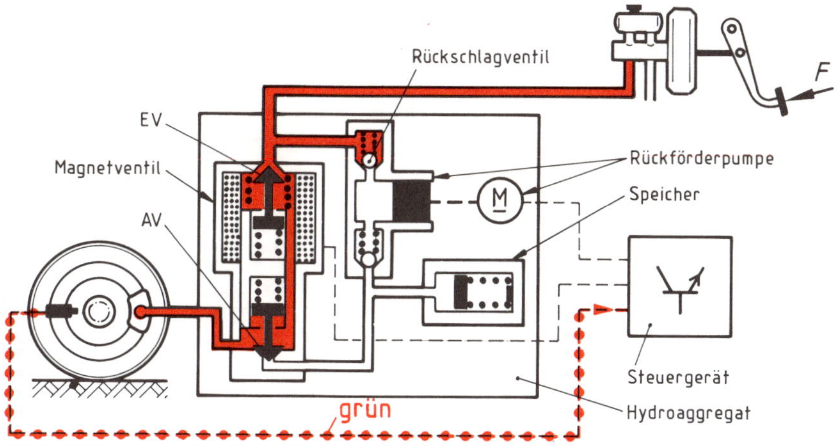

Druckhalten

Bei Blockierungsgefahr (d.h. bereits vor Einsetzen der Blockierung) wird das Magnetventil durch das Steuergerät mit halbem Maximalstrom (Haltestrom) beaufschlagt. Die Verbindung zwischen Hauptzylinder und Radbremse wird unterbrochen. Der Rücklauf bleibt weiterhin geschlossen. Dadurch bleibt der Bremsdruck der Radbremse konstant.

Aufgabe:

Zeichnen Sie für die Schaltstellung *Druckhalten* das Einlaßventil und den Kolben der Rückförderpumpe funktionsgerecht ein. Kennzeichnen Sie den Bereich des vom Hauptzylinder erzeugten Bremsdruckes rot. Schattieren Sie den Rücklaufbereich mit weichem Bleistift grau. Ziehen Sie die Signalleitung für das Steuergerät in grün und die Steuerleitung für das Magnetventil in blau nach. Zeichnen Sie auf den Linien entsprechende Richtungspfeile ein.

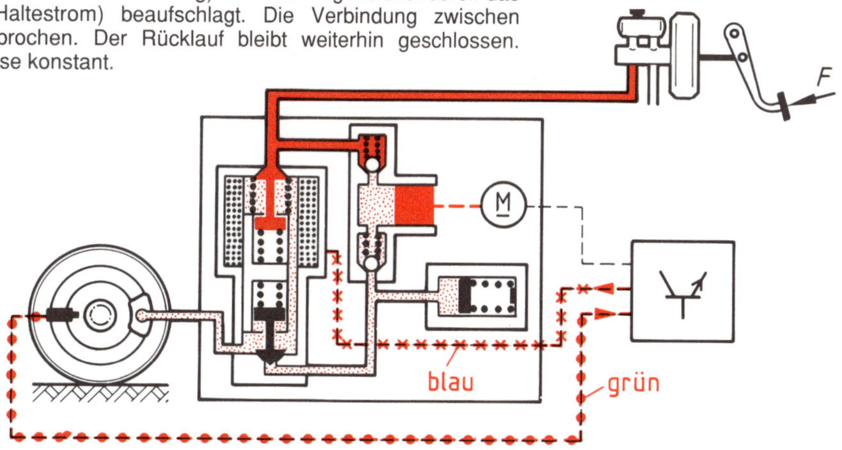

Druckabbau

Bei zu hohem und noch weiter steigendem Bremsdruck wird das Magnetventil vom Steuergerät her mit einem Maximalstrom beaufschlagt und erhält dadurch den Steuerbefehl: Verbindung zwischen Radbremse und Rücklauf bzw. zugeordnetem Speicher herstellen. Die abströmende Bremsflüssigkeit wird zunächst vom Speicher aufgenommen. Durch diese Volumenvergrößerung sinkt der Radbremsdruck sofort. Gleichzeitig wird die Rückförderpumpe vom Steuergerät angesteuert, damit die abströmende Bremsflüssigkeit zum Hauptzylinder zurückgepumpt wird.

Aufgabe:

Zeichnen Sie für die Schaltstellung Druckabbau das Einlaß- und Auslaßventil, den Kolben der Rückförderpumpe und das Rückschlagventil funktionsgerecht ein. Kennzeichnen Sie den Bereich des im Hauptzylinder erzeugten Bremsdruckes rot und den Bereich der abströmenden Bremsflüssigkeit im Rücklauf grau. Ziehen Sie die Signalleitung in grün und beide Steuerleitungen in blau nach. Geben Sie auf den Linien Richtungspfeile an.

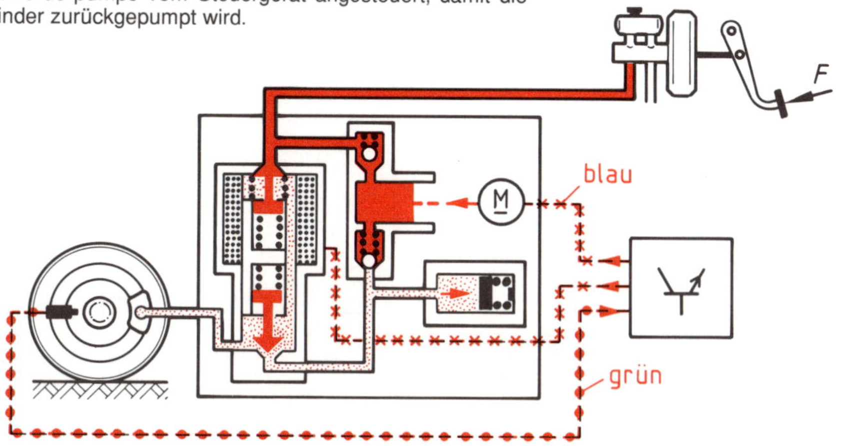

Hinweise: Das blitzschnelle Umschalten der Magnetventile läuft in 4 bis 10 Regelzyklen pro Sekunde ab und wird als ein *getaktetes* Ansteuern bezeichnet. Das ABS spricht bereits bei einer Fahrzeuggeschwindigkeit von 5 km/h an. Damit bei einer allgemeinen Bremsprüfung auf dem Prüfstand das ABS noch nicht anspricht, können daher nur Prüfstände mit einer Rollengeschwindigkeit unterhalb von 5 km/h benutzt werden.

ABS: Funktionsdarstellung

© Copyright: Verlag H. Stam GmbH · Köln

Druckluftbremsanlagen bestehen aus einer Grundausstattung mit verschiedenen Gerätegruppen, die den Aufgaben und Verwendungszwecken der Fahrzeuge angepaßt sind (z.B. Fahren mit Anhänger, Luftfederung oder pneumatische Türbetätigung). Das Schema zeigt in vereinfachter Form die Grundausstattung einer Zweikreis-Druckluftbremsanlage eines Zugfahrzeugs (ohne Anhänger). Zur Grundausstattung gehören die Gerätegruppen der Druckluftversorgung, der Betriebsbremsanlage und der Feststell- und Hilfsbremsanlage. Vergleichen Sie Info-Band: Druckluftbremsanlagen.

1. Was versteht man unter einer Zweikreis-Druckluftbremsanlage? **Die Bremsanlage besteht aus zwei Betriebsbremskreisen (getrennt für Vorder- und Hinterachse).**

2. Unterscheiden Sie vier Kreise durch farbige Kennzeichnung der Leitungen und der Geräte.
**Betriebsbremskreis I: blau, Betriebsbremskreis II: rot, Feststellbremskreis III: grün,
Nebenverbraucherkreis IV: braun.**

Vorratsleitung ———— Brems-und Steuerleitung (belüftend) — — — — Steuerleitung (entlüftend) ——

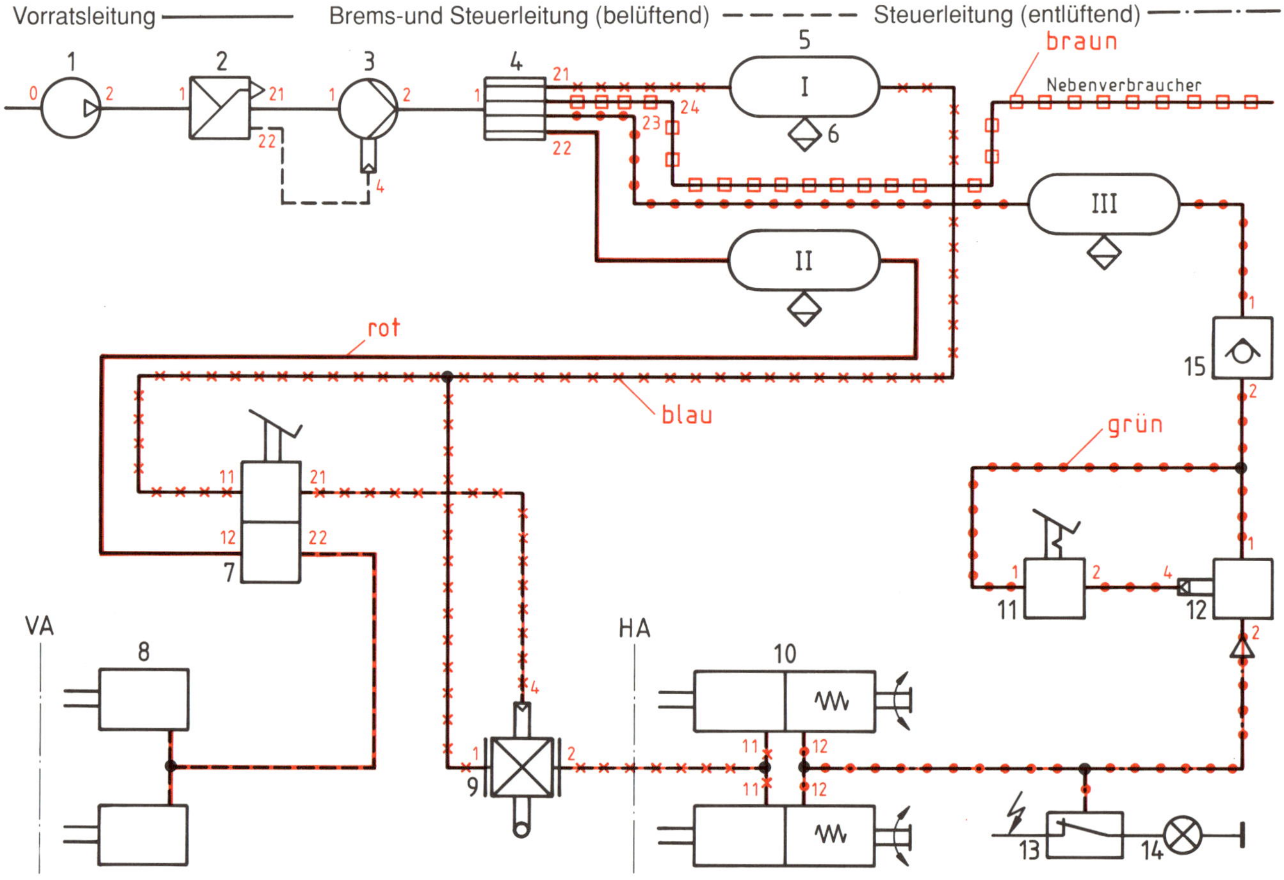

3. Benennen Sie in der folgenden Zusammenstellung die durch grafische Symbole dargestellten Einzelteile.

1	Kompressor	9	Automatischer, lastabhängiger Bremskraftregler (ALB-Regler)
2	Druckregler		
3	Frostschutzpumpe	10	Kombibremszylinder (Hinterachse)
4	Vierkreis-Schutzventil	11	Feststellbremsventil
5	Luftbehälter	12	Relaisventil
6	Entwässerungsventil	13	Luftdruckontrollschalter
7	Betriebsbremsventil	14	Optisches Warnsignal
8	Bremszylinder (Vorderachse), in der Regel Membranzylinder	15	Rückschlagventil

4. Geben Sie im Schema die Geräteanschlüsse (Ein- und Ausgänge) durch ein- bzw. zweistellige Kennzahlen an. Schreiben Sie die Kennzahlen kleiner als die vorgegebenen Gerätenummern.

Grundausstattung einer Druckluftbremsanlage

Übernehmen Sie die Bezeichnungen der Geräte einer Druckluftbremsanlage von der Vorderseite, und geben Sie deren Aufgaben an.

1 Kompressor: Erzeugung der erforderlichen Druckluft.

2 Druckregler: Regelt den Vorratsdruck der Bremsanlage.

3 Frostschutzpumpe: Spritzt Frostschutzmittel gegen Gefrieren des niedergeschlagenen Wasserdampfes ein.

4 Vierkreis-Schutzventil: Druckluftverteilung und erforderliche Druckabsicherung für die einzelnen Bremskreise.

5 Luftbehälter: Speichern der Druckluft.

6 Entwässerungsventil: Ablassen von Kondenswasser aus dem Luftbehälter.

7 Betriebsbremsventil: Steuert den Druck in den zwei Betriebsbremskreisen des Zugfahrzeugs und bei vorhandenem Anhänger über das Anhängersteuerventil die Anhängerbetriebsbremsanlage.

8 Bremszylinder (Vorderachse, in der Regel Membranzylinder): Betätigt die Bremsmechanik, Umsetzung des pneumatischen Druckes in mechanische Kraft.

9 Automatischer, lastabhängiger Bremskraftregler (ALB-Regler): Regelt selbständig den eingesteuerten Bremsdruck je nach Beladung.

10 Kombibremszylinder (Hinterachse, zweifache Funktion): Membran- oder Kolbenzylinder betätigt die Bremsmechanik (Betriebsbremsanlage). Der ebenfalls enthaltene Federspeicherzylinder gehört zur Feststellbremsanlage.

11 Feststellbremsventil: Steuert die Feststellbremsanlage. Bei Stellung Fahren sind die Federspeicherzylinder belüftet und bei Stellung Bremsen entlüftet. Bei Anhängerbetrieb steuert das Feststellbremsventil über das Anhängersteuerventil auch die Anhängerbetriebsbremse.

12 Relaisventil: Beschleunigt das Ansprechen der Bremszylinder.

13 Luftdruckkontrollschalter (pneumatisch gesteuert): Löst Warnsignal aus, wenn im Bremskreis der Mindestdruck unterschritten wird.

14 Optisches Warnsignal: Wird durch Luftdruckkontrollschalter ausgelöst.

15 Rückschlagventil: Sichert den Druckluftkreis gegen Druckabfall ab. Druckluft kann nicht zurückströmen.

Aufgaben der Geräte einer Druckluftbremsanlage (Grundausstattung)

1. Was versteht man bei Fahrzeugkombinationen unter einer Zweileitungsbremsanlage? Verbindung der Bremsanlagen des Zugfahrzeugs und des Anhängers bzw. des Sattelanhängers durch eine Vorratsleitung und eine Bremsleitung.

2. Wodurch unterscheiden sich die zwei Kupplungsköpfe, damit ein Vertauschen unmöglich ist? Kupplungskopf *Vorrat* ist immer rot und Kupplungskopf *Bremse* ist immer gelb gekennzeichnet. Die beiden Kupplungsköpfe haben unterschiedliche Klauen, so daß beim Vertauschen der Vorratsleitung mit der Bremsleitung kein Zusammenkuppeln möglich ist.

3. Tragen Sie bei den Anhängersteuerventilen an den Hinweislinien die fehlenden Kennzahlen für die Geräteanschlüsse ein.

4. Kennzeichnen Sie in den Darstellungen durch grafische Symbole die Kupplungsköpfe farbig.
Vorrat: *rot*
Bremse: *gelb*

Anhängersteuerventil (mit Drossel)	Darstellung durch grafische Symbole	Kupplungskopf *Vorrat* (mit automatischem Absperrventil)
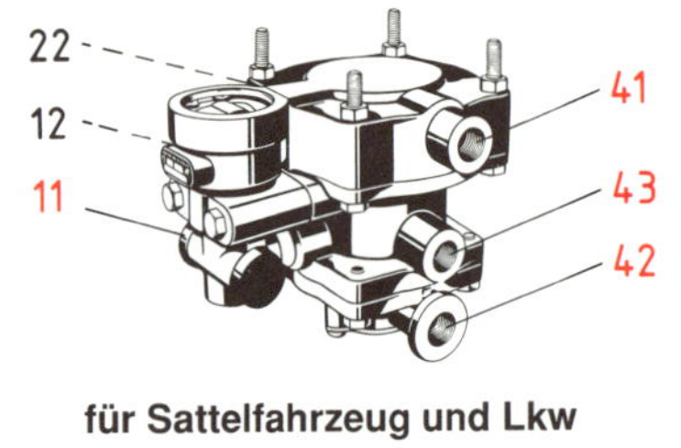 22, 12, 11 / 41, 43, 42 — für Sattelfahrzeug und Lkw	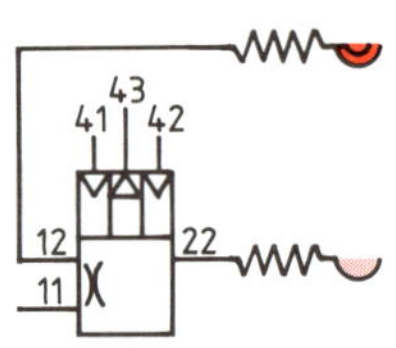 41 43 42 / 12 22 / 11	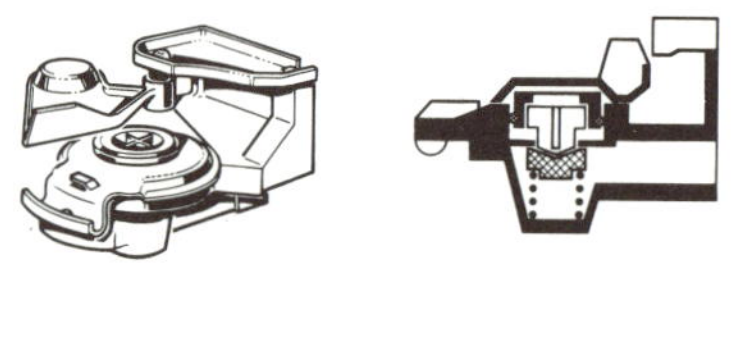 - mit einem Anschluß
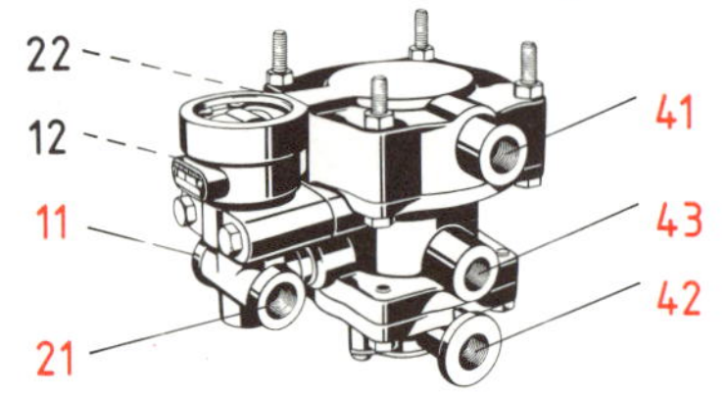 22, 12, 11, 21 / 41, 43, 42 — nur für Lkw	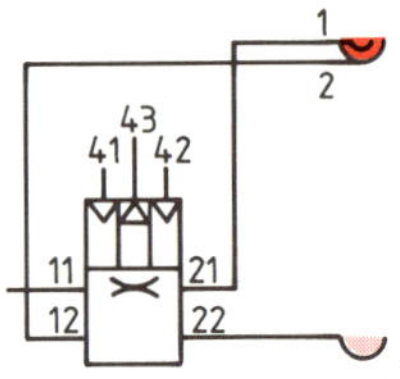 1 2 / 41 43 42 / 11 21 / 12 22	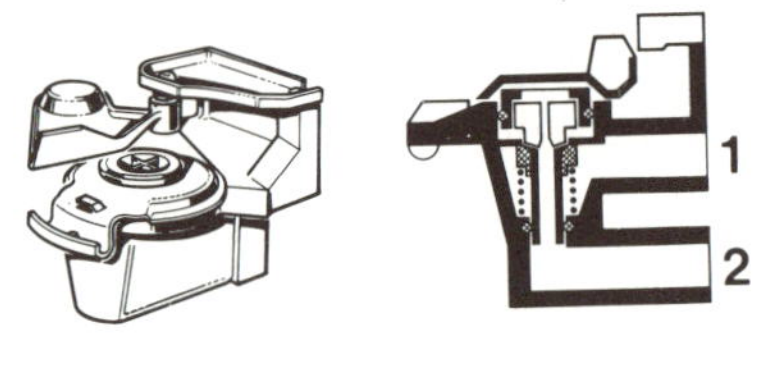 - mit zwei Anschlüssen (1 und 2)

5. Wovon und über welche Anschlüsse wird das Anhängersteuerventil angesteuert? Über die Anschlüsse 41 und 42 erfolgt beim Bremsen durch das Betriebsbremsventil des Zugwagens eine Ansteuerung des Anhängersteuerventils durch Druckanstieg (Belüftung). Beim Anschluß 43 wird bei Betätigung des Feststellbremsventils ein Druckabfall bewirkt (Entlüftung).

6. Bei Anhängersteuerventilen unterscheidet man in Verbindung mit den Kupplungsköpfen Vorrat zwei Ausführungen (siehe Abbildungen). Beschreiben Sie die Bedeutung der entsprechenden Anschlußkennzahlen.

   a) Anschlußkennzahlen bei der Ausführung für Sattelfahrzeuge (Verwendung auch bei Lkw mit Anhänger).
   Bei Sattelfahrzeugen gibt es immer nur **eine** Leitung bis zum Kupplungskopf *Vorrat*. Der Anschluß am Steuerventil müßte mit 21 bezeichnet werden (Energieabfluß). In der Praxis wird dieser Anschluß jedoch überwiegend mit 12 gekennzeichnet. Die Anschlußkennzahl 12 kann hier als Zufluß zur Vorratsleitung aufgefaßt werden.

   b) Anschlußkennzahlen bei der Ausführung für Lkw mit Anhänger (wird nur für Lkw verwendet). Bei der Fahrzeugkombination Lkw mit Anhänger sind manchmal zwischen Steuerventil und Kupplungskopf *Vorrat* **zwei** Leitungen mit folgenden Anschlußkennzahlen vorhanden:
   Erste Leitung für den Vorratsbehälter des Anhängers mit Anschluß 21 am Steuerventil (Energieabfluß) und Anschluß 1 am Kupplungskopf *Vorrat* (Energiezufluß).
   Zweite Leitung für den Vorratsdruck des Anhängersteuerventils mit Anschluß 2 am Kupplungskopf *Vorrat* (Energieabfluß) und Anschluß 12 am Steuerventil (Energiezufluß).

Steuerung der Anhängerbremsanlage

Zweikreis-Zweileitungs-Druckluftbremsanlage

Die Zweikreis-Zweileitungs-Druckluftbremsanlage für ein Zugfahrzeug (Niederdruck, 8 bar) mit zweiachsigem Anhänger ist als stark vereinfachtes Prinzipschema dargestellt. Nur die wichtigsten Geräte einer Grundausstattung sind durch grafische Symbole angegeben. Vergleichen Sie Seite 121 (Grundausstattung einer Druckluftbremsanlage) und Info-Band: Druckluftbremsanlage.

1. Vervollständigen Sie das Schema durch Vorratsleitungen ────── durch belüftende Brems- und Steuerleitungen ─ ─ ─ ─ und durch entlüftende Steuerleitungen ─·─·─·─ (schmal vorzeichnen).

2. Kennzeichnen Sie die Geräteanschlüsse durch die festgelegten ein- oder zweistelligen Kennzahlen. Vergleichen Sie Seite 121, 123 und grafische Symbole im Info-Band.

3. Unterscheiden Sie verschiedene Bremsanlagenabschnitte durch farbiges Nachziehen der Leitungen und durch farbiges Anlegen der Geräte.

Zugfahrzeug (bis Anhängersteuerventil)

- **Druckluftvorratsleitungen** (bis Vierkreis-Schutzventil): **schwarz**.
- **Betriebsbremskreis I** (Hinterachse): **blau**.
- **Betriebsbremskreis II** (Vorderachse): **schwach rot**.
- **Feststellbremskreis III**: **grün**.

Anhänger

- **Gesamtbremsanlage**: **grau**.
- **Kupplungskopf Vorrat**: **kräftig rot**.
- **Kupplungskopf Bremse**: **gelb**.

Druckluftbremsanlage in einem Sattelfahrzeug

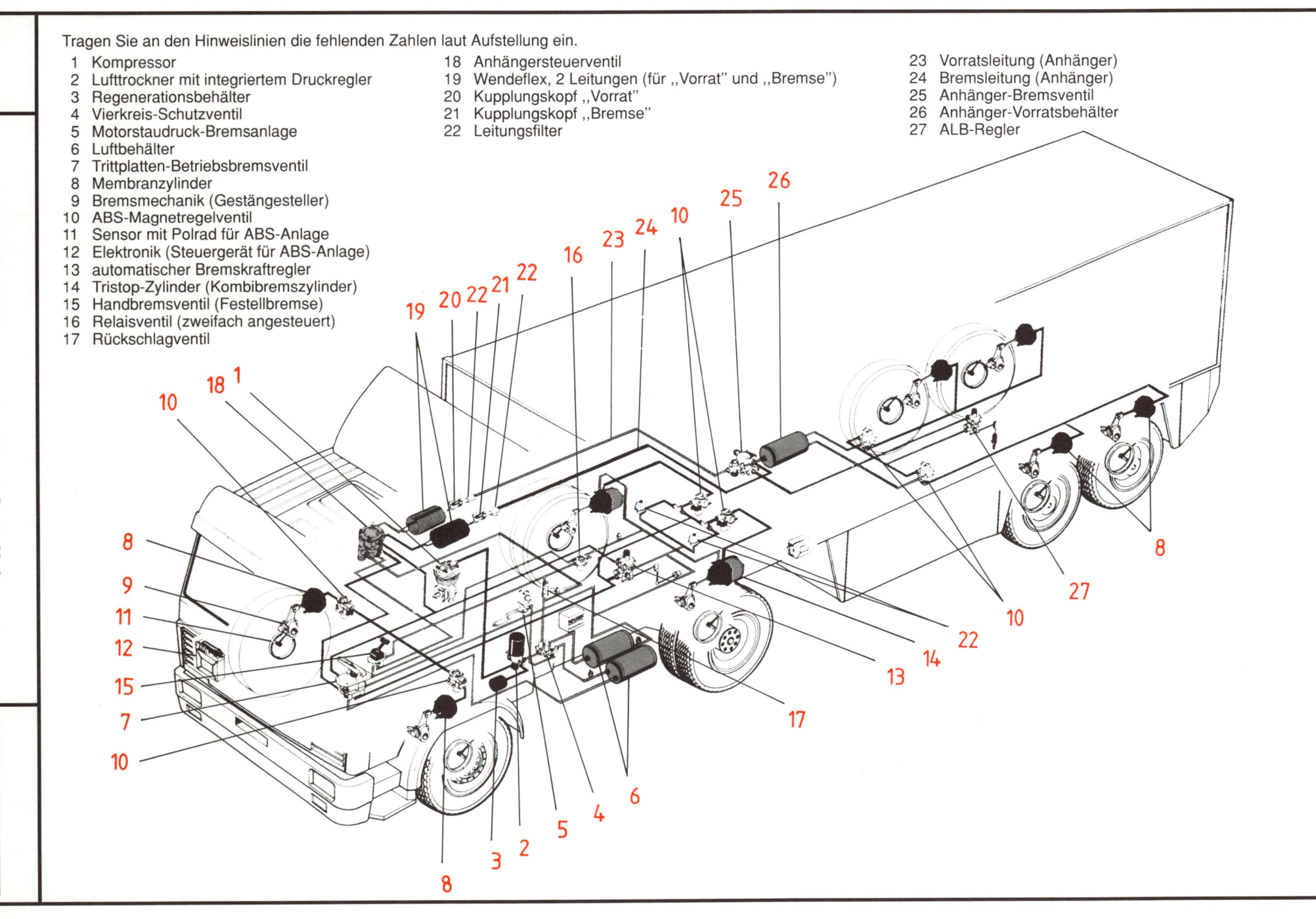

Tragen Sie an den Hinweislinien die fehlenden Zahlen laut Aufstellung ein.

1 Kompressor
2 Lufttrockner mit integriertem Druckregler
3 Regenerationsbehälter
4 Vierkreis-Schutzventil
5 Motorstaudruck-Bremsanlage
6 Luftbehälter
7 Trittplatten-Betriebsbremsventil
8 Membranzylinder
9 Bremsmechanik (Gestängesteller)
10 ABS-Magnetregelventil
11 Sensor mit Polrad für ABS-Anlage
12 Elektronik (Steuergerät für ABS-Anlage)
13 automatischer Bremskraftregler
14 Tristop-Zylinder (Kombibremszylinder)
15 Handbremsventil (Festellbremse)
16 Relaisventil (zweifach angesteuert)
17 Rückschlagventil
18 Anhängersteuerventil
19 Wendeflex, 2 Leitungen (für „Vorrat" und „Bremse")
20 Kupplungskopf „Vorrat"
21 Kupplungskopf „Bremse"
22 Leitungsfilter
23 Vorratsleitung (Anhänger)
24 Bremsleitung (Anhänger)
25 Anhänger-Bremsventil
26 Anhänger-Vorratsbehälter
27 ALB-Regler

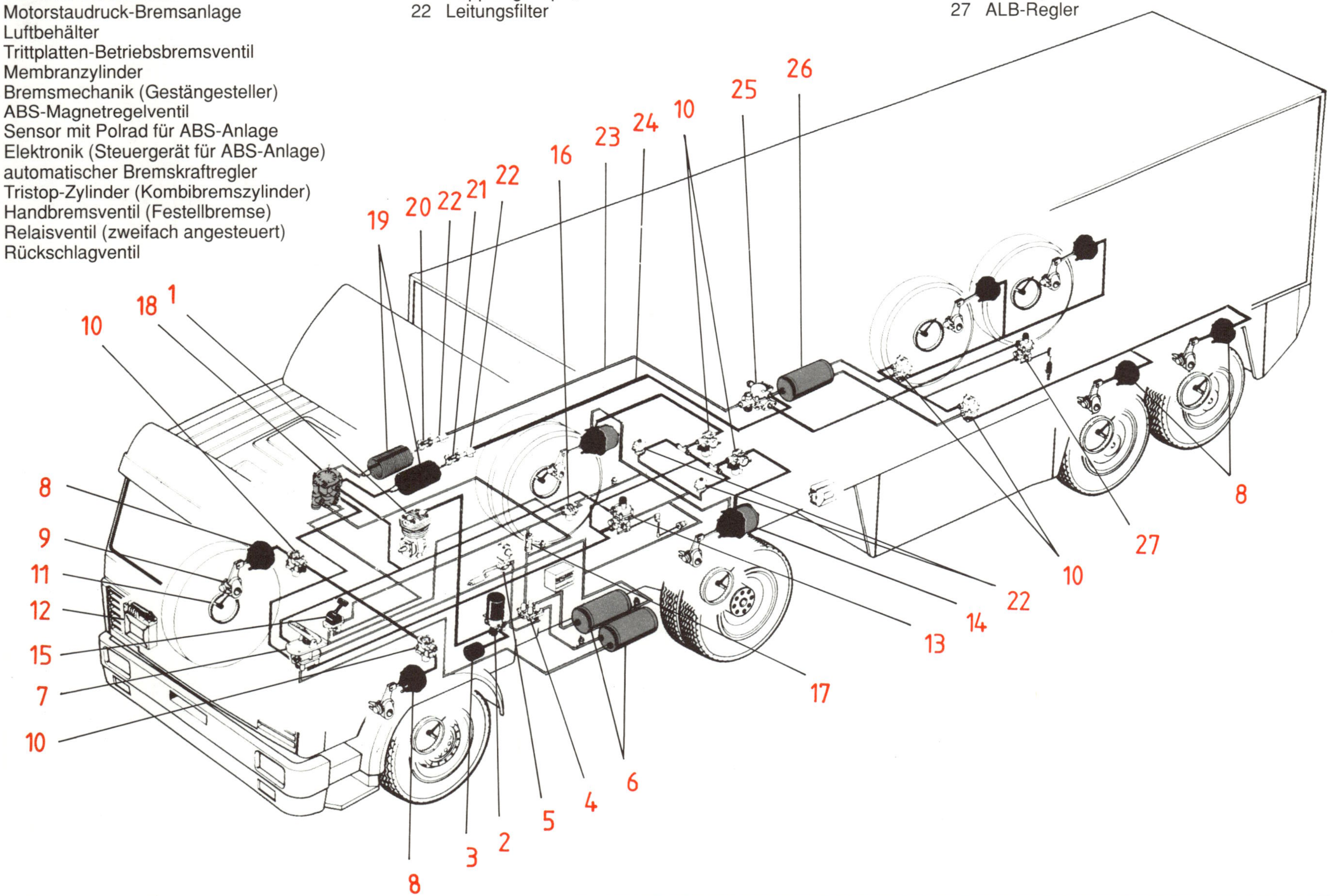

© Copyright: Verlag H. Stam GmbH · Köln

Die vorgegebenen Betriebsmittel einer Standard-Außenbeleuchtung sind zu einem Stromlaufplan in zusammenhängender Darstellung zu vervollständigen. Auf die Darstellung von zusätzlichen Rückfahrscheinwerfern und Signalanlagen (wie z.B. Bremslicht) wurde verzichtet, um die einführende Darstellung zu vereinfachen. Vergleichen Sie Info-Band: Schalterbeispiele, Betriebsmittelkennzeichnung und Klemmenbezeichnungen.

1. Benennen Sie die angegebenen Betriebsmittel.

E 9	Kennzeichenleuchte L	F1...6	Sicherungen
E 10	Kennzeichenleuchte R	H 12	Fernlicht-Anzeigeleuchte
E 12	Schlußleuchte L		
E 14	Schlußleuchte R	G 2	Batterie
E 15	Fern- und Abblendscheinwerfer L	S 18	Lichtschalter
	mit Begrenzungsleuchte (Standlicht) L	S 19	Fahrlichtschalter
E 16	Fern- und Abblendscheinwerfer R		für Abblendlicht und
	mit Begrenzungsleuchte (Standlicht) R		Fernlicht

2. Zeichnen Sie die Schalter in der Betriebsstellung: **Fernlicht eingeschaltet**.

3. Zeichnen Sie die verschiedenen Leitungen (Stromwege) in unterschiedlichen Farben ein.
   – **Fernlicht:** *rot*,   – **Abblendlicht:** *grün*,   – **Begrenzungs- und Schlußlicht:** *gelb*,   – **Kennzeichenlicht:** *blau*.

4. Tragen Sie alle Klemmenbezeichnungen in der vorgeschriebenen Lage ein (d.h. außerhalb der Betriebsmittelumrandung) und möglichst rechts neben der senkrechten oder oberhalb der waagerechten Leitung.

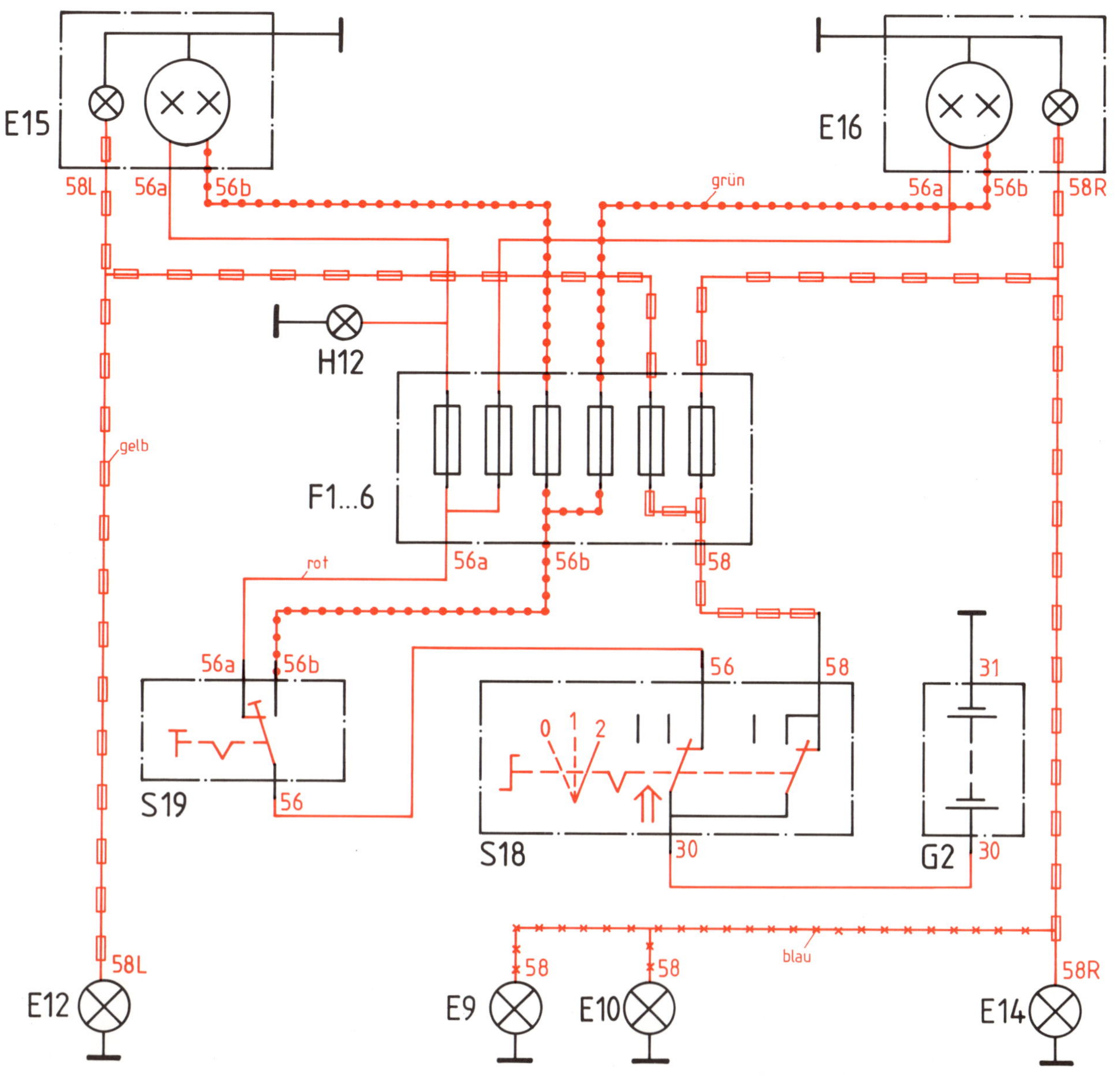

Standard-Außenbeleuchtung eines Pkw (vereinfacht)

Bei einem Pkw ist das linke Abblendlicht (Fahrlicht) ausgefallen.
Der Defekt ist nach einem Fehlersuchplan festzustellen und zu reparieren.

Hinweis:

Mögliche Reihenfolge
1. Sicherung defekt,
2. Lampe defekt,
3. Kontaktstellen korrodiert,
4. Leitung schadhaft.

Erstellen Sie den Arbeitsablaufplan:
Abblendlicht defekt

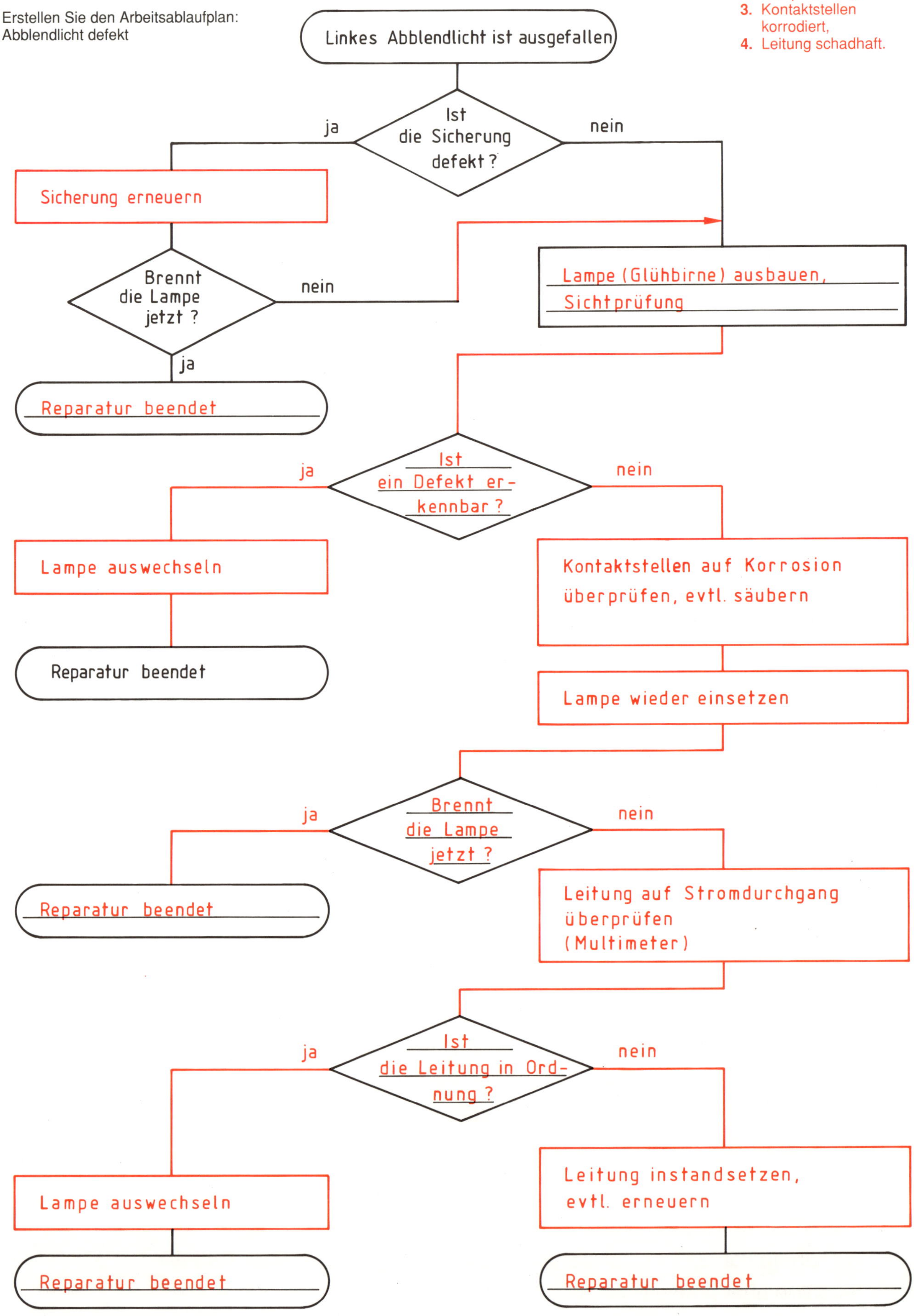

Linkes Abblendlicht ist ausgefallen

Ist die Sicherung defekt?

ja — **Sicherung erneuern**

nein

Lampe (Glühbirne) ausbauen, Sichtprüfung

Brennt die Lampe jetzt?

nein

ja — **Reparatur beendet**

Ist ein Defekt erkennbar?

ja — **Lampe auswechseln** — **Reparatur beendet**

nein — **Kontaktstellen auf Korrosion überprüfen, evtl. säubern**

Lampe wieder einsetzen

Brennt die Lampe jetzt?

ja — **Reparatur beendet**

nein — **Leitung auf Stromdurchgang überprüfen (Multimeter)**

Ist die Leitung in Ordnung?

ja — **Lampe auswechseln** — **Reparatur beendet**

nein — **Leitung instandsetzen, evtl. erneuern** — **Reparatur beendet**

Arbeitsablaufplan: Abblendlicht defekt (Fehlersuchplan)

© Copyright: Verlag H. Stam GmbH · Köln

127

Der Ausschnitt aus einem Stromlaufplan für Pkw zeigt die Schaltung von Leuchten, Scheinwerfern, Nebelscheinwerfern und Nebelschlußleuchten.

1. Ziehen Sie die Strompfade für die Standard-Außenbeleuchtung (mit Instrumentenbeleuchtung) rot nach. Vergleichen Sie Seite 126 und Info-Band: Stromlaufplan für Pkw.
   Hinweis: Die Schalterstellungen nach der entsprechend ausgeführten Schaltung werden mit einbezogen.

2. Die Strompfade für die Rückfahrleuchten sind blau nachzuziehen.

3. Kennzeichnen Sie die Strompfade für die Nebelscheinwerfer und Nebelschlußleuchten grün.

4. Heben Sie die möglichen Strompfade für die Innenbeleuchtung durch gelbe Linien hervor.

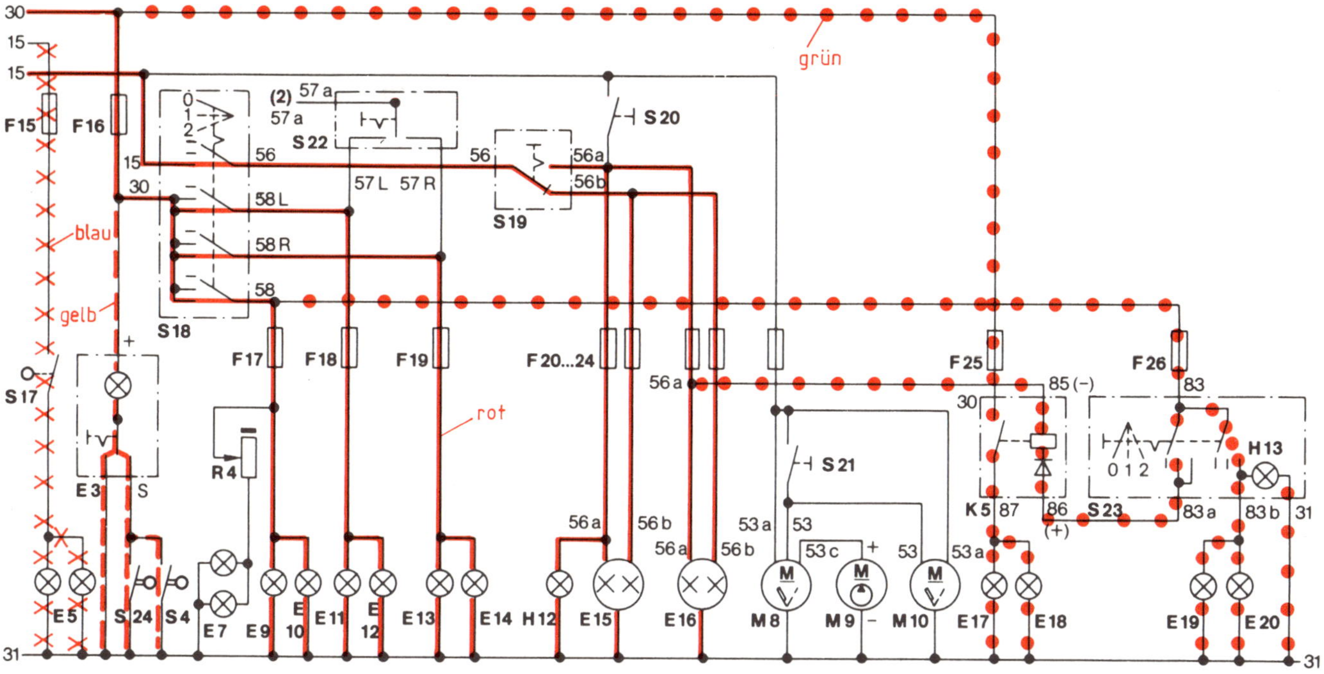

5. a) Wie wird der Fahrer über das eingeschaltete Fernlicht informiert? Durch eine Fernlicht-Anzeigeleuchte auf der Instrumententafel (Armaturenbrett), leuchtet blau bei eingeschaltetem Fernlicht.

   b) Warum dürfen Nebelscheinwerfer nicht zusammen mit dem Fernlicht leuchten?
   Nebelscheinwerfer sollen möglichst den Nebel unterstrahlen, bei eingeschaltetem Fernlicht nicht möglich.

   c) Woher erhält der Nebellichtschalter in diesem Stromlaufplan den Strom? Wie heißt die Anschlußklemme?
   Strom vom eingeschaltetem Lichtschalter, Anschlußklemme 58.

   d) Beschreiben Sie den Masseanschluß des Nebelleuchten-Relais in dieser Schaltung.
   Masseanschluß über das Fernlicht, Klemme 56 a.

   e) Warum können bei dieser Schaltung die Nebelscheinwerfer nicht mit dem Fernlicht zusammen leuchten?
   Bei eingeschaltetem Fernlicht geht der Strom über 56 a auch an das Nebelleuchten-Relais. Durch die in Sperrichtung (von + nach -) eingebaute Diode wird das Relais nicht betätigt, d.h. die Nebelscheinwerfer werden nicht eingeschaltet.

   f) Welche Farbe darf das Nebelscheinwerferlicht nach §52 StVZO haben? Weiß oder hellgelb.

   g) Warum müssen Nebelschlußleuchten nach der StVZO einen Mindestabstand von 100 mm von den Bremsleuchten haben? Nebelschlußleuchten haben durch eine Leistungsaufnahme von 21 W eine große Leuchtstärke. Sie würden die Bremsleuchten überstrahlen.

Aufgelöster Stromlaufplan: Leuchten und Scheinwerfer

1. Geben Sie bei den nebenstehenden Anschlußplänen die Benennung der Geräte (Betriebsmittel) an (siehe Info-Band: Anschlußplan).
2. Zeichnen Sie in aufgelöster Darstellung die Stromlaufpläne für die Rückfahrleuchten und für die Innenbeleuchtung (siehe vorhergehende Seite und Info-Band: Stromlaufplan für Pkw).

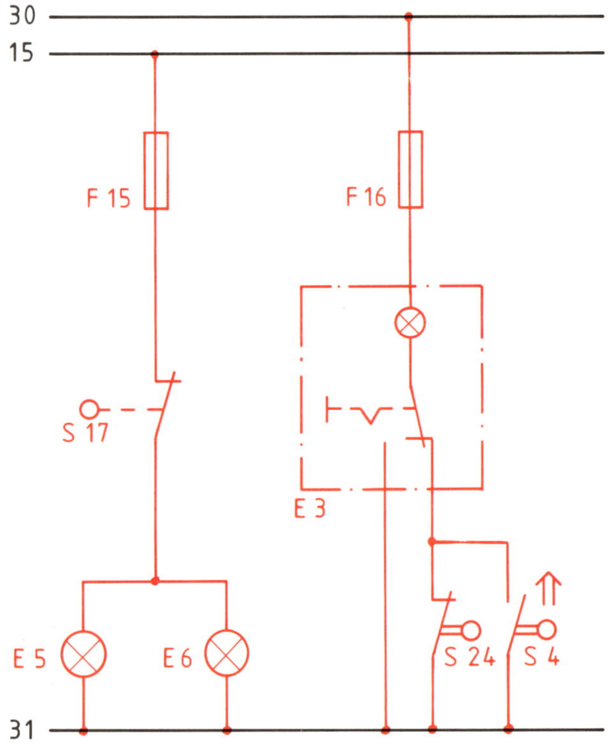

Anschlußpläne (in aufgelöster Darstellung)
für Rückfahrleuchten

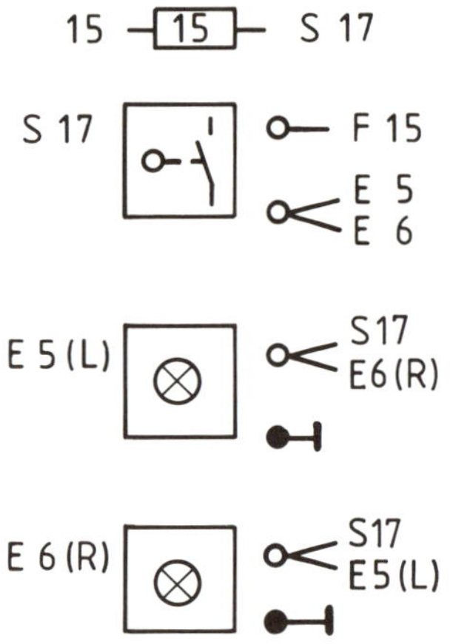

15 — 15 — S 17   **Sicherung**

S 17   F 15 / E 5 / E 6   **Rückfahrlicht-schalter**

E 5 (L)   S17 / E6 (R)   **Rückfahr-leuchte L**

E 6 (R)   S17 / E5 (L)   **Rückfahr-leuchte R**

für Innenleuchten

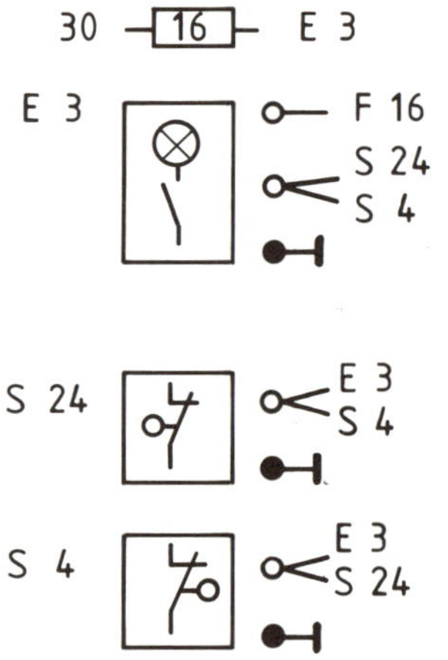

30 — 16 — E 3   **Sicherung**

E 3   F 16 / S 24 / S 4   **Innenleuchte mit Schalter**

S 24   E 3 / S 4   **Türkontakt-schalter L**

S 4   E 3 / S 24   **Türkontakt-schalter R**

Stromlaufpläne für

Rückfahrleuchten   Innenleuchten

30 / 15 / F 15 / F 16 / S 17 / E 3 / E 5 / E 6 / S 24 / S 4 / 31

3. Stellen Sie den Türkontaktschalter (auch als Türendschalter bezeichnet) in den zwei Schaltstellungen dar. Die mechanische Wirkverbindung des nockenbetätigten Schalters wird durch zwei kurze Vollinien gekennzeichnet (siehe Info-Band: Schaltzeichen, elektrische).

Bei geschlossener Tür ist der Türkontaktschalter ein betätigter Öffner.

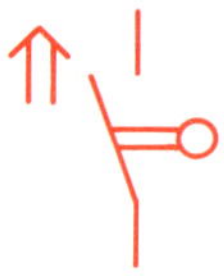

Bei geöffneter Tür ist der Türkontaktschalter ein Öffner.

4. Begründen Sie Ihre Wahl der Anschlußklemmen in Aufgabe 2.

   a) Stromversorgung der Rückfahrleuchten **Anschlußklemme 15, damit die Rückfahrleuchten nicht bei eingelegtem Rückwärtsgang und ausgeschalteter Zündung leuchten (z.B. bei abgestelltem Fahrzeug).**

   b) Stromversorgung der Innenbeleuchtung **Anschlußklemme 30, damit die eingeschalteten Innenleuchten auch bei ausgeschalteter Zündung leuchten (z.B. bei abgestelltem Fahrzeug).**

5. Die Anschlußklemme 15 wird auch als *geschaltetes +* bezeichnet. Was bedeutet diese Ausdrucksweise?

   Durch die Betätigung eines Schalters (z.B. Lichtschalter oder Zündstartschalter) ist der Batteriestrom von Klemme 30 (Pluspol) auf Klemme 15 geschaltet worden.

© Copyright: Verlag H. Stam GmbH · Köln

Anschlußpläne und Stromlaufpläne
(Rückfahrleuchten, Innenbeleuchtung)

Der Ausschnitt aus einem Stromlaufplan zeigt akustische und optische Signalanlagen eines Pkw.

1. Geben Sie in der nebenstehenden Erläuterung der Betriebsmittelkennzeichnung die Benennungen der einzelnen Geräte an (siehe Info-Band: Stromlaufplan für Pkw).

2. Kennzeichnen Sie die verschiedenen Strompfade durch unterschiedliche Farben.
   – **Allgemeines Signalhorn:** *blau.* – **linker Blinker, eingeschaltet:** *gelb.*
   – **Fanfare (Doppelton):** *braun.* – **Warnblinkanlage:** *rot.*
   – **Bremsleuchten:** *grün.*

Signalanlagen

akustische | optische

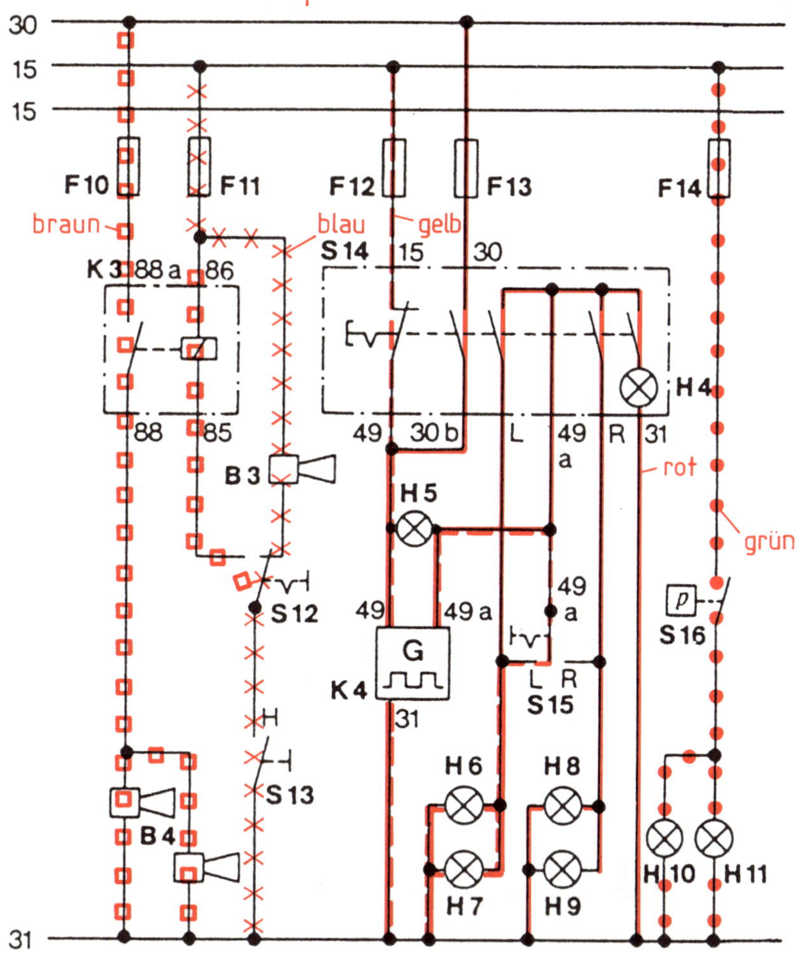

Betriebsmittelkennzeichnung

B 3	Signalhorn
B 4	Fanfare, Starkton
F...	Sicherungen
H 4	Warnlicht- Anzeigeleuchte
H 5	Blinkkontroll- Anzeigeleuchte
H 6	Blinkleuchte LV
H 7	Blinkleuchte LH
H 8	Blinkleuchte RV
H 9	Blinkleuchte RH
H 10	Bremsleuchte L
H 11	Bremsleuchte R
K 3	Hornrelais
K 4	Warnblinkgeber
S 12	Hornumschalter
S 13	Horntaster
S 14	Warnlichtschalter
S 15	Blinkerschalter
S 16	Bremslichtschalter

3. Geben Sie dem Stromlaufplan eine Überschrift und entsprechende Benennungen für die Abgrenzung in einen akustischen und einen optischen Bereich.

4. Welche Betriebsmittel bzw. welche Stellen sind bei einer Störung der Blinkanlage zuerst zu prüfen, bevor der Blinkgeber ausgewechselt wird?

   a) Lampen auf Defekt prüfen (z.B. können Sockel korrodiert sein),

   b) Leitungsanschlüsse auf Kontakt prüfen (evtl. Korrosion),

   c) Masseanschlüsse an den Blinkleuchten prüfen.

5. Welche Bezeichnung ist in der StVZO (§ 54) für *Blinker* angegeben? Fahrtrichtungsanzeiger.

6. Wie groß ist die vorgeschriebene Frequenz von Blinkungen (Hell/Dunkel)? 90 +/- 30 Blinkungen pro min.

7. Welche drei Grundtypen von Blinkgebern unterscheidet man? In welchem Umfang werden sie eingesetzt?

   a) Hitzdrahtblinkgeber (veraltet),

   b) elektronische Blinkgeber (werden in der Regel eingesetzt),

   c) IC-Blinkgeber (integrated circuit, mit IC-Bausteinen, Weiterentwicklung der elektronischen Blinkgeber, zunehmend eingesetzt).

Akustische und optische Signalanlagen eines Pkw

© Copyright: Verlag H. Stam GmbH · Köln

Das nebenstehende Prinzipbild zeigt die genormten Klemmenbezeichnungen der verschiedenen Anschlüsse. Vergleichen Sie Info-Band: Klemmenbezeichnungen.

1. Tragen Sie die Bedeutung der Klemmenbezeichnungen ein.

Klemmenbezeichnung

L Blinkleuchte, links (Fahrtrichtungsanzeiger)

R Blinkleuchte, rechts (Fahrtrichtungsanzeiger)

58 L Schlußleuchte, links

58 R Schlußleuchte rechts

54 Bremsleuchte, links und rechts

31 Masseanschluß, Rückleitung zum Minuspol
der Batterie

54 g Sonderanschluß (z.B. elektromagnetisches Druckluftventil bei Lkw
mit Anhängerbetrieb

Anschlüsse in einer genormten 7poligen Steckdose

2. Eine Anhängersteckverbindung soll verkabelt werden, so daß auch beim Anhänger die Rückleuchten und die Signalanlage den Vorschriften entsprechen. Aus der Beleuchtungs- und Signalanlage des Zugfahrzeugs (hier Pkw) sind die in Frage kommenden Leitungen herausgezogen. Ihre Klemmenbezeichnungen sind bei der unvollständig dargestellten Steckverbindung als Eingangsklemmen vorgegeben.

a) Benennen Sie die angegebenen Betriebsmittel. Vergleichen Sie Info-Band: Betriebsmittelkennzeichnung.

Betriebsmittelkennzeichnung

E 9	Kennzeichenleuchte L	H 7	Blinkleuchte LH
E 10	Kennzeichenleuchte R	H 9	Blinkleuchte RH
E 12	Schlußleuchte L	H 10	Bremsleuchte L
E 14	Schlußleuchte R	H 11	Bremsleuchte R

b) Vervollständigen Sie die Steckverbindung (siehe Info-Band: Schaltzeichen, elektrische). Geben Sie die fehlenden Klemmenbezeichnungen an. Kennzeichnen Sie die Leitungen zu den einzelnen Geräten mit folgenden Farben:
– **Schlußleuchten:** *gelb,*   – **Kennzeichenleuchten:** *blau,*   – **Blinkleuchten:** *grün,*   – **Bremsleuchten:** *rot.*

Anhängersteckverbindung

Die Diagrammdarstellung zeigt von einem Zylinder das Normaloszillogramm des Sekundärkreises einer kontaktgesteuerten Spulenzündung. Solch ein Prinzipbild wird vielfach zum Vergleichen mit anderen Oszillogrammen herangezogen, um einen Zündungsfehler schneller zu lokalisieren.

Hauptabschnitte

① Funkendauer

② Ausschwingvorgang

③ Schließabschnitt
(≙ Schließwinkel α)

Weitere Erläuterungen

④ Unterbrecher öffnet

⑤ Zündspannungsnadel

Ⓩ Zündspannung (in kV)

⑥ Brennspannungslinie

Ⓑ Brennspannung (in kV)

⑦ Unterbrecher schließt

⑧ Öffnungszeit der Kontakte
(≙ Öffnungswinkel β)

1. Geben Sie für die durch Zahlen gekennzeichneten Abschnitte und Punkte die Bezeichnungen oder Erläuterungen an.

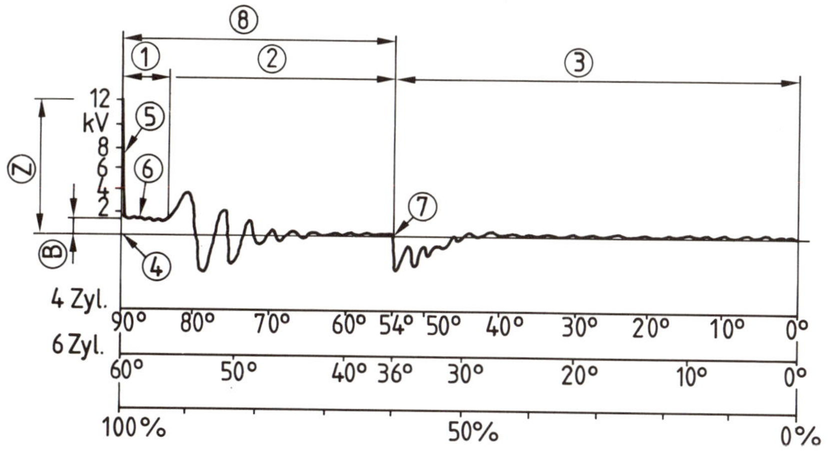

Sekundär-Oszillogramm (Darstellung in der Breite auseinandergezogen)

2. Berechnen Sie für den 4- und 6-Zylinder-Motor die Schließwinkel α in % (siehe obiges Diagramm).

4-Zylinder-Motor: $\quad 90° ≙ 100\%$

$\alpha = 54° \qquad 54° ≙ x\%$

$\alpha = 60\% \qquad x = \dfrac{100 \cdot 54}{90}\%$

$\qquad\qquad\qquad x = \underline{60\%}$

6-Zylinder-Motor: $\quad 60° ≙ 100$

$\alpha = 36° \qquad 36° ≙ x\%$

$\alpha = 60\% \qquad x = \dfrac{100 \cdot 36}{60}\%$

$\qquad\qquad\qquad x = \underline{60\%}$

3. Die drei folgenden Sekundär-Oszillogramme enthalten Zündungsfehler. Kreisen Sie in den Oszillogrammen die Fehlerstellen rot ein. Geben Sie die möglichen Fehler, Ursachen und Abhilfen an.

a)
12kV

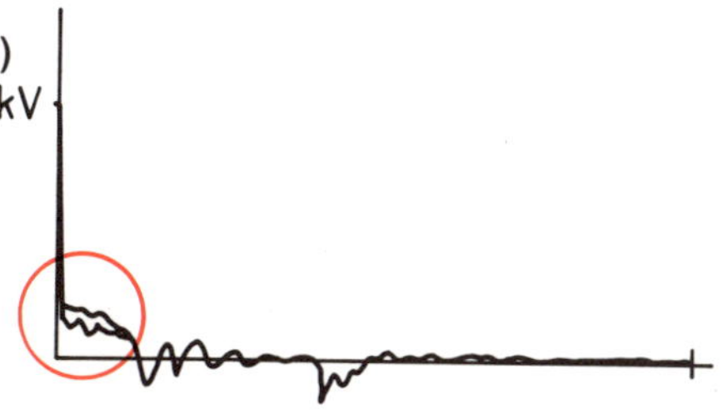

a) Fehler: Brennspannungslinie zu stark geneigt und zu unruhig, springt hin und her.

Ursache: Zündkerze verrußt oder verölt.

Abhilfe: Zündkerze reinigen, überprüfen, evtl. erneuern.

b)
12kV

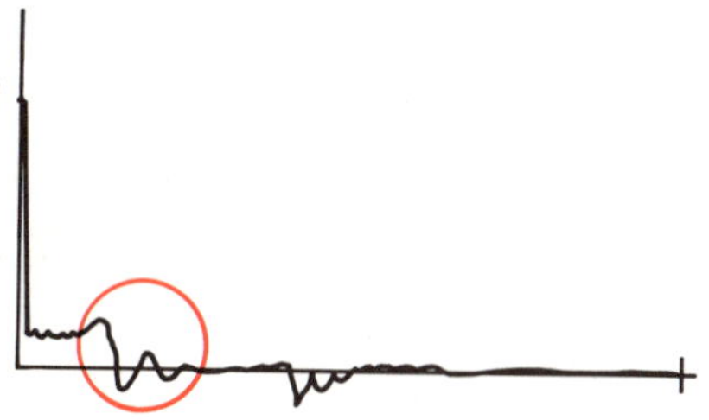

b) Fehler: Ausschwingvorgang stark gedämpft.

Ursache: Wahrscheinlich Zündkondensator defekt (Masseschluß).

Abhilfe: Zündkondensator erneuern.

c)
12kV

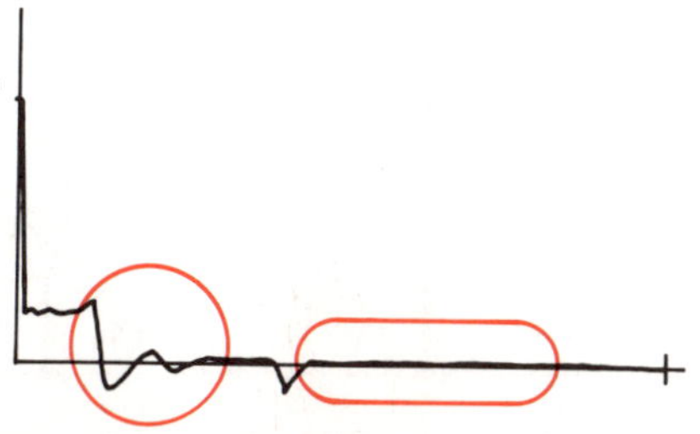

c) Fehler: Ausschwingvorgang stark gedämpft. Im Schließabschnitt fehlen die Schwingungen fast völlig.

Ursache: Windungsschluß der Primärwicklung.

Abhilfe: Zündspule erneuern.

Sekundär-Oszillogramme einer kontaktgesteuerten Spulenzündung

© Copyright: Verlag H. Stam GmbH · Köln

Die Transistor-Zündanlage (TZ-h) eines 4-Zylinder-Ottomotors wird mit Hilfe eines Oszilloskopen überprüft. Um die Zündungsabläufe aller Zylinder gleichzeitig miteinander zu vergleichen, werden ihre Oszillogramme untereinander gelegt. Vielfach kann durch einen angeschlossenen Drucker das Ergebnis als Oszillogrammausdruck festgehalten werden (siehe Original-Ausdruck).

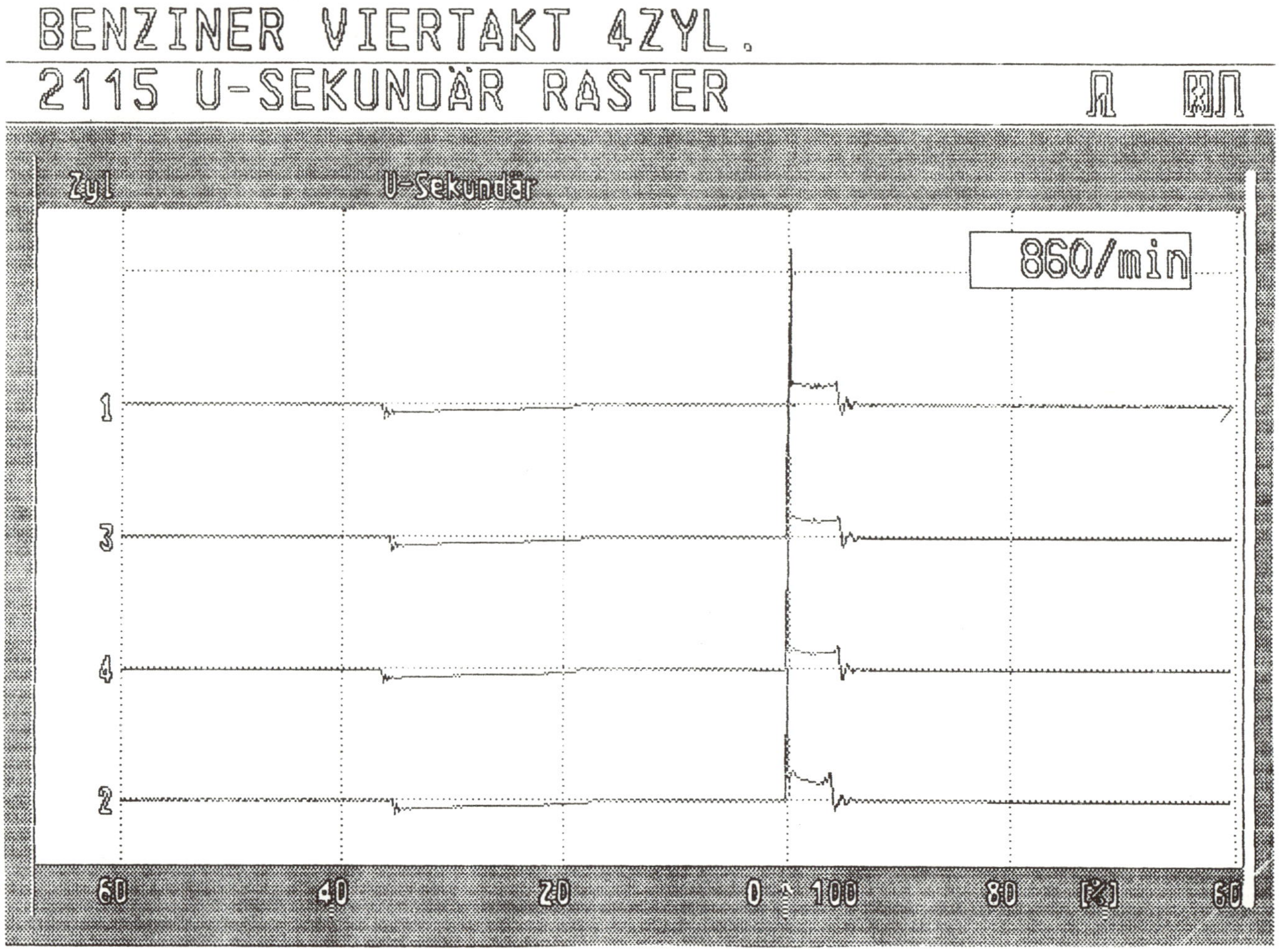

```
BENZINER VIERTAKT 4ZYL.
2115 U-SEKUNDÄR RASTER                    ⅃ ⅃Π
```

```
Zyl              U-Sekundär

                                              860/min


1


3


4


2

   60        40        20       0 ▲ 100     80    [k]    60
```

1. Bei welchem Zylinder liegt ein Zündungsfehler vor? **Zylinder 2**

2. Wodurch ist der Fehler erkennbar? **Die Zündspannung ist zu niedrig (kleinere Zündspannungsnadel). Die Brennspannungslinie ist verkürzt und hängt gegenüber den anderen stärker durch.**

3. Welcher Fehler liegt Ihrer Meinung nach vor? **Wahrscheinlich liegt ein Zündkerzenfehler vor (z.B. zu großer Elektrodenabstand durch Verschleiß).**

4. Nennen Sie weitere drei mögliche Zündbildeinstellungen. **a) Oszillogramm eines einzelnen Zylinders, b) Zusammenlegung bzw. Überlagerung aller Zylinderoszillogramme, c) Oszillogramme von allen Zylindern hintereinander (sogenannte Paradestellung, um die Höhen der Zündspannungsnadeln zu vergleichen).**

5. Welche folgenschwere Zündfehler können vorliegen, wenn der Unterschied zwischen den Zündspannungsgrößen der Zylinder zu groß ist (nach Herstellerangabe sind oft 4 kV Differenz noch zulässig)?

   Ungleicher Elektrodenabstand, unterschiedliche Kompression, verschiedene Gemischaufbereitung (zu fett oder zu mager), falscher Zündzeitpunkt, schadhafte Zündkabel, ungeeignete Zündkerzen.

6. Die Sekundär-Oszillogramme von SZ- und TZ-Anlagen sind fast gleich. Durch welche Unterschiede erkennt man trotzdem, daß es sich um eine Transistorzündung handelt?

   Die Ausschwingungsvorgänge sind kürzer und die angezeigten Zündspannungen in der Regel größer.

**Sekundär-Oszillogramm
einer Transistor-Zündung mit Hallgeber**

Vervollständigen Sie das angedeutete Prinzipbild zunächst zu einem Blockschema der L-Jetronic ohne Lambda-Regelung. Vergleichen Sie Info-Band: Stromlaufplan (Pkw) und Regelkreis. Die L-Jetronic besteht im wesentlichen aus drei Funktionsbereichen:

- Kraftstoffversorgung,
- elektronische Betriebsdatenerfassung,
- gesteuerte Kraftstoffzumessung.

Der jeweilige Betriebszustand des Motors wird erfaßt durch:

- Hauptmeßgrößen: Motordrehzahl n und angesaugte Luftmenge Q_L.
- Meßgrößen zur Anpassung: Das Gemisch wird den verschiedenen Betriebszuständen (z.B. Kaltstart, Warmstart oder abweichende Lastbereiche) angepaßt.
- Meßgrößen zur Feinanpassung: Zusätzliche Betriebsdaten für eine verfeinerte Zumessung des Kraftstoffes, um das Fahrverhalten zu optimieren.

1. Zeichnen Sie die wichtigsten Vorgänge, die den Systemablauf entscheidend beeinflussen, durch verbindende Richtungspfeile (in Blei).

2. Geben Sie folgende Betriebsdaten als Eingangssignale des Steuergerätes durch Pfeile und Formelzeichen an (in grün):
   - Luftmengenmessung als Spannungssignal U_L
   - Lufttemperatur ϑ_L
   - Lastbereich des Motors P (Leistung, Stellung des Drosselklappenschalters),
   - Motordrehzahl n,
   - Motortemperatur ϑ_M,
   - Batteriespannung U_B.

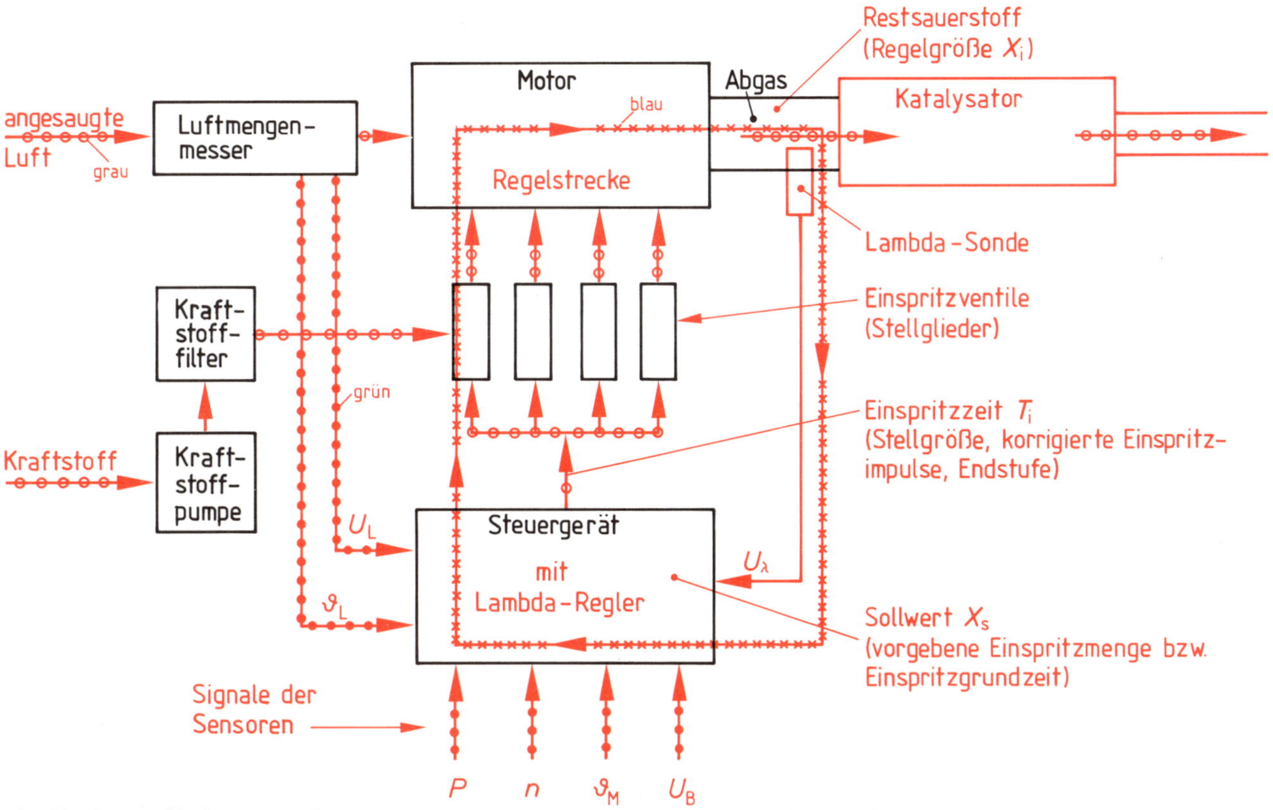

3. Ergänzen Sie in rot das Blockschema zu einer L-Jetronic mit Katalysator (als Rechteck zeichnen) um folgende Elemente und Größen: λ-Sonde, Spannungssignal U_λ (Messung im Abgas), Regelgröße bzw. Istwert x_i, Regelstrecke.

   Kennzeichnen Sie durch Hinweislinien die Einspritzventile als Stellglieder und die Darstellung der Einspritzzeit T_i als Stellgröße (korrigierte Einspritzimpulse, Endstufe).
   Tragen Sie an der richtigen Stelle den Lambda-Regler und durch eine Hinweislinie den Sollwert x_S als vorgegebene Einspritzmenge bzw. Einspritzgrundzeit ein.

4. Heben Sie die Lambda-Regelung durch eine geschlossene Pfeillinienführung mit breiten blauen Linien hervor.

5. Nach welchem Grundprinzip ist die Lambda-Regelung im Steuergerät aufgebaut? Erläutern Sie dieses Prinzip.

Aufbau nach dem E V A-Prinzip. Die **E**ingangssignale bewirken im

Steuergerät nach dem **V**ergleichen mit den Sollwerten eine **V**erarbeitung.

Zur Regelung des Betriebszustandes gehen vom Steuergerät an die

Stellglieder entsprechend korrigierte **A**usgangssignale als Stellgrößen.

E V A-Prinzip kennzeichnet den Wirkungsablauf von

Eingangsgrößen – Verarbeitung – Ausgangsgrößen.

Lambda-Regelkreis (Beispiel: L-Jetronic)

Bei der Weiterentwicklung moderner Motoren wird zur Erhöhung des Drehmomements bei gleichzeitiger Senkung des Kraftstoffverbrauchs eine hohe Verdichtung angestrebt. Bedingt durch die intensive Kraftstoffnutzung läuft das Verbrennungsverfahren bei bestimmten Betriebszuständen in unmittelbarer Nähe des Klopfbereichs ab. Dabei kann es zu unkontrolliert ablaufenden Verbrennungen mit mehreren Flammfronten kommen. Dieses hörbare *Klopfen* oder *Klingeln* des Motors kann als *Beschleunigungsklopfen* auftreten, wenn bei niedrigen Drehzahlen stark beschleunigt wird. Das ebenfalls mögliche *Hochdrehzahlklopfen* im oberen Drehzahlbereich kann eher zu Motorschäden durch hohe mechanische und thermische Belastungen führen, weil es durch das verstärkte Fahrgeräusch nicht wahrgenommen wird.

1. Welche Motorteile können durch Klopfen beschädigt werden? Zylinderkopfdichtung, Kolben, Kolbenringe, Kurbelwellen- und Nockenwellenlager, Zündkerzen.

2. Die Klopfgrenze eines Motors ist durch den Einfluß vieler Bedingungen veränderlich. Sie ist z.B. abhängig von:

Kraftstoffqualität, Drehzahl, Motorbelastung, Ablagerungen im Verbrennungsraum, Zündzeitpunkt, Temperatur des Kühlmittels und der Ansaugluft, Verdichtungsverhältnis, Luftdichte, Luftfeuchtigkeit.

Durch die sofort ansprechende elektronische Klopfregelung wird für jeden Zylinder der Zündzeitpunkt laufend so verstellt, daß bei jedem Betriebszustand eine enge Annäherung an die Klopfgrenze erreicht wird.

3. Kennzeichnen Sie im nebenstehenden Diagramm die Klopfgrenze, die mechanische und die elektronische Zündverstellung.

4. Heben sie im Diagramm bei der elektronischen Zündverstellung den Sicherheitsabstand zur Klopfgrenze durch einen roten Streifen hervor.

5. Markieren sie den relativ starren Sicherheitsabstand der mechanischen Zündverstellung (Fliehkraft- und Unterdruckverstellung im Zündverteiler) durch eine 45°-Schraffierung.

6. Warum wird bei modernen Motoren der Zündzeitpunkt so dicht an die Klopfgrenze herangeführt?

Bessere Ausnutzung der Kraftstoffenergie, Verminderung des Kraftstoffverbrauchs, dadurch Leistungssteigerung und geringere Abgasemissionen.

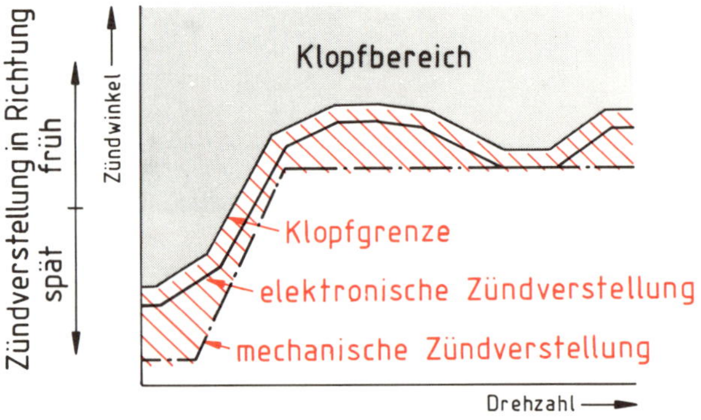

Mechanische und elektronische Zündverstellung

7. Was stellt der vereinfacht dargestellte Funktionsablauf der EZ-K in systemtechnischer Hinsicht dar? Regelkreis

8. Setzen Sie in den Funktionsablauf an den zutreffenden Stellen folgende Begriffe ein (in Klammern): Regelstrecke, Regelgröße, Stellglied und Stellgröße.

Funktionsablauf der EZ-K

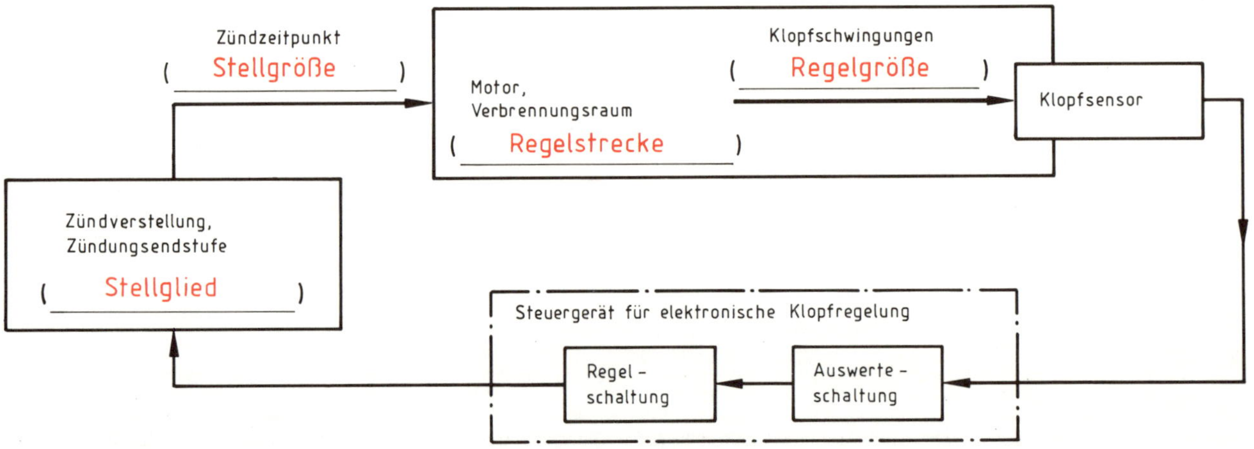

Elektronische Zündung mit Klopfregelung EZ-K

Bei einem Fahrzeug mit einem EZ-K-Steuergerät wird mit einem Störcode die Eigendiagnose der Klopfregelung abgefragt. Der dadurch festgestellte defekte Klopfsensor muß ausgewechselt werden.

1. Tragen Sie im nebenstehenden Schema die Teilenummern ein.

   1 Gehäuse
   2 Piezokeramikteil
   3 Kontaktscheiben
   4 Aufnahmeteil für Schwingungen
   5 Anschlußteil (+ und –)

   Die außen liegenden Teile, die ankommende Schwingungen aufnehmen, leiten sie an den Piezokeramikteil weiter. Der in der Mitte liegende Piezokeramikteil wird links und rechts durch die Kontaktscheiben begrenzt, die an die Plus- bzw. Minus-Zunge angeschlossen sind.

2. Kennzeichnen Sie folgende Teile farbig:
   – **Piezokeramik:** *rot,*
   – **Kontaktscheiben und Anschlußteile:** *blau.*

3. Erstellen Sie einen Arbeitsablaufplan:
   Erneuern eines defekten Klopfsensors.
   Übernehmen Sie folgende Gliederungspunkte:
   Material und Werkzeuge, Ausbauvorgang,
   Einbauvorgang und den Hinweis
   „Besonders zu beachten ist".

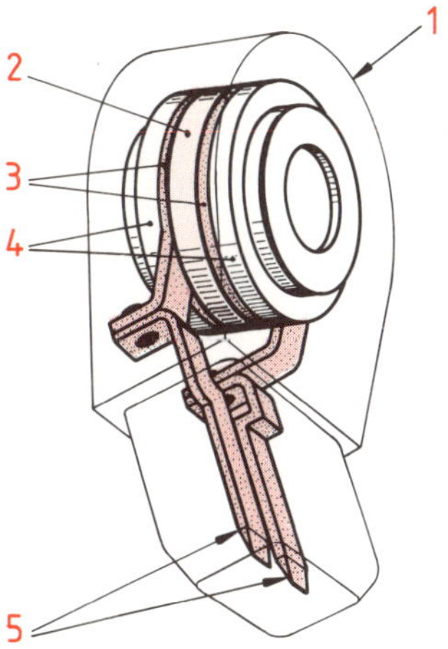

Innerer Aufbau des Klopfsensors

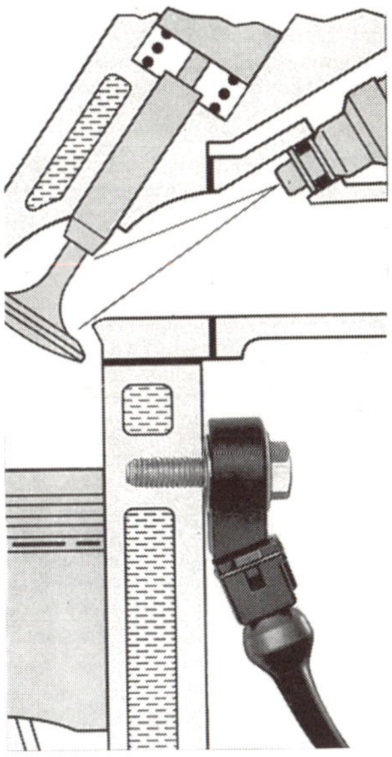

Eingebauter Klopfsensor

Arbeitsablaufplan

Material und Werkzeuge: Steck- und Drehmomentschlüssel, neuer Klopfsensor, Reinigungsmittel.

Ausbauvorgang: Anschlußstecker vom Klopfsensor abziehen. Befestigungsschrauben lösen. Sichtprüfung des Klopfsensors.

Einbauvorgang: Sitz des Klopfsensors am Zylinderblock säubern. Befestigungsschraube zunächst von Hand anziehen und den Sensor in die richtige Einbaulage drehen. Dann die Befestigungsschraube mit dem Drehmomentschlüssel mit 11 Nm bis 15 Nm (nach Herstellerangabe) anziehen. Zur Sicherung der Befestigungschraube Sicherungslack oder Sicherungsflüssigkeit verwenden. Stecker aufsetzen. Klopfregelungsanlage am Diagnosegerät überprüfen.

Besonders zu beachten ist:
Bei der Montage dürfen keine Unterlegscheiben, Federringe oder ähnliche Teile beigelegt werden. Die vom Klopfsensor an das Steuergerät (EZ-K) abgegebenen Signale könnten dadurch verfälscht werden. Ein Kurzschluß oder eine Batterieverpolung (Vertauschen der Pole beim Anschließen) sind unbedingt zu vermeiden, da es sich bei der EZ-K um ein hochempfindliches, elektronisches System handelt. Starke Schläge mit dem Hammer oder mit dem Schlüssel beim Aus- oder Einbau führen unweigerlich zu Beschädigungen. Auch ein Fallenlassen des Klopfsensors ist zu vermeiden.

© Copyright: Verlag H. Stam GmbH · Köln

**Arbeitsablaufplan:
Erneuern eines defekten Klopfsensors**